バイオマスのガス化技術動向

Trends in Biomass Gasification Technology

シーエムシー出版

はじめに

日本各地でバイオマス発電の検討が盛んに行われている。バイオマス発電には，大きく「直接燃焼方式」「熱分解ガス化方式」「生物化学的ガス化方式」の３つの方式がある。

直接燃焼方式は，木材や可燃ごみなどのバイオマスをボイラーで燃焼，その熱エネルギーで水蒸気を発生させ，蒸気タービンによる発電を行う方式である。この方式は燃焼温度が低く，発電効率の点から大型の設備に用いられる。

熱分解ガス化方式は，バイオマスをガス化炉にて高温で蒸し焼きにすることでガス化し，ガスタービンまたはガスエンジンによる発電を行う方式である。この方式は燃焼温度が高く，直接燃焼方式よりも小規模の設備でも高い発電効率を得ることができる。

生物化学的ガス化方式は，生ごみや家畜排せつ物などを発酵してメタンガスなどを発生させ，ガスタービンまたはガスエンジンにより発電を行う方式である。発生するガスの発熱量が高いため発電効率が高くなっている。

本書は，上記の「熱分解ガス化方式」と「生物化学的ガス化方式」に該当するバイオマスのガス化技術を主要テーマとしている。

第１章 燃料材の動向：燃料となる木質バイオマスの安定調達が課題としてあるが，その需給動向や利用可能な未利用材が国内にどれ位の量あるのか，また木質バイオマスを燃料として効率よく利用するための水分低減技術や加工技術について解説している。

第２章 バイオマスガス化動向：バイオマスからの可燃性ガス製造技術，ガス化の効率に大きな影響を与えるバイオマスチャーガス化，そしてタール対策について解説している。

第３章 バイオガスプラントの動向：有機性廃棄物からメタン発酵によりバイオガスを生成し，それを利用したバイオガス発電プラントについて実例を交えて解説。

第４章 海外バイオマス発電装置の動向：日本国内で稼働しているバイオマスガス化発電装置の多くが海外製である。その現状を踏まえ，４つの会社から海外製バイオマスガス化発電装置についてご紹介頂く。

第５章 バイオマス発電の概況と採算性：日本国内のバイオマス発電の現状と課題について解説して頂き，FIT 制度に頼らないビジネスモデルを考え，熱分解ガス化による熱電併給事業の採算性について評価する。

第６章 バイオマス発電の火災対策：昨今，バイオマス発電所での爆発・火災事故のニュースを日にすることがあるが，爆発・火災事故例から再発防止策について考え，爆発や火災の防止にどう取り組めばよいのか，解説している。

本書がバイオマスのガス化技術についてご研究されている方々へ向けて，ご研究活動の一助となれば幸いである。

2025 年 3 月

シーエムシー出版　編集部

執筆者一覧（執筆順）

澤田直美	(一社)日本木質バイオマスエネルギー協会　専務理事
有賀一広	宇都宮大学　農学部　森林科学科　教授
山田　敦	(地独)北海道立総合研究機構　森林研究本部　林産試験場　利用部　バイオマスグループ　専門研究員
大原利章	岡山大学　学術研究院　医歯薬学域　病理学（免疫病理）研究准教授
官　国清	弘前大学　地域戦略研究所　教授
杉山史一	㈱トーヨーエネルギーソリューション　技術部　部長
川本克也	岡山大学名誉教授
成瀬一郎	名古屋大学　未来材料・システム研究所　教授
今田雄司	日工㈱　開発部　課長
三崎岳郎	㈱バイオガスラボ　代表取締役
片岡直明	水 ing エンジニアリング㈱　企画開発本部　基盤技術研究センター
熱田洋一	㈱豊橋バイオマスソリューションズ　代表取締役社長
井上翔吾	㈱ビオストック　取締役，事業開発部長
戸田貴純	㈱コーレンス　第一営業本部　第一部　専任部長代理
平井　晃	合同会社バイオ燃料　代表社員
中村　茂	㈱ KS バイオマスエナジー　COO
フォレストエナジー㈱	
松村幸彦	広島大学　大学院先進理工系科学研究科　教授
張　孟莉	広島大学　大学院先進理工系科学研究科　助教
菅野明芳	㈱森のエネルギー研究所　取締役
古俣寛隆	札幌市立大学　デザイン学部　准教授
那須貴司	BS & B セイフティ・システムズ㈱　シニアセールスデレクター
芹田皓朗	㈱チノー　久喜事業所　生産統括部　放射機器部　機器課　技術係係長

目　　次

第1章　燃料材の動向

第2章　バイオマスガス化動向

第3章　バイオガスプラントの動向

第4章 海外バイオマス発電装置の動向

第5章 バイオマス発電の概況と採算性

第6章　バイオマス発電の火災対策

第1章　燃料材の動向

1　国産燃料材の需給動向とガス化向け燃料材の確保

澤田直美*

1.1　はじめに

ガス化技術は，比較的小規模から導入可能であり熱電併給が可能な点で，地域のエネルギーインフラとして高い適応性を持つ。これらの設備を地域に導入する際には，単体運用にとどまらず，熱ボイラーやその他の地域資源利用技術と組み合わせた総合的なエネルギーシステムを構築することが重要である。このような総合システムは，地域資源を最大限に活用し，持続可能な地域社会の実現に役立つと考えられる。

再生可能エネルギー電気の利用の促進に関する特別措置法（以下，FIT制度）が開始されて12年が経過し，各地では木質バイオマス発電所の導入が進められてきた。発電所の増加に伴い，各地域では燃料材の供給量の確保が一つの課題となっている。発電所を安定的に稼働させるためには，燃料材を量的に確保することが必要となるが，なかでもガス化技術においては，投入する燃料のサイズや水分条件などに厳しい基準がある[1)]。そのため，ガス化技術の場合は，燃料材の量的な確保に加え，要求仕様に合致する質的な確保が重要となる。

本稿では，我が国の燃料材需給の状況について概観した後，ガス化技術が求める品質の燃料を確保するための仕組みづくりについて考察する。

1.2　我が国における燃料材需給の現状

我が国の燃料材需要は，平成26年以降急速に拡大している。この需要増加の背景には，再生可能エネルギーへの関心の高まりや，それを促進するFIT制度をはじめとする政策の影響がある。

木材需給表によると，令和5年には木材需要全体（輸入材を含む総需要）の25.4%に達した（図1）[2)]。燃料材の需要は，我が国の木材利用構造において，少なからぬウェイトを占めるに至ったといえる。

こうしたなか，2009年に森林・林業再生プランが策定され，2011年には森林・林業基本計画が改定されるなど政策的な後押しを受け，我が国の木材生産量（国産材生産量）は増加してきた。2002年に15百万 m^3 まで減少した木材生産量はその後，リーマンショックなどによる落ち込み

＊　Naomi SAWADA　(一社)日本木質バイオマスエネルギー協会　専務理事

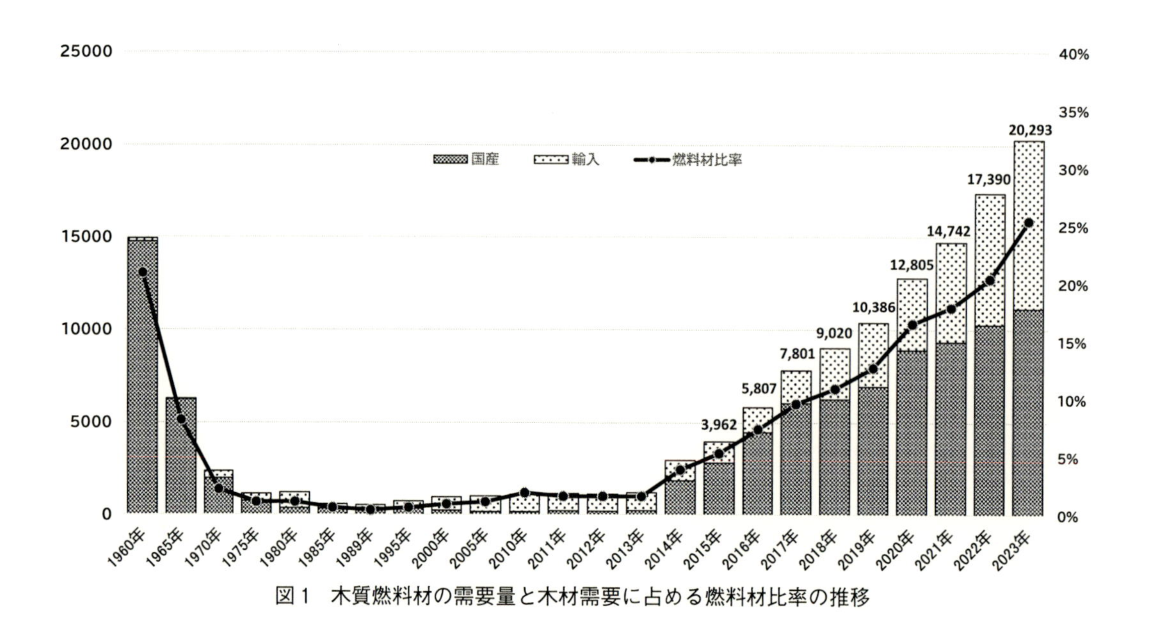

図１　木質燃料材の需要量と木材需要に占める燃料材比率の推移

を乗り越えて2023年には2013年の1.5倍となる35百万 m^3 近くまで増加した（図２）[3)]。

しかし，ここ数年の推移をみると，新型コロナウイルス感染症やウッドショックなどの影響により，既存需要向けの木材生産量は令和２年に一時的に減少している。一方で燃料材は増加し続けており，国産材生産に占める燃料材比率は木材全体の増加を上回るペースで拡大し令和５年には全体の３割を超えている。

製材，合板，製紙用チップなどの既存需要は景気動向と相関が高い。一方で発電向けの燃料材需要は年間を通じてほぼ一定量を消費するため，景気動向とは連動しない動きを取る。むしろ発

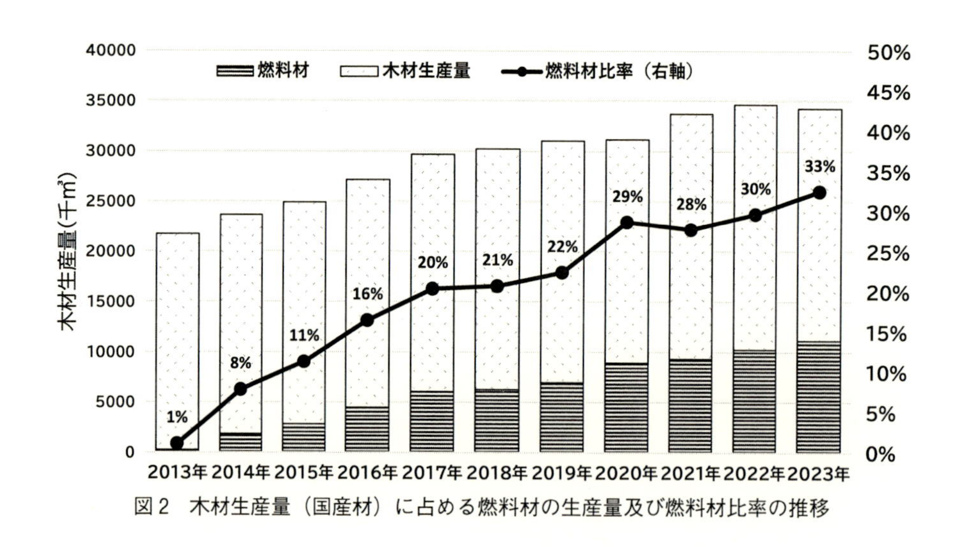

図２　木材生産量（国産材）に占める燃料材の生産量及び燃料材比率の推移

電所が増加することで積み増しされていく。

また，燃料材の安定確保を行っていくためには既存の需要を奪うのではなく，林地残材など競合しない資源を有効活用していくことが重要となる。

製材工場や建設現場から発生する残材は利用率が高く９割近くが利用されているものの，林地残材の利用率は依然として４割弱にとどまっている（図３）[4]。この状況を改善するには，一貫施業システムの導入や収集効率化が必要である。林地残材の利用拡大は，国内木材資源の有効活用とともに，燃料材供給の安定性向上にも寄与する。

燃料材需給の課題を克服するためには，地域ごとの資源量や特性を踏まえた対策が求められる。地域に応じた収集・加工技術の導入や，需要に応じた供給調整の仕組みを整備することで，国内資源の潜在力を最大限に引き出すことが可能となる。

燃料材は既存需要と異なる需要特性を持つとはいえ，あくまでも既存需要を主たる生産目的として行われる林業に付随して発生するものである。通直で材長が確保できる高品質の材は既存需要に活用し，林地残材や低質材の受け皿として一定の棲み分けをすることで，燃料材が産業としての林業を下支えする存在となることが期待される。

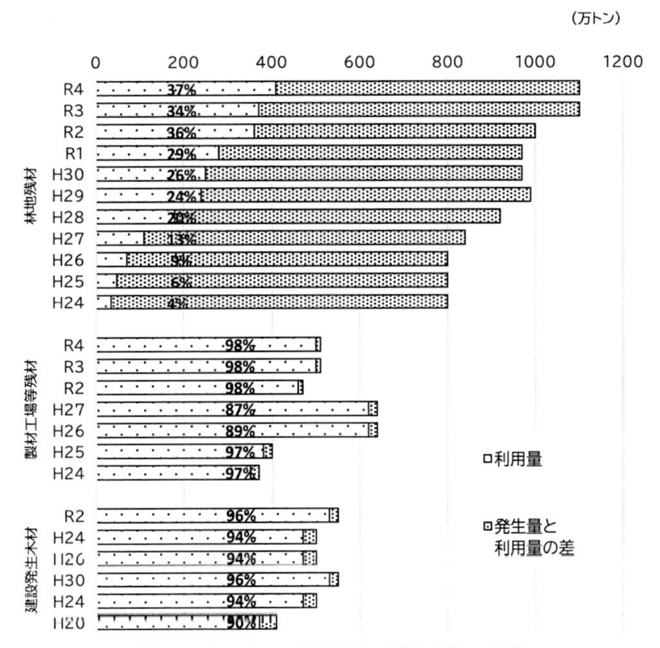

図３　バイオマス種類別の利用率等の推移

出典：林野庁，バイオマス活用推進基本計画関連情報・バイオマス種類別の利用率と推移
https://www.maff.go.jp/j/shokusan/biomass/230908_8.html

1.3 木質バイオマス利活用技術と燃料の特性

木質バイオマス発電技術は，「蒸気タービン式」「熱分解ガス化（ガス化）」「ORC」の３種類が広く普及している。燃料品質と発電技術の関係について，図４に示す[5)]。蒸気タービン式やORCは，燃料の水分や形状，部位に関して比較的雑多な燃料にも対応し幅広い条件を許容するため，間伐材の枝葉やバーク，建設廃材といった多様な材料を燃料として利用でき，そのため燃料コストを安く抑えることができる。一方，ガス化技術は燃料について高規格を求め，水分や形状，灰分，その他成分組成などに対する条件が限定されるため，燃料選定や加工・供給体制を整える必要があり，高コストとなりやすい。その分，ガス化は小規模でも高い発電効率が期待できるという特徴がある。

ガス化技術では，燃料の水分や形状にばらつきがあると反応速度が不均一化し，タールの過剰生成や炉内トラブルが発生しやすくなる。そのため前述のように，一定の品質基準を満たした燃料の供給が不可欠である。しかし，木質バイオマスは生物由来の資源であるため，樹種や加工方法によるばらつきが避けられない。同じ樹種でも丸太の太さによって樹皮の比率が異なり，灰分や成分組成に影響を及ぼす。さらに，チッパーによる加工時に水分が低すぎると粉末が多く発生し，これが稼働の不安定要因となる。

これらの課題に対応するためには，燃料サプライチェーン全体を通じ，品質管理を徹底することが重要となる。たとえば，取引先との間で受け入れ可能な燃料の条件を仕様書などで明記することや品質に対応した価格体系を設定することが方策としてあげられる。また，水分についてもサプライチェーンのどの段階で乾燥工程を持つのがコストや歩留まり，品質確保の観点から最適か，という点を考慮したうえで取引条件を設定することも重要である。その上で，水際での対策として，発電所側でも投入前の燃料材の水分や性状を管理し，適正範囲に調整する検品体制や，

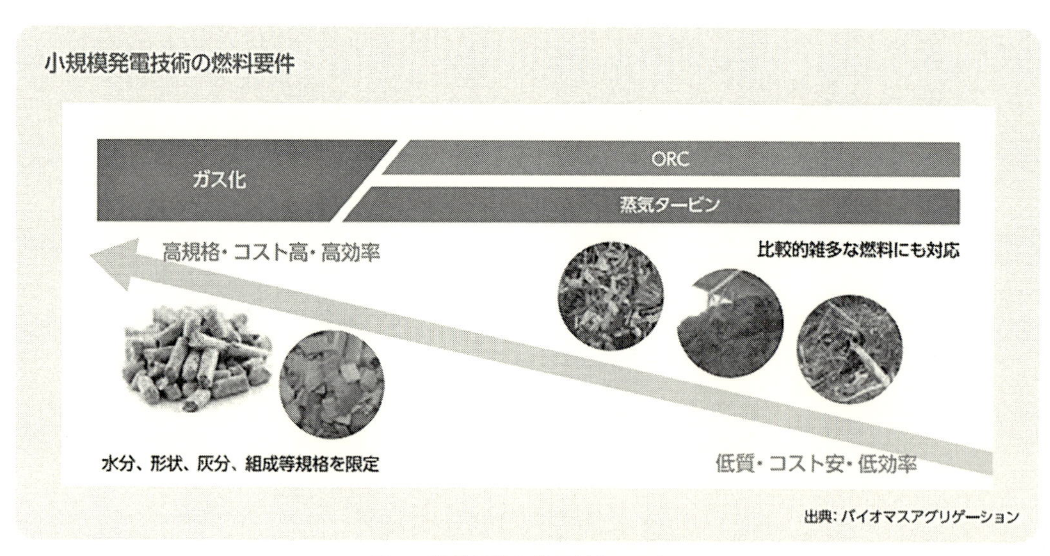

図４　燃料品質と発電技術の関係

選別・乾燥等，技術の導入を行うこともオペレーション上有効であろう。

1.4　燃料材品質と安定供給の課題

燃料材の安定供給を確保するには，燃料品質，用途に応じた適切な活用を行うためのサプライチェーン構築が重要となる。

特にガス化向けの高品質材のみを目的として燃料材生産を行おうとすれば，規格外の燃料が一定程度発生することになる。これらを有効活用する仕組みがなければ，収益を生まない低品質な燃料が地域の負担になりかねない。低品質な燃料材も余すことなく活用することは事業の持続可能性を高めることにつながるだろう。

低品質な燃料材については，蒸気タービン式やORC，あるいは熱ボイラー向けに活用するなど，多様な燃料を地域のエネルギーとして利用していく仕組みが有効である。多様な燃料需要を計画的に組み合わせていくことで，地域で生産される燃料材に品質のばらつきがある場合でも，用途の最適化により地域資源を最大限に活用することが可能となる。これにより，木材資源全体の利用効率が向上し，燃料生産側にとっても収益機会の多様化と，リスクヘッジの効果が期待できる（図５）[6]。

また，燃料材の品質向上を目指す際には，コスト上昇のリスクや原料需要の増加といった課題が伴う。例えば，高品質燃料を確保するために必要な加工設備や乾燥設備の導入は，初期投資と運用コストの負担を増大させる。一方で，高品質燃料確保のために必要な原料量が増加することで，森林資源への需要圧力が高まり，持続可能な利用への影響が懸念される。

これらの課題に対応するためには，燃料調達に関わる新たな仕組み作りが必要である。地域で発生する資源を品質面などの点にも考慮しつつ，利活用技術や需要先などについても最適となる

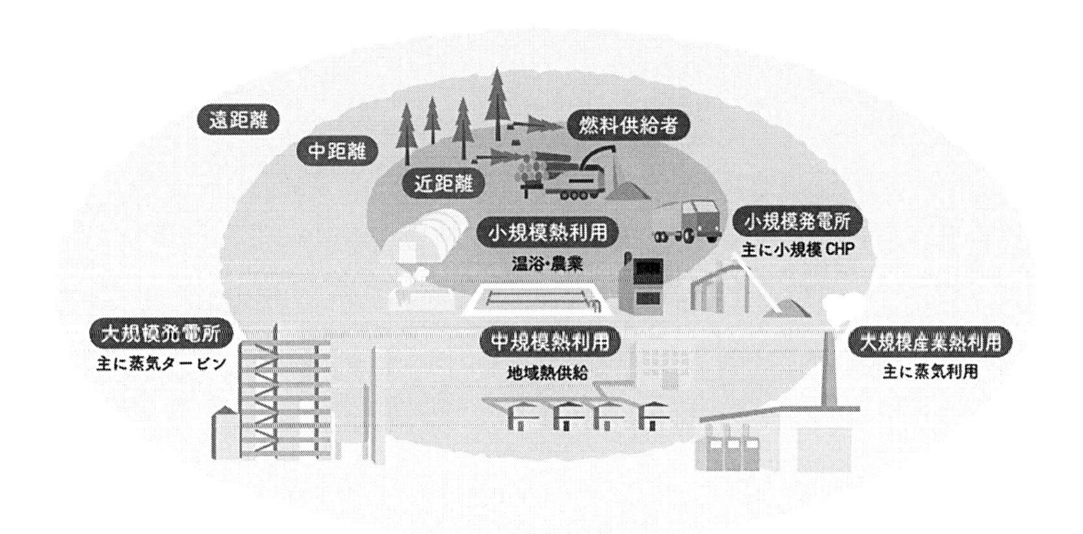

図５　地域における面的な導入のイメージ

よう地域で面的に全体の資源利用効率を高める，地域構想を持つことが問題解決の一つとなる。これまでは，発電事業者がそれぞれ自発的に事業開発を行い，個別の発電事業のために地域のサプライチェーンが構築される事例が多く見られたが，この手法では，地域内で発生する資源の品質面も含めた需給のミスマッチが生じかねない。

地域の資源利活用やエネルギー，環境面の将来像を地域が中心となって構想し，中長期的に計画を策定したうえで，地域全体での循環型資源利用を推進していくことで，ガス化技術を含めた持続可能な木質バイオマス利活用システムが構築できると期待される。

1.5 まとめ

木質バイオマス発電は，再生可能エネルギーとしての役割を果たすだけでなく，地域経済や環境保全にも寄与する。その価値を持続的に活かすには，地域特性を考慮した燃料材利用の仕組みを構築することが求められる。特に，森林由来のバイオマス燃料材を地域内で生産・利用することで，地域経済の循環が促進される。輸入燃料に依存せず，収益が地域の生産者に直接還元される仕組みは，地域経済の活性化や森林整備の充実につながる。また，地域内資源を活用した燃料調達は，災害時におけるエネルギー供給の安定性向上にも寄与する（図６）[7]。

地域のエネルギー自立を実現するためには，地域特性に応じた柔軟な対応が必要である。たとえば，森林資源が豊富な地域では，林地残材を燃料材として活用する取り組みを強化し，燃料調達からエネルギー供給までの一貫した仕組みを整備する。一方で，資源量が限られる地域では，輸送効率の向上や広域の調達を進めることが重要である。

今後，地域資源を最大限に活用しながら，燃料材供給の安定化と効率化を図ることは，地域のエネルギー自立や森林資源の有効活用に寄与するとともに，社会全体の持続可能性の向上にもつ

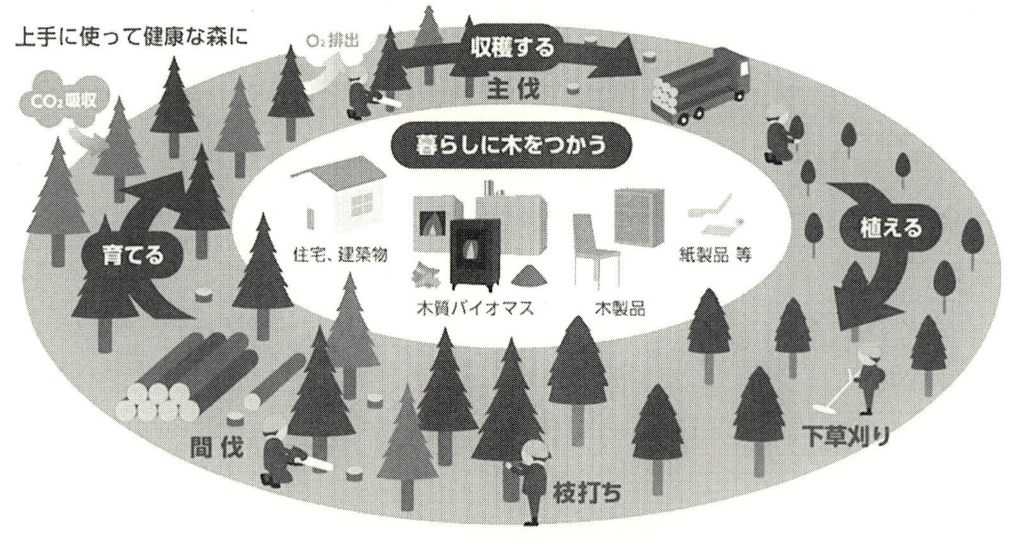

図６　木質資源の循環的な利活用

ながるものである。持続可能なエネルギー利用モデルの確立に向け，ガス化技術を活用する地域エネルギーシステムへの期待がますます高まると考えられる。

その際に，地域の燃料需給の状況や品質面の課題を考慮し，単体設備で発想するのではなく，ガス化技術の特性を生かして地域全体での木質バイオマスエネルギー利活用システムを構築していくことが望まれる。

文　　献

1)　横山伸也ほか，バイオマスエネルギー，p. 61，森北出版（2009）
2,3)　林野庁，木材需給表　各年版より
4)　林野庁，バイオマス活用推進基本計画関連情報・バイオマス種類別の利用率と推移，https://www.maff.go.jp/j/shokusan/biomass/230908_8.html（2024.12.27 閲覧）
5)　(一社)日本木質バイオマスエネルギー協会，小規模木質バイオマス発電をお考えの方へ・導入ガイドブック，p. 6（2016）
6)　(一社)日本木質バイオマスエネルギー協会，地域で広げる木質バイオマスエネルギー，p. 1（2020）※同パンフレットのために㈱バイオマスアグリゲーションが作成した図
7)　(一社)日本木質バイオマスエネルギー協会，同 HP，https://jwba.or.jp/jwba/establishment/（2024.12.27 閲覧）

2　木質バイオマス発電のための未利用材利用可能量推計

有賀一広*

2.1　はじめに

2012年7月に再生可能エネルギー固定価格買取制度FITが開始され，木質バイオマス発電，特に買取価格が高値に設定された未利用材を主燃料とする発電施設が，2024年6月時点で，全国で326ヵ所新規認定され，すでに139ヵ所で稼動している。未利用材を燃料として利用することは，林業振興や山村の雇用創出などに貢献することが期待されているが，一方で発電容量5MWで年間10万 m^3 程度が必要とされる未利用材を買取期間20年間，安定して調達できるか，FIT終了後の木質バイオマス発電の採算性，さらには木質バイオエネルギーの持続可能性などが懸念されている。

また，大規模な木質バイオマス発電施設の増加に伴い，燃料材の利用が拡大し，燃料の輸入が増加するとともに，間伐材・林地残材を利用する場合でも，流通・製造コストが嵩むなどの課題が見られるようになった。このため，森林資源をエネルギーとして地域内で持続的に活用するための担い手確保から発電・熱利用に至るまでの「地域内エコシステム」（地域の関係者の連携の下，熱利用又は熱電併給により，森林資源を地域内で持続的に活用する仕組み）の構築に向けた取組も進められている。

地域で未利用材をエネルギーとして利用するために，(独)新エネルギー・産業技術総合開発機構NEDOによるデータベースがこれまで広く利用されてきた。NEDOのデータでは未利用材は「切捨間伐材」と「林地残材」に分けられ，未利用材賦存量・有効利用可能量の推計には国有林は国有林野事業統計書，民有林は木材需給報告書が利用されている。また，利用可能量は林道両側各25 mの範囲を利用可能として算出されている。

一方，筆者ら（2021，2022，2024）は都道府県が管理する民有林の森林GISと林野庁が管理する国有林の森林GISを取得し，地域森林計画を基に施業条件を設定，傾斜や起伏量といった地形量から作業システムを設定し，GISを用いて収穫コストの算出，樹種別の木材売上，山元立木価格，造林費を用いて収支を算出することで，森林の更新費用も考慮して経済的に利益が得られる森林からの供給ポテンシャルを利用可能量として推計している。なお，一般的に未利用材とは間伐材等由来の木質バイオマスと定義され，間伐材と森林経営計画・国有林野施業実施計画対象森林，保安林より間伐以外の方法で伐採された木材のことであるが，本研究では間伐・主伐の幹部の林地残材を未利用材として推計している。

---

*　Kazuhiro ARUGA　宇都宮大学　農学部　森林科学科　教授

2.2　材料と方法

2.2.1　解析した森林 GIS

全国の都道府県庁より取得した森林簿，小班界（森林計画図）の shape データ，林野庁より取得した国有林小班界の shape データ，国土地理院発行の数値地図より 10 m メッシュの数値標高モデル DEM と道路データを使用した。解析の対象は民有林・国有林のスギ，ヒノキ，マツ，カラマツ林分とした。全国の小班平均面積は 0.7 ha と小さかったため，効率的な作業を目指して，流域で集約化して，団地単位で推計することにした。対象面積は全国人工林 10,203,842 ha とほぼ同等の 10,067,884 ha で，240,320 団地，平均面積は 41.9 ha となった。オープンデータである北海道と静岡県を除いて，日本全国の都府県にデータ取得を依頼したが，解析開始時に福井県と沖縄県からは，解析で整備可能なデータが取得できなかったため，地方で取りまとめた結果は過小推計になっていることに注意を要する。

2.2.2　森林 GIS による解析，分析方法

解析方法は①供給ポテンシャルの算出，②収入の算出，③支出の算出，④利用可能量の推計からなる。供給ポテンシャルを算出するために，各都道府県の地域森林計画を参考として伐期，間伐回数及び間伐林齢，間伐率を設定した。次に，地位，樹種ごとに収穫表作成システム LYCS 3.3 を用いてこれらの施業を行った場合の収穫量（m^3/ha）を推計し，各団地の面積を乗じて伐期全体の収穫量を推計した。ただし，地位の記載が無い都道府県もあったことから，本研究では地位は 2 で統一して試算している。そして，伐期全体の収穫量を伐期で除すことにより，1 年間あたりの収穫量を推計し，これを本研究では供給ポテンシャルとした。

収入に関しては，利用率を 75%，未利用材のうち 15% を燃料材として利用することと想定し，木材需給報告書における製材用（A 材），合板用（B 材），木材チップ用（C 材）素材価格にそれぞれの全素材に対する比率を掛け合わせ，それらを足し合わすことで，用材の平均素材価格（円/m^3）を求めた。未利用材は現状，枝葉などの林地残材ではなく，C 材と競合する小径材や曲がり材が燃料材として利用されていることから，未利用材価格は C 材価格とした。

2.2.3　解析，分析結果

支出の内，造林費用については，各都道府県の地域森林計画と造林事業標準単価を参考に地拵・植付，下刈り，除伐で発生する費用を計上した。なお，造林費用には補助率 40%，査定係数 1.7 として 68% の補助金を適用した。一方，除伐以降の間伐と主伐で発生する収穫費用（図 1）については，林分ごとに地形条件に合わせた作業システム（図 2）を設定したうえで算出した。作業システムの設定には，後藤（2016）が提示した傾斜と起伏量による作業システム区分を用いた（図 3）。また，公道から団地への到達路網を林業専用道規格で作設するとして，到達路網費も計上した。利用間伐においても，造林補助金同様，森林作業道作設含めた標準単価の 68% の補助金を適用した。材の輸送には 10 t トラックを用いると想定した。出荷先は，用材は原木市場と直送が多い北海道においては製材所，未利用材は FIT 制度で稼働または認定されている発電所とした（図 4，5）。

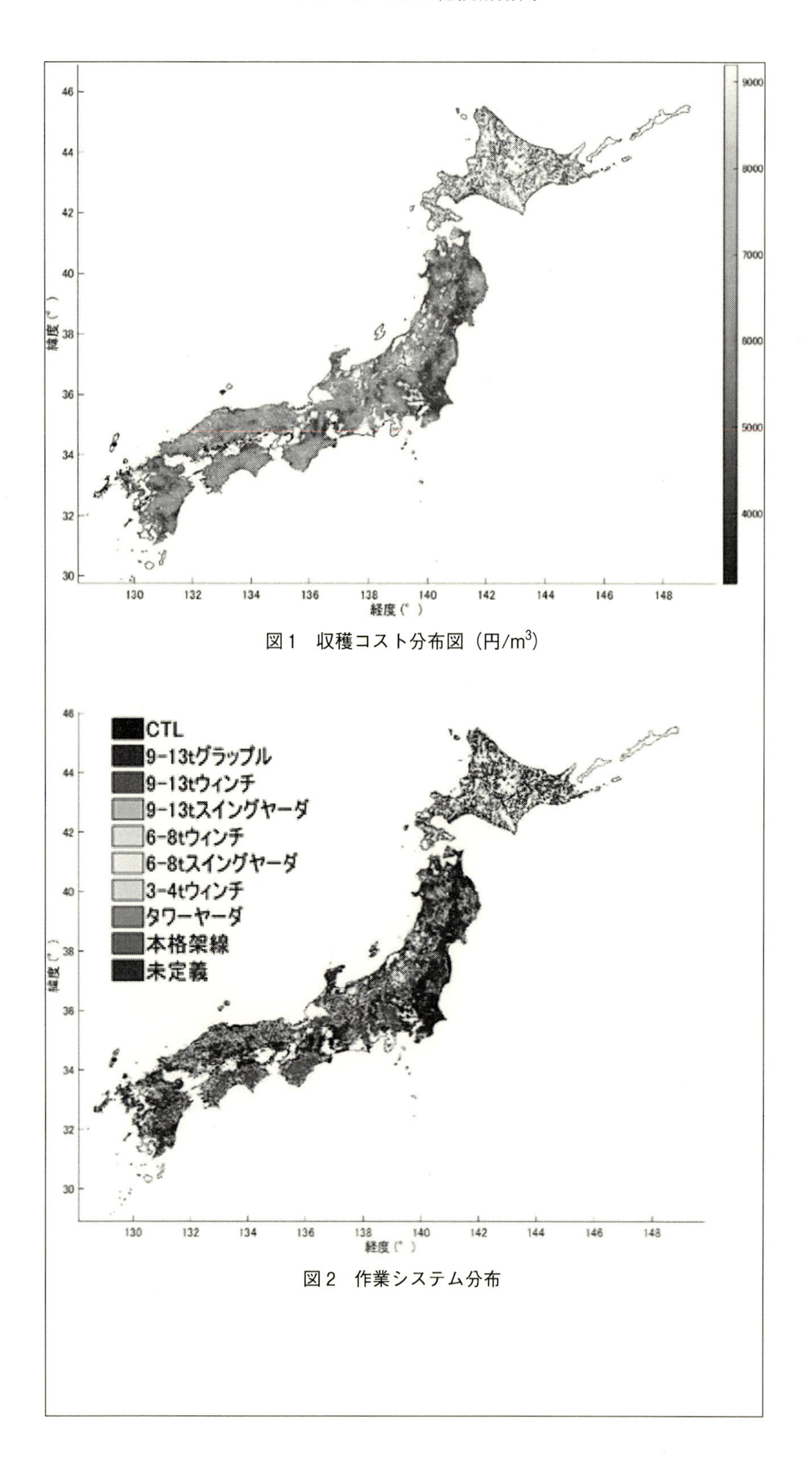

図1　収穫コスト分布図（円/m^3）

図2　作業システム分布

		起伏量				
		100m未満	100~200m	200~300m	300~400m	400m以上
傾斜	15° 未満	CTL	CTL	CTL	-	-
	15~20°	9-13t グラップル	9-13t グラップル	9-13t ウィンチ	9-13t スイングヤーダ	-
	20~25°	9-13t グラップル	9-13t ウィンチ	9-13t ウィンチ	9-13t スイングヤーダ	9-13t スイングヤーダ
	25~30°	-	6-8t ウィンチ	6-8t スイングヤーダ	6-8t スイングヤーダ	本格架線
	30~35°	-	3-4t ウィンチ	タワーヤーダ	本格架線	本格架線
	35° 以上	-	-	本格架線	本格架線	本格架線

図３　作業システム設定（後藤 2016）

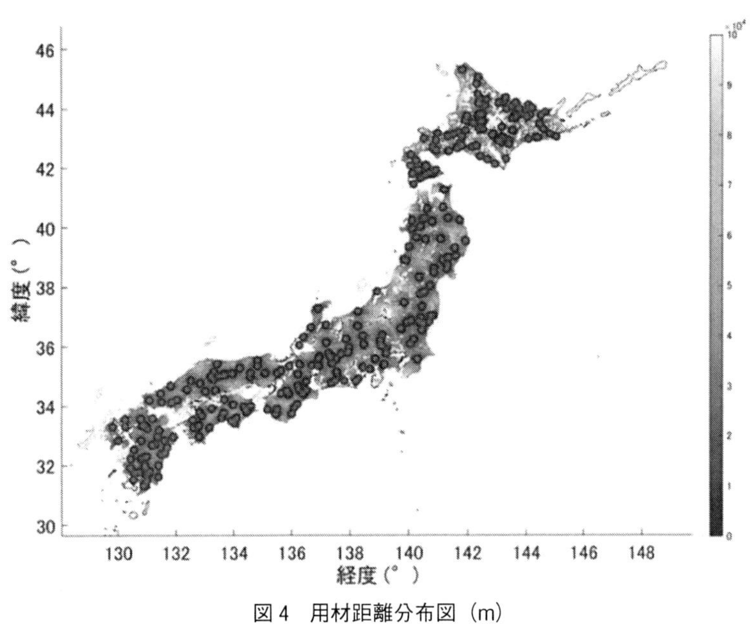

図４　用材距離分布図（m）

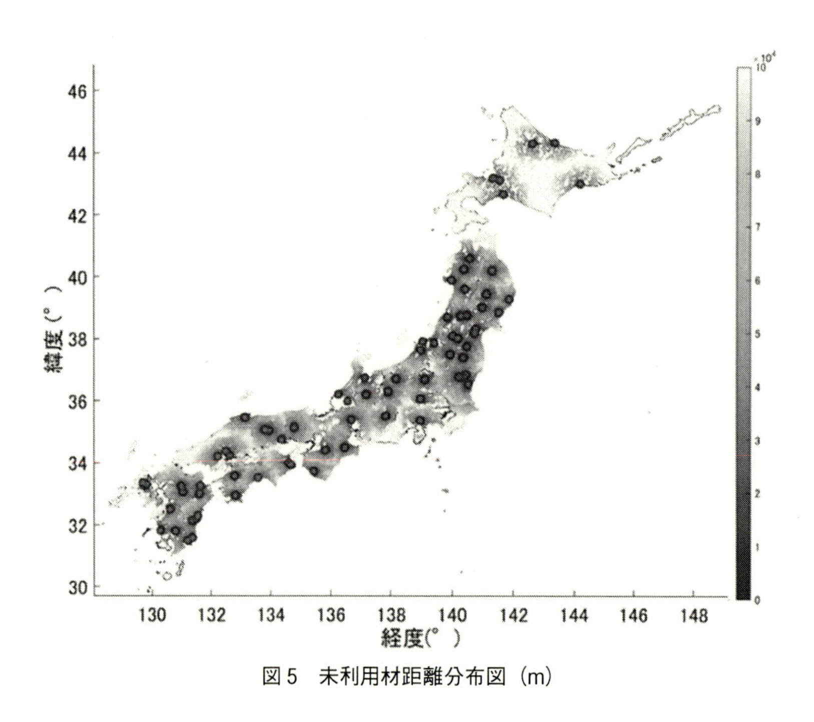

図5　未利用材距離分布図（m）

上記で算出する伐期全体の収入と支出を比較し，収支が，山元立木価格を上回る団地の供給ポテンシャルを利用可能量として推計した。

2.3　結果と考察

本研究の団地単位では供給ポテンシャルは用材 65,940,444 m^3/年，未利用材 13,188,089 m^3/年と推計され，利用可能量は用材 53,943,770 m^3/年，未利用材 10,788,754 m^3/年と，供給ポテンシャルの 81.8%との結果を得た（表1）。FIT で稼働している発電施設を対象に，発電容量 5 MW で年間 10 万 m^3 程度として需要量 8,685,784 m^3/年を算出して，利用可能量と比較すると，需要量に対する利用可能量の割合は 124.2%となった（表2）。

次に，FIT で新規認定されている発電施設を対象とした場合は，未利用材利用可能量は 10,902,067m^3/年と推計された。上記と同様に，容量 5 MW で年間 10 万 m^3 程度として算出した需要量 11,018,104 m^3/年と比較すると，需要量に対する利用可能量の割合は 98.9%となり，将来的には需要量を満たせなくなることが危惧された。そこで，近年は主伐後の確実な更新を担保するため，各都道府県や市町村による追加の造林補助金により造林費用の 100%補助が行われる場合があるので，本研究でも造林補助金を 100%補助で試算したところ，利用可能量は 12,709,257 m^3/年，需要量に対する利用可能量の割合は 115.3%と試算された（表3）。持続可能な森林経営や森林資源の安定供給のためには，路網整備を含めた集約化した団地への継続的な財政支援が必要である。

表１　供給ポテンシャル・利用可能量（m³/年）と割合（%）

	供給ポテンシャル		利用可能量		割合
	用材	未利用材	用材	未利用材	
北海道	9,994,055	1,998,811	9,833,446	1,966,689	98.4
東北	13,280,871	2,656,174	9,113,230	1,822,646	68.6
関東	4,191,776	838,355	3,034,052	606,810	72.4
中部	10,257,698	2,051,540	8,059,324	1,611,865	78.6
近畿	8,236,305	1,647,261	5,983,960	1,196,792	72.7
中国	7,524,156	1,504,831	6,578,022	1,315,604	87.4
四国	4,312,728	862,546	4,076,752	815,350	94.5
九州	8,142,856	1,628,571	7,264,984	1,452,997	89.2
全国	65,940,444	13,188,089	53,943,770	10,788,754	81.8

割合：供給ポテンシャルに対する利用可能量の割合

表２　未利用材需要量・利用可能量（m³/年）と割合（%）

	需要量	利用可能量	割合
北海道	1,770,810	1,966,689	111.1
東北	1,037,980	1,947,850	187.7
関東	198,512	444,659	224.0
中部	1,548,730	1,569,895	101.4
近畿	824,600	401,576	48.7
中国	542,199	2,189,737	403.9
四国	407,700	815,350	200.0
九州	2,355,253	1,452,997	61.7
合計	8,685,784	10,788,754	124.2

割合：需要量（m³/年）に対する利用可能量の割合

表３　100%造林補助とした場合の認定発電所未利用材需要量・利用可能量（m³/年）と割合（%）

	需要量	利用可能量	割合
北海道	1,871,390	1,977,202	105.7
東北	1,354,320	2,694,793	199.0
関東	468,492	653,855	139.6
中部	2,107,310	1,932,122	91.7
近畿	1,320,880	496,153	37.6
中国	630,879	2,601,823	412.4
四国	483,500	838,071	173.3
九州	2,781,333	1,515,237	54.5
合計	11,018,104	12,709,257	115.3

割合：需要量（m³/年）に対する利用可能量の割合

2.4 おわりに

本研究では規模の効果による単位発電出力当たりの需要量の変化や，直接燃焼発電と比較して効率が良いとされるガス化発電などを考慮に入れていない。また，FIT の認定を受け，未利用木質を燃料として稼働している発電所は未利用材を 100％利用する想定で推計しているが，実際には未利用木質の発電所においても他の燃料種別の木質を受け入れる場合もある。逆に一般木質等の発電所においても未利用材を利用，さらに，FIT 認定外の発電所や熱利用施設を考慮に入れていないことから，本推計が実情をすべて表しているものではないが，地域における利用可能量に関する参考情報は提供しているものと考えている。

なお，本推計では対象外としたが，需給が逼迫している地域では，地拵経費の軽減分で補填することにより，枝葉を搬出して燃料材を確保している。全木架線集材ではトラックが入れる土場で造材することにより，枝葉もトラック運搬費用だけで収穫することができる（写真１）。車両系機械の場合は，フォワーダやトラックでコンテナを用いることにより積込・荷下費用を削減（写真２），また，荷台が可変するバイオマス対応型フォワーダなどが開発されている（写真３）。

写真１　全木架線集材後の土場残材

写真２　コンテナ脱着式フォワーダ

写真３　バイオマス対応型フォワーダ

写真４　移動式チッパによる枝葉の粉砕

さらには，嵩張る枝葉をトレーラで一度に大量輸送または移動式チッパを土場に投入して，減容化してから輸送するなど低コストが図られている（写真４）。

文　　献

1)　松岡佑典，林宇一，有賀一広，白澤紘明，當山啓介，守口海，日林誌，**103**，416-423（2021）
2)　有賀一広，松岡佑典，林宇一，白澤紘明，関東森林研究，**73**，113-116（2022）
3)　有賀一広，武田愛子，藤井絢弓，松岡佑典，白澤紘明，鈴木保志，関東森林研究，**75**，73-76（2024）
4)　後藤純一，機械化林業，**752**，1-8（2016）

3　林地未利用材の水分低減技術

山田　敦*

3.1　はじめに

2023年度，北海道では年間1,887千m^3の木質バイオマスをエネルギー利用しており[1]，その大半（1,347千m^3）は再生可能エネルギー固定価格買取制度（FIT）による大型木質バイオマス発電所（15施設）での利用である。エネルギー利用されている木質バイオマスのうち林地未利用材の使用量は都道府県別では全国一位である。林地未利用材とは，森林の伐採の際に発生する「製材などに利用できない細い間伐材」や「枝条」「木の根元」など，これまでは未利用のまま林地に残されてきた木材を示す。これをエネルギーなどに有効活用することで，森林資源の価値の増大だけではなく，石油など化石燃料の代替となりゼロカーボン社会の実現にも貢献するため，更なる活用の促進が期待されている。

木質バイオマスを燃料として使用する際には，水分や灰分，発熱量などの品質を確保する必要がある。特に水分に関しては，蒸発に要する熱（蒸発潜熱）は，排気とともに排出され利用できないため，木質バイオマスを燃料として効率よく利用するために，事前に水分を低減することが望ましい。

大型のバイオマス発電所では水分40%程度の燃料が用いられているが，民生用（住宅用，中小規模の業務及び公共施設の用途）の木質チップ燃料の規格では水分25%あるいは35%以下の規定が設けれられている（ISO17225-4「固形バイオ燃料—燃料の仕様及び分類—第4部：等級別木材チップ」）。さらに木質バイオマスガス化熱電併給プラントでは水分10～15%以下が要求される[2]。

なお，木材関連では一般にJIS Z2101「木材の試験方法」に従い乾量基準の含水率が用いられるので留意を要する。本節では燃料品質評価に用いられるJIS M8812「石炭類及びコークス類—工業分析方法」に規定された湿量基準の水分に換算して示す。ただし含水率減少曲線の近似式による乾燥時間推定については乾量基準含水率をもとに計算した。

生立木の伐採直後の水分は季節や地位によって変動するが，矢沢[3]は針葉樹で辺材59～73%，心材25～50%，広葉樹で辺材38～61%，心材34～62%であったと報告している。建築材料として木材を用いる場合，狂いや腐朽の防止，強度の向上などを目的として用途に応じた水分にまで乾燥して利用される。乾燥方法としては戸外に桟積みにして自然に乾燥する天然乾燥（air seasoning），人工的に適度な温度・湿度に調節し短期間で乾燥する人工乾燥（kiln drying）がある。

---

*　Atsushi YAMADA　（地独)北海道立総合研究機構　森林研究本部　林産試験場　利用部　バイオマスグループ　専門研究員

燃料利用を前提とした場合，原料木材の材質や形状については注意を払う必要がないため，チップ状に破砕した後ロータリーキルンなどを用いて人工乾燥が行われている。しかし，できるだけコストやエネルギー消費を抑える必要があることから，天然乾燥を中心とした研究が国内外において行われている[4,5]。

太陽熱を活用した天然乾燥だけでも，日本では気乾含水率（約14%）を限度として，通常17%程度まで水分を低下させることが可能と言われている[6]。天然乾燥は季節，天候，立地などの自然条件に左右され，長時間を要し，特に26%以下の乾燥速度はきわめて遅くなる。しかし，業務用ボイラーなどに用いられるB1等級（水分35%以下）の木質チップであれば，天然乾燥だけでも十分である。

筆者らはバイオマス発電所土場や林地内に放置された丸太の燃料品質の変化を調査するとともに，林地において小径丸太の天然乾燥試験を行い，雨水侵入防止策や通気性改善による効果について検証した。ここでは，それらを基に天然乾燥を主体とした林地未利用材の水分低減技術について述べる。

3.2 バイオマス発電所土場に保管された丸太の燃料品質

FITの導入により，大規模な蒸気タービン方式の木質バイオマス発電所の建設が進んでいる。それらで使用される未利用間伐材などは伐採後，一定期間，土場に保管される場合がある（写真1）。そこで木質バイオマス発電所の土場に保管された丸太の水分などを測定し，適正な保管期間について検討するとともに，腐朽などによる材質変化が燃料品質に与える影響を調査した。

調査は苫小牧市，紋別市にて，木質バイオマス発電の土場にはい積みされたカラマツ・トドマツ丸太（搬入直後，6ヶ月間・1年間・2年間保管）について行った。搬入直後の丸太は樹種毎に5本，6ヶ月～2年間保管については，はいの上層，中層，下層から各5本の丸太を抜き出し，採取時の重量及び寸法（材長，末口径，元口径）を測定した後，末口，元口，及び中央部の3点から厚さ20 mmの円板を採取し，全乾法により水分を測定し，その平均を丸太水分とした。

各調査の丸太水分を図1に示す。搬入直後の水分はカラマツが36.1%，トドマツが52.6%で

写真1　発電所土場にはい積みされた燃料用丸太

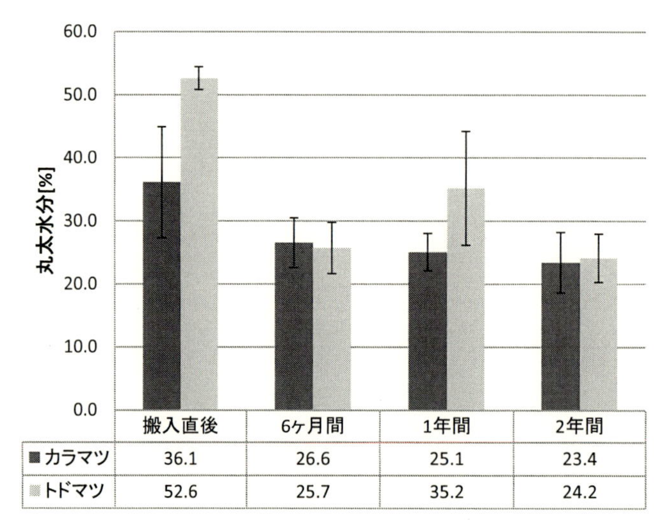

図1　各保管期間における丸太水分

注）エラーバーは標準偏差（n = 15）

あった。6ヶ月間保管では，水分がカラマツで10%，トドマツで27%低下し，1年間および2年間保管することにより，さらに低下するが，6ヶ月間以降の変化は小さいと推測された。

計算上，水分を45%から35%に低減することにより，利用可能な発熱量（真発熱量）が向上し燃料消費量を約4%減らすことが可能となる。木質バイオマス発電のように大量の燃料を消費する場合，丸太を夏季6ヶ月間以上保管し，水分を低減することにより多額の燃料費節減が期待できる。

2年間保管後のトドマツについて，辺材部に腐朽が認められたが全体ベースでは腐朽材の発熱量，灰分は，健全材と大きな差異はなかった。丸太全体の材密度に調査間の有意差は認められなかったが，腐朽による品質の低下が予想されることから，土場における原木丸太の保管期間は1年間程度が適切であると考えられた。

3.3　放置された林地残材の燃料品質

丸太造材時に発生する製材などに利用できない林地残材（追上材，中抜き材，枝条，末木）は伐採後，一定期間，林地内に放置される場合がある。筆者らは林地に放置された林地残材（写真2）について調査し，燃料品質を明らかにした。

調査は，オホーツク管内津別町町有林の伐採跡地（15地点）に放置（0.7~9年）されたカラマツ及びトドマツを対象として実施した。形状は様々であったが任意に5本のサンプルを選び，中央部より厚さ20 mmの円板を採取し，全乾法により水分を測定した。円板の体積及び乾燥後の重量から絶乾時の密度を計算した。灰分，総発熱量の測定はJIS法に従った。腐朽と発熱量の関係を検証するために定法によりクラーソンリグニンを定量した。

トドマツの放置期間毎の平均水分は0.9年39.1%～9.0年48.4%であり大きな変化は見られ

写真２　林地残材のサンプリング

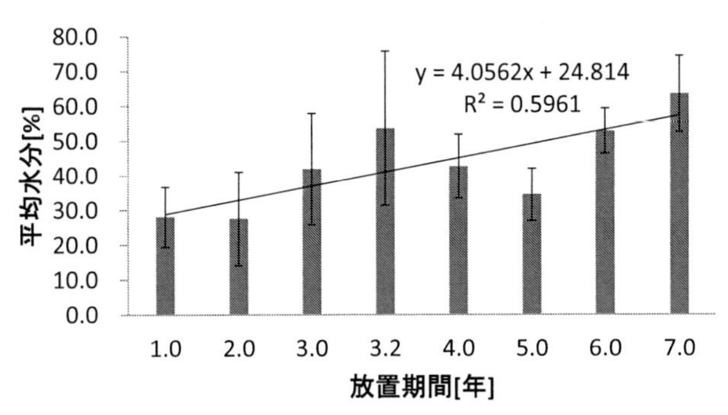

図２　放置期間毎の平均水分（カラマツ）
注）エラーバーは標準偏差（n ＝ 5）

なかった。カラマツは 1.0 年 28.1%～7.0 年 63.4%と，増減を繰り返ししつつも放置期間が長くなるに従い水分が増加する傾向が見られた（図２）。バイオマス発電所土場にはい積みした場合と異なり，林地に放置した場合は水分の減少は期待できなかった。これは，林地残材がはい積みされず接地状態で放置されていること，林地内の日照条件や温湿度環境が土場よりも劣ることが原因であると推測された。

平均密度は，トドマツは 0.9 年間放置では 0.319 g/cm^3 であったが 9.0 年間放置では 0.256 g/cm^3，カラマツでは 1.0 年間放置が 0.412 g/cm^3 が 7.0 年間放置では 0.254 g/cm^3 と，放置期間が長くなると減少する傾向があった。藤原らは，主要造林樹種の収穫試験地から採取した個体の全乾容積密度を測定しており，トドマツ 0.323 ± 0.007 g/cm^3，カラマツ 0.409 ± 0.013 g/cm^3 と報告している[7)]。目視による腐朽も認められたことから，腐朽菌の食害による重量減少が密度に影響を与えたと考えられた。

放置期間毎の平均発熱量（無水ベース）は，トドマツ 0.9 年 20.54 MJ/kg～9.0 年 20.93 MJ/kg，カラマツ 1.0 年 20.12 MJ/kg～7.0 年 20.83 MJ/kg と，重量あたりの発熱量は放置時間が長くなるに従い，わずかに上昇する傾向が見られた。灰分については，バラツキは大きいがトドマツ，カラマツとも１%以内であり，土砂付着などの影響が大きいと考えられた。

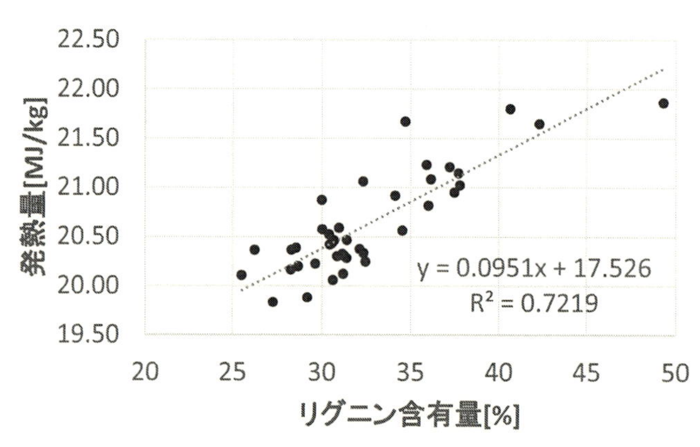

図3　発熱量とリグニン含有量の相関（カラマツ）

川瀬ら[8]は木材が腐朽によりリグニン含有量が増加することを報告している。今回採取したサンプルのリグニン含有量と灰分補正した発熱量には有意な相関があり（図3），腐朽により発熱量が高いリグニンが増えたことが発熱量上昇の一因となったと考えられた。

放置期間が長くなるにつれて発熱量に若干の上昇は見られたものの，水分の上昇や腐朽による密度の低下が認められたことから，燃料品質を確保するためには林地内に接地状態で放置すること無く，速やかに搬出，はい積みすることが望ましいと考られた。

3.4　林地における丸太の天然乾燥試験

枝条などの林地残材を乾かすためには，できるだけ高く積み上げ，地面からの湿気の影響を少なくするとともに，ビニールシートなどを掛けて雨水の浸入を防ぐことが有効であることが報告されている[9]。そこで林地での丸太乾燥試験を行い，市販ブルーシートによる雨水防止効果やはい積み方法による通気性改善効果について検討した。

丸太乾燥試験は当別町字茂平沢の林地で実施した。試験地には百葉箱を設置し，30分間毎に温度，湿度を記録した。試験は2019年6月に開始し，トドマツ丸太（φ20 cm × L 2.4 m）25本を土台2本の上にピラミッド状または通気性が良い井桁（イゲタ）状に積み，雨水防止のためのブルーシートの有・無により計4試験区を設定した（写真3）。定期的に重量を測定し，試験終了時（2020年5月）水分を全乾法により測定し，重量変化から水分推移を推測した。

林地で実施した丸太乾燥試験の水分推移を図4に示す。試験開始直後に大きな水分減少が見られ，接地状態にあった土台も3カ月で水分40%以下となった。なお，試験地の夏季（6～10月）平均気温は17.1℃，平均相対湿度は88.2%であった。

上記，試験結果を含水率減少曲線の近似式（式1）[10] にあてはめ天然乾燥に要する時間を推定した（表1）。ボイラーが要求する水分（40%以下）にまで乾燥するための日数は，通常のはい積み方法（ピラミッド）で82.7日であった。安定的な燃焼が期待できる水分35%以下とするためには131.9日を要すると推測された。

写真３　丸太乾燥試験の設置状況

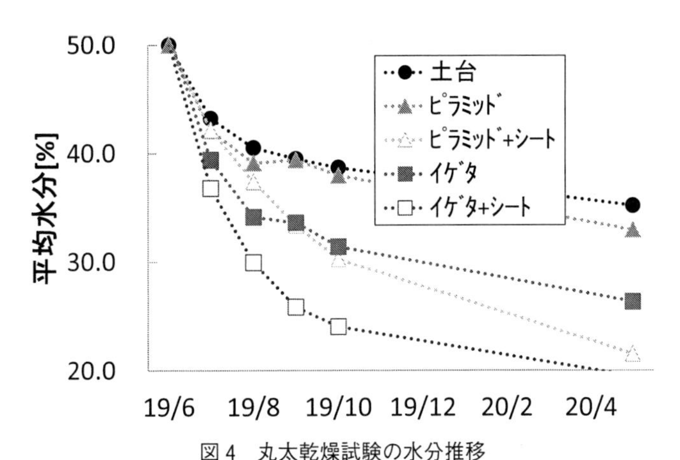

図４　丸太乾燥試験の水分推移

注）各試験区は写真３参照

表１　含水率減少曲線の近似式による乾燥時間推定

区　分	k	推定乾燥時間[day]	
		40[%]	35[%]
土台	0.006020	89.1	142.0
ピラミッド	0.006479	82.7	131.9
ピラミッド+シート	0.010636	50.4	80.3
イゲタ	0.011151	48.1	76.6
イゲタ+シート	0.017350	30.9	49.3

含水率減少曲線：$U - Ue = (Ui - Ue) \cdot \exp^{-k \cdot t}$（式１）

ここに，U ：含水率［%］DB[注)]　Ue：平衡含水率［%］DB[注)]

Ui：初期含水率［%］DB[注)]　k ：乾燥速度減少係数

t ：経過時間［day］

注）乾量基準（Dry Basis）含水率を基に計算した

日照条件や温湿度環境が劣る林地内においても，はい積みすることにより，発電所土場と同程度の水分減少が期待できた。また，通気性改善（イゲタ）・雨水防止策（＋シート）の有効性が認められた。冬季積雪下（測定5月）にあったにもかかわらず大きな水分上昇は見られなかったが，雨水などの影響を受けやすい上部や乾燥し難い内部の水分が高いことを考慮すると，水分35％以下とするためには，夏季6カ月以上の乾燥が推奨されると考える。

3.5 まとめ

電気や化石燃料を用いて加熱する人工乾燥は，短時間で乾燥することができるが，エネルギーやコストがかかる。筆者らは太陽熱を活用した天然乾燥だけでも林地未利用材を水分35％まで乾燥可能であること明らかにした。ガス化発電施設が要求する燃料水分にまで乾燥するためには人工乾燥が必要となるが，事前に天然乾燥することにより化石燃料などの消費を削減することが可能となる。

木材は，温度が高く，湿度が低く，風通しがよく，表面積が広いほど早く乾く。林地残材は短尺なものや細いものが多く，体積に対する表面積の割合が大きいため，乾燥しやすい反面，雨水や地面からの湿気の影響を受けやすい傾向がある。そのため林地残材を乾かすためには，できるだけ高く積み上げ，地面からの湿気の影響を少なくするとともに，ブルーシートなどを掛けて雨水の浸入を防ぐことが有効である[11]。

北海道では主要造林樹種であるトドマツやカラマツの伐採にともない，1年あたり約76～79万 m^3 の林地残材が供給可能であると見込まれている[12]。製材やパルプ原料などの既存用途と競合しない林地残材を効率よく発電用燃料や熱分解ガス化の原料とするためには天然乾燥による水分低減工程が重要になると考える。

文　献

1） 北海道水産林務部，林産試だより11月号，p.7（2024）
2） 横田康弘ほか，日本林学会誌，**104**，127-138（2022）
3） 矢沢亀吉，木材学会誌，**6**，170-175（1960）
4） Defo M. *et al.*, *Forest Products Journal*, **56**(5), 71-77（2006）
5） 濵地秀展ほか，九州森林研究，**63**，191-194（2010）
6） 川瀬清，新版林産学概論，p.99，北海道大学図書刊行会（1976）
7） 農林水産省農林水産技術会議編，研究成果427，p.5（2005）
8） 川瀬清ほか，北大演習林報告，**27**(1)，161-295（1970）
9） 寺岡行雄ほか，日本林学会誌，**93**，262-269（2011）
10） 中嶌厚ほか，林産試験場報，**21**(1)，15-22（2007）

11)　山田敦，林産だより11月号，pp. 1-3（2019）
12)　酒井明香，生物資源，**17**(4)，2-13（2024）

4　木質バイオマス燃料の製造を効率化する木を搾る技術の開発

大原利章*

4.1　はじめに

木質バイオマス発電は，本邦の再生可能エネルギー推進政策の一環として重要な役割を担っており，山林資源や製材の廃材，伐採残材といった木質資源を燃料として利用できる高いポテンシャルを有している一方，持続可能性の確保や発電コストの高止まり等の課題を抱えている。木質バイオマス発電に期待される点として，国産の木質燃料が使える点が挙げられるが，日本国内では，林業のコストが高く，供給量や価格が安定しにくい問題がある。

発電燃料コストを検討する場合に，燃焼効率や発電量に直接影響を及ぼす含水率が重要な点として挙げられる。含水率が高い場合は，燃焼する際に水分を蒸発させるためのエネルギーが消費され，発電効率が低下し，定格出力が得られない。出力を維持するためには，余分に燃料を消費してしまうため，適切な乾燥が望ましい。また，炉内の劣化を助長する恐れも指摘されている。一般的に，生木の含水率は50～60%だが，燃料としては35%程度が理想的とされている。現状でも複数の乾燥方法が存在しているが，時間とコストの兼ね合いで，各方法は一長一短である。自然乾燥はランニングコスト面に優れるが，乾燥用のヤードが必要で，さらに時間も半年～1年程度必要な事が一般的となっている。また，乾燥中の自然発火の報告も散見されており，発火リスクへの対応も必要となる。ドライヤーなどで熱風を送り通風乾燥する場合は，時間的には1日以内で可能だが，熱エネルギーにコストが掛かってしまう。その他の方法として，垂直油圧式の機械圧搾法が存在し，短時間で脱水が可能で，熱エネルギーコストが不要な点がメリットだが，機械本体の価格や消費電力がネックとなっている。このように含水率の低減法の確立は不十分で，発電事業者が十分な採算性を確保できず，木質バイオマス発電の普及や国産の木質燃料の利用が進まず，森林再生サイクルが十分に回せていない。

上記問題を解決する方法として，ローラー式圧搾機が考えられ，これまでにも木質への適応例が報告されているが[1,2]，木質燃料の製造方法として普及するには至っていない。私達は木質の導管構造に着目する事で，より効率的に圧搾できるローラー式圧搾機の開発に取り組んだ。木質バイオマス発電は，持続可能なエネルギー社会の一翼を担う可能性を秘めており，発電コストの問題を解決できれば，日本の山間部が多い地形を活かし，林業の活性化や地域経済への貢献が期待でき，地域分散型かつ地産地消型のエネルギー源として有用と考えられる。

4.2　ローラー式圧搾機の概要

私達は草本系の植物の圧搾経験を元に，導管構造に着目した新たな木質専用のローラー式圧搾

---

*　Toshiaki OHARA　岡山大学　学術研究院　医歯薬学域　病理学（免疫病理）研究准教授

図1　圧搾機の前面の写真（左）と後面からチップの排出の様子

機を開発した[3,4]。植物は地中から水分を吸い上げる為に導管構造を有しており，そのメカニズムは草本，木質に関わらず同様である。このため，この導管に沿って順に圧搾する事で，効率的に圧搾できると考え，3つのローラーを用いた新しい圧搾機を考案し，2024年に市販されるに至った。木質用の圧搾機はH 1140 mm × W 1860 mm × D 1160 mm，重量約1800 kg，ローラーは幅34 cmで，径24.5 cmが2つ，径23.5 cmが1つの3つのローラーで圧搾を行う（図1）。前面からチップや板材等の木質を投入すると脱水が行われ，後面から脱水された木質が排出される。チップでは，元の含水率が高ければ，約20%の含水率が低下する。これまでに杉を含む複数の樹種のチップについて検討を行ったが，いずれも15～20%の含水率を低下させる事が可能であった。また，ローラー式圧搾機の特性として，端から順に圧力が掛かるため，板状の方が導管に沿って圧搾できるため，チップよりも圧搾効率が高くなる。25 × 100 × 1 cm（W･D･H）の杉の板材を投入すると，ところてん式に水分が押し出され，重量が平均38%減少した。さらに竹についても，ある程度の脱水が可能な事が確認されている。

4.3　圧搾メカニズムと燃料としての品質

圧搾は一瞬で行われるが，圧搾により脱水が行われると木質チップはやや小さく変形する（図2）。圧搾された木質と竹の断面を顕微鏡で観察すると，いずれも導管や仮導管が変形して潰れる事により，脱水されている（図3）。燃料としての質を調べるため，圧搾した板を自然乾燥後にペレット形成し，燃焼試験を行った。高位熱量は18.6 MJ/kgで，低位熱量は17.2 MJ/kgであった。これは同じ含水率のチップを燃焼させた場合の熱量と遜色ない熱量で，木質バイオマス燃料として十分な性能を有していると考えられた。

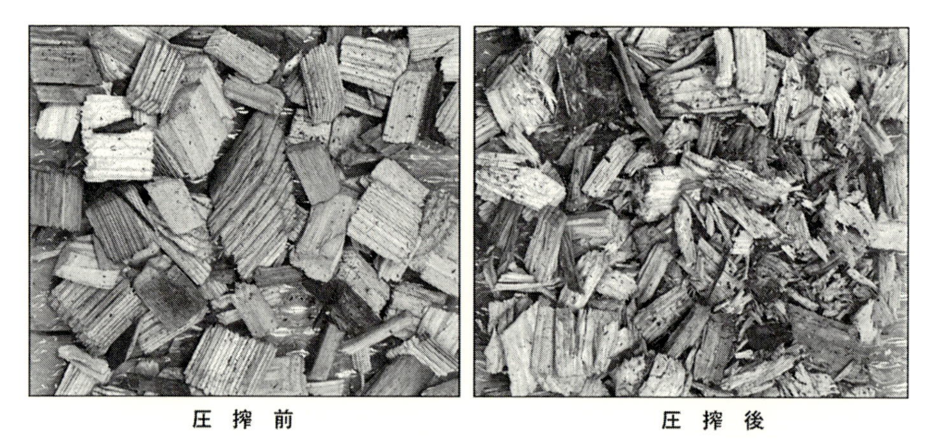

図2 圧搾前後でのチップの変化

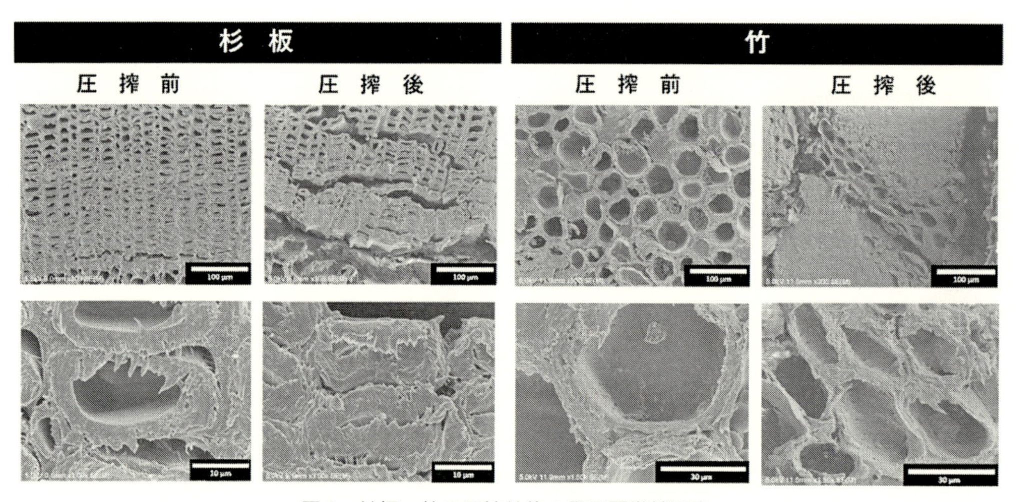

図3 杉板，竹の圧搾前後の電子顕微鏡写真

4.4 搾汁液について

圧搾を行うと圧搾機横面から搾汁液が排出される（図4）。搾汁液は97％以上が水分で，その他にセルロース，リグニン，鉄等が混在している。搾汁液を凍結乾燥して，電子顕微鏡で観察を行うと，搾汁液にはセルロースやナノセルロースよりも小さな物質が観察される（図5）。バイオマス発電所では規模に応じて，90～600トン／日の燃料を使うとされており，仮に圧搾により全量脱水処理を行うと，1日あたり18～120トンの排水が見込まれる。搾汁液の利活用ついては，林地での散布や鉄分を含む事から肥料化等が検討されているが，確立されたものはない。処理を行う場合は，何らかの生物処理が必要と考えられている。

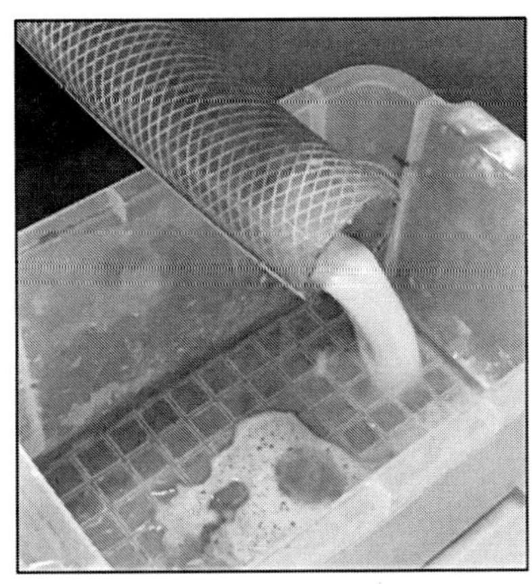

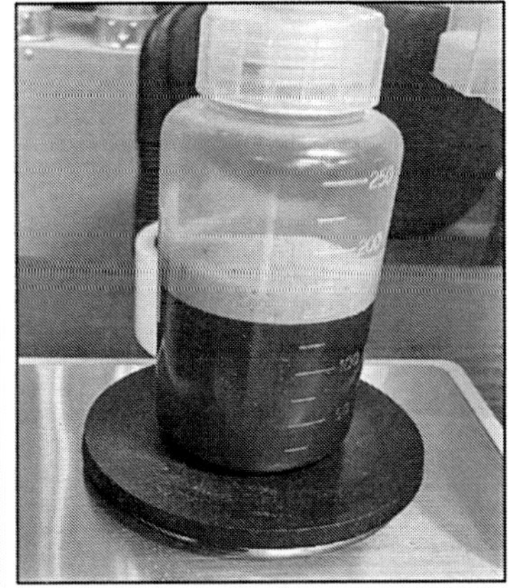

図4　圧搾機からの搾汁液排出の様子（左）とチップ搾汁液の写真（右）

セルロース

ナノセルロース

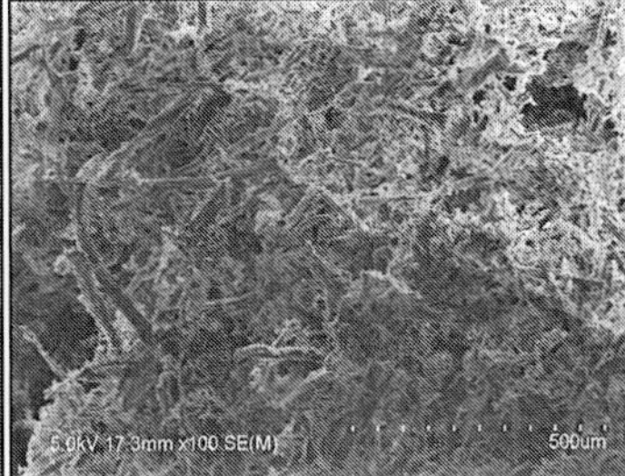

杉搾汁液

図5　セルロース，ナノセルロース，搾汁液の電子顕微鏡写真

4.5　今後の展望

「木を搾る技術」は，木質バイオマス燃料の品質を向上させ，収益性を改善できるため，今後は発電所での燃料の高品質化やチップ生産工場での利用が想定される。さらに，山で木材伐採を行う時に，脱水まで行えれば，輸送費の低減や栄養価のある搾汁液を山へ還元する事もでき，より理想的と考えられる。筆者は花粉症に悩まされているため，令和5年度から林野庁により開始された「花粉の少ない森林への転換促進事業」が，木質バイオマス発電の促進で，よりスムーズに進む事を期待している。本圧搾技術により，国産材を利用したバイオマス発電がさらに普及し，森林利用が進み，将来的に国民病とも言える花粉症の症状が改善する事を願っている。

「木を搾る技術」は新しい技術であり，普及のためには，今後も圧搾機の大型化等の取り組まなければならない課題も存在する。それらの課題解決ができれば，メリットも多い国産材を利用した木質バイオマス発電が普及するのではと期待している。

文　　献

1) Y. Yoshida *et al.*, *Biomass and energy*, **34**, 1053-1058 (2010)
2) K. Adachi *et al.*, *Journal of Wood science*, **50**, 479-483 (2004)
3) T. Ohara *et al.*, *J. Material Cycles and Waste Management*, **25**(1), 249-257 (2022)
4) 大原利章ほか，特許 7558508 木質燃料製造システム及び方法

第2章　バイオマスガス化動向

1　バイオマス水蒸気ガス化による水素製造

官　国清*

1.1　はじめに

水素（H_2）は利用時に二酸化炭素（CO_2）を出さないため，化学工場や製鉄，交通など様々な分野のCO_2削減に貢献できる。一方，水素ガスは単独の形では地球上にほとんど存在しないため，水素を製造するときにCO_2を出さない技術開発が重要になる。CO_2フリーな水素製造技術としては，石炭ガス化とCO_2の分離・回収の組み合わせ技術，再生可能エネルギー由来の電力を用いた水電解技術及びバイオマス水蒸気ガス化技術は最も有望な三つの技術であると考えられる[1~4)]。

バイオマスは，光合成プロセスを使用して太陽光エネルギーとCO_2を組み合わせることで，炭水化物の形で化学エネルギーを蓄える物質である。光合成中に捕捉されたCO_2は燃焼時に放出されるため，バイオマスは潜在的な化石燃料の代替品として認識されてきた。バイオマスエネルギー変換技術は，「物理的変換」，「熱化学的変換」，「生物化学的変換」の３つに区分されている[5)]。熱化学的変換技術の中には，長い時間をかけるバイオマス炭化技術，短い時間で実現できる快速熱分解による液体燃料生成技術およびガス化剤（例えば，酸素，水蒸気，CO_2など）を用いたガス化技術がある。バイオマスガス化とは，木質バイオマスから農業廃棄物や産業廃棄物，厨房廃棄物，食品廃棄物などに至るまで，様々なバイオマス原料を合成ガスへ変換することであり，化石燃料由来の化学原料を代替する可能性がある。特に，バイオマスから水素を生産するために，水蒸気ガス化技術を利用できる[1)]。そこで，本稿ではバイオマス水蒸気ガス化の原理，バイオマス水蒸気ガス化に影響する重要なパラメーター，そして水蒸気ガス化炉開発の現状と課題及びその解決策を紹介する。

1.2　バイオマスガス化の原理

バイオマスガス化プロセスは，バイオマスをH_2，一酸化炭素（CO），メタン（CH_4）からなる合成ガスに変換する熱化学的方法である。そのプロセスは，様々なバイオマス資源が持つエネルギーの可能性を包括的かつ経済的に活用する方法を提供する。バイオマスガス化の重要性を理解するには，熱化学的変換プロセスを支配する基本原理を理解する必要がある。バイオマス水蒸

---

*　Guoqing GUAN　弘前大学　地域戦略研究所　教授

気ガス化は，通常の水蒸気雰囲気または制御された酸素がある水蒸気雰囲気でバイオマスを水素リッチ合成ガスへと変換するプロセスである。酸素／水蒸気の雰囲気下でのバイオマスガス化のメカニズムは，主に次の化学反応式で表すことができる[6,7]：

(1)　完全酸化（燃焼）反応

$$C + O_2 \rightarrow CO_2 \qquad \Delta H = -406\ \mathrm{kJ/mol}$$

(2)　部分酸化反応

$$2C + O_2 \rightarrow 2CO \qquad \Delta H = -126\ \mathrm{kJ/mol}$$

(3)　チャーのガス化反応

$$C + H_2O \rightarrow CO + H_2 \qquad \Delta H = 131.5\ \mathrm{kJ/mol}$$

(4)　水性ガスシフト反応

$$CO + H_2O \leftrightarrow CO_2 + H_2 \qquad \Delta H = -41\ \mathrm{kJ/mol}$$

(5)　メタン生成反応

$$C + 2H_2 \leftrightarrow CH_4 \qquad \Delta H = -75\ \mathrm{kJ/mol}$$

(6)　水蒸気メタン改質反応

$$CH_4 + H_2O \leftrightarrow CO + 3H_2 \qquad \Delta H = 206\ \mathrm{kJ/mol}$$

(7)　ブドワール（Boudouard）反応

$$C + CO_2 \rightarrow 2CO \qquad \Delta H = 172\ \mathrm{kJ/mol}$$

これらの反応のうち，チャーのガス化反応と水性ガスシフト反応はバイオマス水蒸気ガス化による水素製造に最も重要な二つの反応である。酸素がある場合，部分酸化反応は水性ガスシフト反応の原料であるCOを提供し，より多くの水素を生成できる。また，バイオマス水蒸気ガス化中には，発熱反応と吸熱反応の両方が存在し，ガス化剤中の酸素と水蒸気の比率の調整が重要になる。水蒸気ガス化では，水蒸気のみをガス化剤として利用する場合，水素を豊富に含んだエネルギー含有量の高い合成ガスを生成できる。この方法は，ほかのガス化剤に比べて運用コストが低いため，カーボンフリーのエネルギー生産を実現するための重要なプロセスとなっている。

バイオマス水蒸気ガス化炉へのバイオマス原料投入量によって，ガス化炉に必要な水蒸気質量流量を決める。一般に，バイオマスを合成ガスに完全に変換するための化学量論的改質反応（下記式）により，ガス化炉の水蒸気需要の最初の推定値が得られる[8]。

$$CH_nO_m + (1 - m)H_2O \xrightarrow{heat} \left(\frac{n}{2} + 1 - m\right)H_2 + CO$$

そして，あらゆるバイオマス原料（1 kg）の完全な化学量論的改質に必要な最小水蒸気需要量（$x_{D,min}$, kg）は，次の式から得られる[8]。

$$x_{D,min} = \frac{M_{H_2O}}{M_{CH_nO_m}} \cdot (1 - m) = \frac{18}{12 + n + 16 \cdot m} \cdot (1 - m)$$

ここで，M_{H_2O} と $M_{CH_nO_m}$ はそれぞれ水とバイオマスのモル質量である。

バイオマス原料が含有する水分または不完全な変換により，水蒸気需要量が減少することもある。ただし，多くの場合では，バイオチャーとタールの変換を促進し，後工程のフィルターと反応器でのススとコークスの形成を防ぐために，水蒸気を過剰にガス化炉に投入するのが一般的になる。つまり，最小水蒸気需要量（$x_{D,min}$, kg）は，乾燥バイオマス1kgあたり0.3～0.6kgになる[8]。

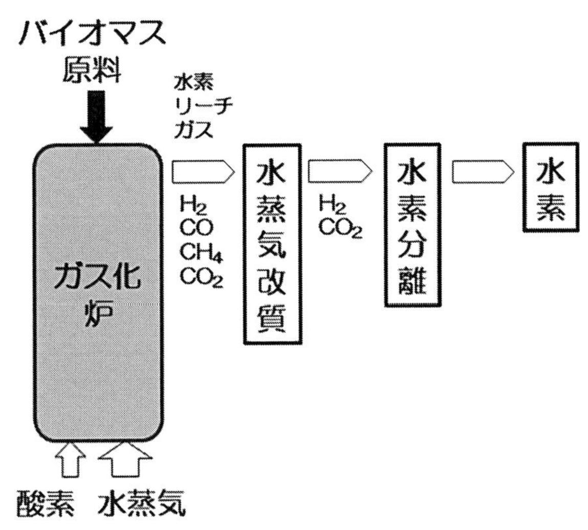

図1　バイオマス水蒸気ガス化による水素製造

図1にバイオマス水蒸気ガス化による水素製造の一連のプロセスを示す。水素のみが目標産物の場合，ガス化ガス中のCOとCH_4も水蒸気によるさらなる改質が必要である。また，水素精製プロセスも必要になる。

1.3　バイオマス水蒸気ガス化に影響する重要なパラメーター

一般に，生成される合成ガスの組成と有効性はガス化剤に大きく左右される。また，ガス化剤は反応温度や反応圧力，反応速度，生成物収率などの重要な変数にも影響を与える。それと同時に，バイオマス原料特性や水分含有量，水蒸気／バイオマス比率，触媒の有無及び添加量，ガス化炉中の停留時間なども水素生成に影響を与える。したがって，適切なガス化装置の種類やガス化条件などの選択は極めて重要である。

1.3.1　バイオマスの種類の影響[9,10]

バイオマスの種類は様々であり，異なるバイオマスのガス化反応性（ガス化速度）もかなり違う。ガス化しやすいバイオマスには，海洋バイオマス，樹皮，バナナの皮などがある。これらのバイオマスにはK，Na，Ca，Mgなどのアルカリ金属およびアルカリ土類金属（Alkali and alkaline earth metals，AAEM）元素を多く含んでいる。ガス化しづらいバイオマスには，稲わらや，籾殻などの草本バイオマスがある。これらのバイオマスにはシリカなどのガス化反応を阻害する成分が含まれる。木質バイオマスおよび一部の草本バイオマス（例えば，ジャイアントミスカンサスや，ネピアグラスなど）にはAAEM元素が含まれるが，相対量は少ないため，ガス化しやすさが中程度のバイオマスに分類される。ガス化しづらいバイオマスとガス化しやすいバイオマスを共にガス化することで，ガス化しづらいバイオマスの変換率を高めることが多くの研究で実証されている[9]。

1.3.2 バイオマス原料の含水量の影響[10,11]

バイオマス水蒸気ガス化においては水が必要であるが，水分含有量の多いバイオマス原料は，ガス化炉中の温度を下げ，特定の吸熱反応を遅くしてしまう。これは，原料中の水分を気化するためにより多くのエネルギーが必要であることを意味する。その結果，H_2とCOを生成するための吸熱反応に必要なエネルギーが少なくなってしまう。したがって，バイオマス粒子が乾燥しているほど，ガス化効率が高くなり，合成ガス中の水素含有量を増加させることができる。また，水分はバイオマス燃料の取り扱い，保管，輸送に悪影響を及ぼす可能性もある。更に，水分含有量が高いバイオマスをガス化すると，より多くのタールが生成され，装置閉塞などの問題を引き起こしうる。したがって，多くの実験結果が示すように，バイオマス水蒸気ガス化の原料中の水分含有量は15%（重量）未満が望ましい。バイオマス原料中の水分レベルが高いと，バイオマスガス化プロセスに乾燥装置の導入が必要となる。つまり，バイオマスの乾燥は，ガス化における予熱目的と工業生産プロセスの安定性のために不可欠である。

1.3.3 水蒸気ガス化温度の影響[11,12]

水蒸気ガス化温度は，バイオマスガス化の効果に大きな影響を与える最も重要なパラメーターである。バイオマス水蒸気ガス化反応が吸熱反応であるため，温度が高いほど，H_2とCOの生成が加速すると共に，CO_2とCH_4およびその他の炭化水素の濃度が低下する。ガス化温度が上昇するにつれて，H_2/CO，CO/CO_2，H_2/CH_4，CO/CH_4およびH_2/CO_2などの生成ガス比率も増加するが，800℃を超える高温では，H_2/CO比率が低下する可能性もある。さらに，ガス化の冷ガス効率は高温で上昇するが，高位発熱量ははるかに高い温度で低下してしまう。また，高温はガス化中使用される触媒に影響し，高温熱劣化による触媒の活性結晶相と表面積の熱誘発損失及び触媒の不活性化につながる可能性がある。したがって，バイオマス水蒸気ガス化には最適なガス化温度が存在する。

1.3.4 酸素（空気）当量比の影響[11,12]

バイオマス水蒸気ガス化プロセスでは，酸素または空気を水蒸気と共にガス化炉に投入することが多い。酸素（空気）当量比（Equivalence ratio，ER）は，化学量論条件下でのバイオマス原料と酸素（空気）の比率と，実際の状態におけるバイオマス原料と酸素（空気）の比率である。ERは，ガス化プロセスの製品特性とパフォーマンス（ガス収率，炭素変換効率（Carbon conversion efficiency，CCE）および冷ガス効率）にも大きく影響する。例えば，水蒸気ガス化で供給される空気が多いほど，N_2希釈効果によってガス収率が減少する。ERが増加すると，より多くの酸化反応発生によってCCEが増加し，バイオマスの炭素がCO，CO_2およびCH_4に変換される。しかし，冷ガス効率は合成ガスの高位発熱量の減少傾向により，同じく減少傾向となることもある。また，ERの増加と共により多くの酸素が重質炭化水素と反応してガス成分を生成するため，タール生成量は徐々に減少する。しかし，ERを増やすとガス化温度が上昇する可能性があり，多くのCO_2ガスを生成し，水素収率が減少することもある。したがって，ガス化効果を維持するための最適なERが存在する。

1.3.5　水蒸気/バイオマス比率の影響[11,12]

水蒸気/バイオマス比率もバイオマス水蒸気ガス化に大きな影響を与える。理論的に，水蒸気/バイオマス比率が増加すると，合成ガス中のH_2モル分率が増加し，COとCH_4の量が減少すると予測される。水蒸気が使用される唯一のガス化剤であるとき，水蒸気を伴う反応，特にメタン改質反応および水性ガスシフト反応は，水蒸気供給速度に大きく依存する。したがって，水蒸気/バイオマス比率が高いほど，水素収率が大幅に増加する。つまり，水蒸気/バイオマス比率も，バイオマス水蒸気ガス化プロセスで非常に重要なパラメーターである。さらに，ガス化温度と水蒸気/バイオマス比率の両方が上昇すると，炭素変換率が増加する。

1.3.6　触媒の影響[7,11,12]

バイオマスガス化プロセスにおける触媒の利用は，ガス化速度の向上とガス化効率の改善，タール生成の低減，水素生成の促進，出口ガス発熱量の増加，目標ガス成分へ選択性の増強を目的としている。バイオマスガス化に一般的に使用される触媒には，K，Na，Ca，Mgなどのアルカリ及びアルカリ土類金属触媒，Fe，Co，Ni，Ce，Laなどの遷移金属ベースの触媒，オリビン(Olivine)やドロマイト(Dolomite)，貝殻などの天然鉱物触媒がある。アルカリ土類金属触媒は，バイオマスガス化において効果的な触媒活性を示し，タール生成を抑制し，水素リッチの合成ガスを得る。最も一般的なアルカリ土類金属触媒は，CaやMgなどからなる酸化物または炭酸塩である。また，金属酸化物系触媒及び金属担持ゼオライトや，SiO_2，Al_2O_3など触媒はバイオマスガス化にも使用される。これらの触媒はバイオマス中の大きな分子を分解することができる。さらに，これらの担体は，最終的な触媒システムに高い安定性，大きな表面積，特定の多孔性，および金属担体相互作用の特性を与え，優れた触媒活性の重要な要因となる。例えば，Ni担持触媒は，バイオマス分子中のC-CやC-Hなどの結合分解を促進する能力があり，低コスト，高い脱水素能力，再生の容易さおよび高い反応性といった特徴があるため，広く応用されている。天然鉱物触媒は，低コストで高いタール分解効果があり，天然かつ豊富に存在するため，バイオマスガス化プロセスにも広く使用されている。例えば，ドロマイトは，流動層型ガス化炉の床材料の一部として使用される非常に人気のある天然鉱物触媒である。ドロマイトと同様に，オリビン，貝殻，石灰石，ポートランドセメントなどの鉱物触媒もバイオマスガス化効率を促進できる。特に，オリビン触媒と比較して，ドロマイト触媒は水素生成とタール削減の点で有利であることが明らかとなっている。まとめて見ると，アルカリ土類金属触媒は，タール生成の低減と合成ガスおよび生成水素の増加に効果があることで知られている。金属ベースの触媒は安定性，表面積の大きさ，および金属と担体の相互作用の可能性を備えており，水素生成の促進が期待できる。天然鉱物触媒はコストの低さと環境上の利点がある。ただし，正確な効果は他のプロセスパラメータにも依存している。例えば，前述のように，触媒の高温劣化に注意しなければならない。

1.4 バイオマス水蒸気ガス化炉開発現状

バイオマス水蒸気ガス化に適用されるガス化炉には，固定床型ガス化炉と流動床型ガス化炉がある。固定床型ガス化炉では，バイオマス原料は始動時または断続的にガス化炉内に投入される。ガス化剤の投入位置と方向により，ガス化炉はアップドラフトタイプ，ダウンドラフトタイプ及びクロスドラフトタイプのガス化炉に細分化されている。図2に示すように，固定床型ガス化炉には燃焼ゾーンがあり，一部のバイオマスまたはタールを燃やして，別のゾーンのバイオマス熱分解とガス化に熱を供給する。また，固定床型ガス化炉には，バイオマス水蒸気ガス化効率を高めるために，アルカリ及びアルカリ土類金属触媒，ドロマイト触媒なども使用できる。アップドラフトタイプのガス化炉は，熱効率が高く，ダウンドラフトタイプのガス化炉よりも原料に対して柔軟性が高いのが特徴である。アップドラフトタイプのガス化装置では，ガス化剤はベッドを通って上向きに流れ，効率的なガスと固体の接触を可能にし，ガス化反応を促進する。しかし，バイオマス原料は，乾燥ゾーンと熱分解ゾーンで揮発性物質を放出し，出口ガス中のタール含有量が多いという課題があり，ガスパイプラインの詰まりや，ガス化炉の停止などの潜在的な問題につながる可能性がある。一方，ダウンドラフトタイプのガス化炉では，バイオマスは最初に乾燥され，次の熱分解から発生したタールは燃焼され，最後に生成された合成ガスは装置底部の排気口から排出される。ダウンドラフトタイプのガス化炉は，ガス化炉から出る合成ガスの温度が高いため，熱効率は低くなるが，タール含有量が少ない，ガス洗浄システムが複雑でないなどの利点がある。さらに，固定床型ガス化炉は，1 MW の熱容量未満の小規模運転に適している[11~13]。

それに対し，流動層型ガス化炉は，バイオマス原料に対する柔軟性があり，ガス化効率がより高いため，バイオマスガス化に最も適用している。例えば，気泡流動層ガス化炉（図3 (a)）は，

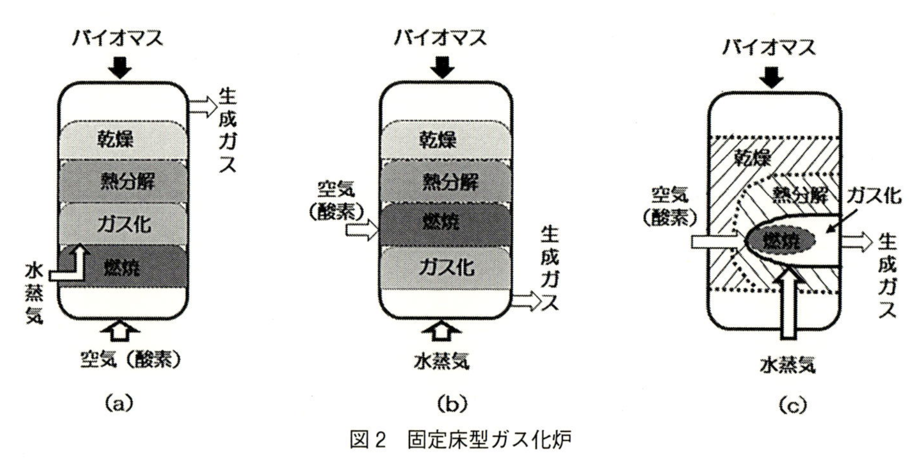

図2 固定床型ガス化炉
(a) アップドラフトタイプ；(b) ダウンドラフトタイプ；(c) クロスドラフトタイプ

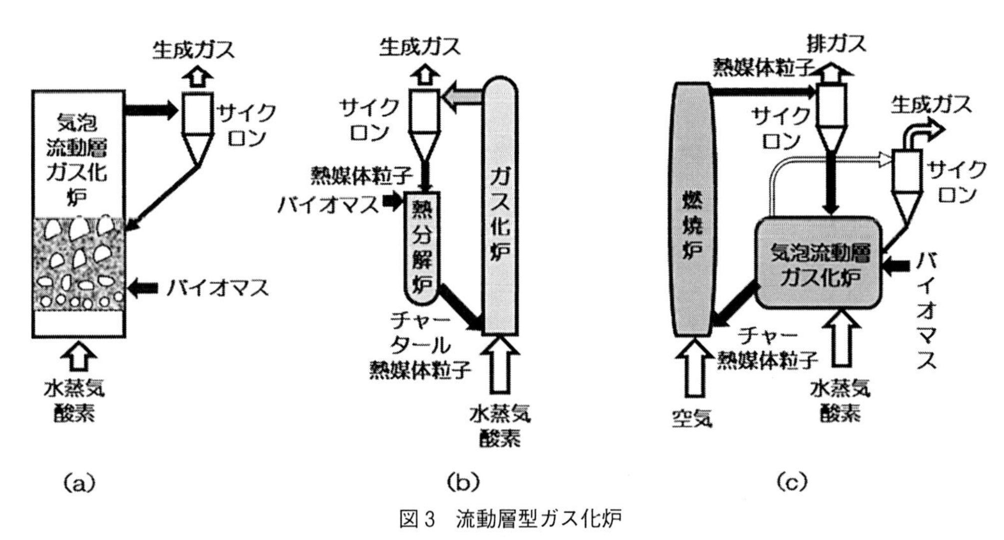

図3　流動層型ガス化炉
(a) 気泡流動層ガス化炉；(b) 二段式ガス化炉；(c) 二塔式ガス化炉

ガス化剤の供給下で固体粒子媒体（通常は砂または灰）がバイオマス粒子を加熱させ，ガス化剤とガス化反応を起こし，H_2, CO, CH_4, CO_2 などのガスが放出される。気泡流動層ガス化炉では，固体粒子媒体がガスの上向きの流れによって流動化され，気泡撹拌効果を生み出し，固体粒子媒体とバイオマス原料の間の良好な混合と高い熱伝達率が保証されると同時に，流動層内の炭素，密度，温度の均一な空間分布が得られ，より高い炭素変換率，特に高い水素生成効率を実現できる[13)]。

しかし，気泡流動層ガス化炉に投入されたバイオマスを一定の温度（250℃以上）までに加熱すると，バイオマス原料の快速熱分解反応がまず起こり，タールなどを大量に生成する。発生したタールの二次，三次分解反応と水蒸気改質反応及び同時に生成したバイオチャーのガス化反応はさらに高い温度で起こるため，未反応のタールは気泡流動層ガス化炉のガス出口から徐々に放出され，管路閉塞などのトラブルや合成ガスの品質低下といった問題が生じる。したがって，タール低減とバイオマスガス化効率を高めるために，二段式ガス化炉（図3(b)），二塔式ガス化炉（図3(c)），三塔式ガス化炉（図4）などの新規ガス化システムを開発・応用している。

図3(b)に二段式ガス化炉システムを示す。このガス化システムでは，バイオマス粒子をまずダウナー式熱分解炉に投入し，快速熱分解を起こし，バイオマスをタール，チャー及び少量の H_2, CO, CO_2，CH_4 などの小分子ガスに変換する。これらの生成物をすべてライザー式ガス化炉へ移動させ，再びタールの熱分解，酸化及び水蒸気改質とチャーの水蒸気ガス化を同時に行う。ここで，ガス状態のタールと固体状態のチャーの密度差などがあるため，ライザー式ガス化炉中の別々の空域で水蒸気や酸素などと反応し，それによって互いに負の影響を最小化でき，ガス化効率の最大化と出口ガス中のタール含有量の最小化も可能となる[14,15)]。

水蒸気ガス化反応は吸熱反応であり，ガス化炉への熱供給が必要不可欠である。そのため，図

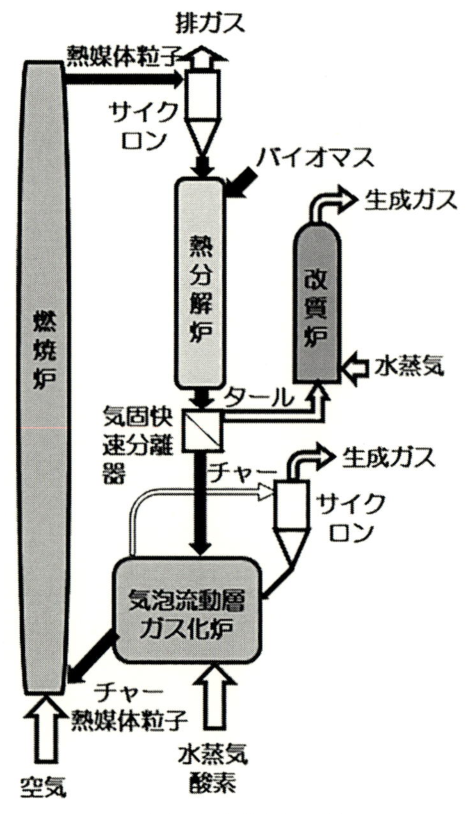

図4　三塔式ガス化炉

3 (c) に示す二塔式ガス化炉を開発した。このガス化システムでは，気泡流動層ガス化炉と高速ライザー式燃焼炉を組み合わせ，高温の熱流動媒体（珪砂や Al_2O_3 粒子など）を二つの反応炉の間で循環させる。バイオマス原料は気泡流動層ガス化炉に投入され，熱分解およびガス化剤とのガス化反応によって主に H_2 と CO に変換される。ガス化剤としての水蒸気はガス化ガス及び排気ガスからの熱回収によって生成される。連続運転の場合，ガス化炉で発生した未反応のチャーは循環熱媒体粒子と共にライザー式燃焼炉に運ばれ，酸素によって燃焼し循環熱媒体粒子に熱を供給する。循環熱媒体粒子と排気ガスはサイクロンによって分離され，ガス化炉に移動し，ガス化反応に必要な熱を供給する[16]。

しかし，二塔式ガス化炉からの合成ガスにはタールの含有量がまだ多い。この問題を解決するために，筆者達は図 4 に示す三塔式ガス化炉も開発している[1,2,17,18]。二塔式ガス化炉と同じように，このガス化システムでは，珪砂や Al_2O_3 などの流動熱媒体粒子をダウナー式熱分解炉，気泡流動層式チャーガス化炉及びライザー式未反応チャー燃焼炉の間で循環させる。バイオマス原料はまずダウナー式熱分解炉に投入され，そこで流動熱媒体粒子と混合・接触しながら快速熱分解反応を起こす。発生したガス状態の産物（主にタール）は固体状態のバイオチャーとダウナー式熱分解炉下の出口に設置された快速気固分離装置によって分離され，触媒を充填したタール改質反応装置で水蒸気改質反応を起こし，水素リッチの燃料ガスへ変換する。それと同時に，固体状態のチャー粒子を気泡流動層式チャーガス化炉に落として水蒸気ガス化反応を起こし，水素リッチの燃料ガスへと変換する。ここで，バイオチャーのガス化反応ではタールがほぼ発生しないので，後のタール除去工程が不要となる。また，バイオチャーの水蒸気ガス化反応速度は高くないため，連続運転したとき，気泡流動層ガス化炉では完全にはガス化できない。未反応のチャーは流動熱媒体粒子と共にライザー式燃焼炉へ移動させて燃焼させ，その燃焼熱によって燃焼流動熱媒体粒子を高温に熱する。そして，燃焼炉の上に設置されたサイクロンを通して高温の熱媒体粒子を分離し，再びダウナー式熱分解炉及び気泡流動層式チャーガス化炉に移動させ，バイオマスの熱分解とチャーのガス化に熱を供給する。以上のように，この三塔式ガス化炉とタール改質反応装置を組み合わせれば，バイオマスからタールを含有しない水素リッチ合成ガスの製造が可能になる。

1.5　バイオマス水蒸気ガス化の課題及び解決策

バイオマス水蒸気ガス化による水素生産はカーボンニュートラル社会実現のための費用対効果が高いプロセスと言われているが，バイオマスが水素生成に影響を与えるときのパラメーターは非常に複雑であり，様々なバイオマス原料の性質や，ガス化装置の種類，プロセスの運転条件などに関連している。そこで，バイオマス水蒸気ガス化の課題及びその解決策を下記のようにまとめる。

1.5.1　バイオマス原料に関わる課題[9,10]

バイオマス原料の重要な特性に関連した課題は，エネルギー密度の低さ，粉砕性の低さ，親水性の高さ，水分と酸素の含有量の高さ，嵩密度の低さ，組成の均一性の低さなどまだ数多く残っている。これらの問題は，水蒸気ガス化による低い水素収率につながり，ガス化システムの性能，効率，経済性に影響を与える。バイオマスを水蒸気ガス化して水素を豊富に含む合成ガスを生成するためには，適切な物理化学的特性を持つバイオマス原料の選択と前処理によるバイオマス原料性質の改良を行うことが最初の重要なステップである。特に，大規模な水素製造プラントの性能と経済性を考えると，バイオマスをそのまま直接使用することは適切ではない。タール生成の削減と水素生成強化の面で理想的な水蒸気ガス化を実現するには，適切なバイオマスの前処理が必要である。一般に，物理的，化学的，または熱的前処理方法を採用することが，水蒸気ガス化による水素リッチガス製造に有効と考えられる。例えば，物理的または機械的前処理は，バイオマスの粒子サイズを小さくし，表面積を増やすことができる。他の有機廃棄物（廃プラなど）と混合させたバイオマスの水蒸気共ガス化は，水素リッチ合成ガスの生産も促進できる。また，半炭化や水熱炭化を含む熱前処理は，水蒸気ガス化効率の向上及びタールの削減につながる。したがって，バイオマスの前処理によって水蒸気ガス化用バイオマス原料のエネルギー密度を増加させ，ガス化効率を向上させ，水素リッチガス生産の品質を高めることにつながる。

1.5.2 タールに関わる課題[14,15,17,18]

バイオマスの熱分解の副産物であるタールは，バイオマスに揮発性成分が豊富に含まれているために，低温段階で容易に生成されるものである。ガス化の過程では，タール，バイオチャー，非凝縮性ガス種（H_2，CO，CH_4，CO_2 など）が相互に作用し，連続的に反応する。特に，熱分解で生じたタールは，触媒として機能するバイオチャーと接触することで分解・改質され，より小さな分子へ転換できる。バイオマス水蒸気ガス化雰囲気の中でのタール生成の可能性も，ほかのガス化剤を用いた場合より高くなるが，多くの水素を得るために，生成ガス中のタールの含有量を可能な限り低いレベルに抑えることが重要である。通常，タール含有量は，燃料ガスの場合は数十 mg/Nm^3，合成ガスの場合は ppb のレベルまで低減させる必要がある。タールは主にガス化炉内で除去され，生成ガス中に存在する残留タールに対しては，熱や触媒変換などの後処理が必要になる場合がある。したがって，バイオマスガス化中のタール形成を最小限に抑えることは，ガス品質の維持に不可欠であるだけでなく，ガス化効率の向上にも有益であるため，バイオマスガス化技術の開発における主要な焦点である。これまでの研究は，バイオマスガス化による生成ガス中のタール含有量が，二段式ガス化炉システムでは最も低く，アップドラフトタイプの固体層ガス化炉では最も高いことを明らかにしている。また，気泡流動層型ガス化炉は，循環流動床ガス化炉よりもタール含有量の多いガスを生成する。

タール除去法は，一般にアウトベッド法とインベッド法の二つのカテゴリに分類できる（図5）。前者では，スクラバー，フィルター，サイクロン，電気集塵機，接触触媒分解，プラズマ分解などが利用され，タール含有量レベルを 20～40 mg/Nm^3 にまで下げることができる。しかし，物理的方法では生成ガスからタールのみを取り除くため，タールのエネルギーが失われる。さらに，回収したタールや不活性化された吸着材の後処理は，二次汚染や運用コストの増加につながることがよくある。したがって，アウトベッド法と比べて，インベッド法によってタール含有量が少なく水素リッチなガス産物と高効率なガス化を達成するためのバイオマス水蒸気ガス化

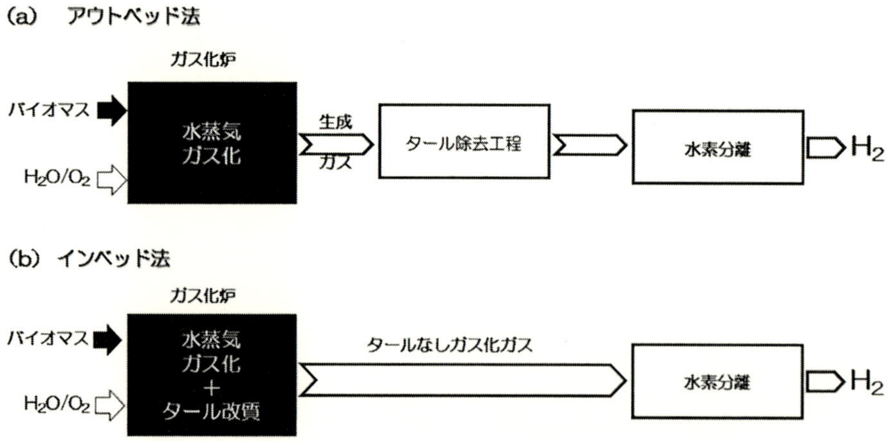

図5 バイオマス水蒸気ガス化による水素製造中のタール除去法

技術の開発が重要である。

また，タールの削減とガス化反応の強化のため，触媒（天然鉱石触媒や，アルカリおよびアルカリ土類金属触媒，遷移金属触媒など）を用いた触媒ガス化システムの開発は，タール問題の解決のために重要である。しかし，触媒の使用には，コークスの堆積や触媒被毒による急速な失活などの課題が残されている。例えば，触媒の連続使用が増えると，触媒の細孔に吸収された炭素が細孔の詰まりや活性部位の被覆を引き起こす。すなわち，触媒の使用サイクルが増えた結果，触媒性能と水素生成量が時の経過と共に低下する。そのため，失活しにくい触媒及び再生しやすい触媒の開発は，大規模なバイオマス水蒸気ガス化による水素生産の実現に必要である。

1.5.3　ガス化システムに関わる課題

前述のように，バイオマス水蒸気ガス化反応は吸熱反応であり，ガス化には大量のエネルギーが必要になる。さらに，ガス化に伴い大量のタールが発生する可能性もある。したがって，バイオマス水蒸気ガス化の熱効率を高め，タール発生量を最小化するガス化システムの開発が重要である。

バイオマス原料は様々な特性を持っているため，多種類のバイオマス原料を同時に使用できるガス化技術を構築することは困難である。そのため，特に温度や圧力などの動作条件を柔軟に制御できるバイオマスガス化システムの開発が必要になる。さらに，タールの接触改質などのユニットの追加は，出口合成ガス中のタールを処理するための一つの代替手段である。したがって，高効率でタール発生量の少ない次世代ガス化技術の今後の研究開発では，以下の点を考慮する必要がある。

- 熱分解で生成されたタールまたはタール含有ガスは，低温から高温へと流れるように誘導し，熱分解，部分酸化，およびタール種の触媒改質を促進して水素リッチガスの生産につなげる。
- 低タールかつ水素リッチなガス生産のために，熱バランスを維持しながらガス化と熱供給を行うための燃焼プロセスを分離して，排ガス希釈を抑制し，触媒活性を有する流動媒体を再生することで，炭素変換率を高める必要がある。また，二段式ガス化炉，二塔式ガス化炉及び三塔式ガス化炉の中の熱伝導を高めるために，各反応器間では大量の熱媒体粒子の高密度循環が必要になる。
- 大規模ガス化システムでタール含有ガス生成物と高温のチャー粒子との接触時間を最大化することで，チャーの触媒性能を最大化し，完全なタールの改質とガスのアップグレードを促進する。

これらの考慮事項に対処することで，効率的な低タールバイオマス水蒸気ガス化を実現することが可能になる。

謝辞

本研究室のバイオマスガス化炉の開発は，青森市，弘前大学，JST 共創の場形成支援プログラム JPMJPF 2104 及び福島国際研究教育機構の支援を受けたものである。

文　　献

1）官国清，水素の製造とその輸送，貯蔵，利用技術，第13節　バイオマスからの水素製造技術，p. 180，技術情報協会（2022）
2）官国清，車載テクノロジー，8月号（2023）
3）Y. A. Situmorang *et al.*, *Renew. Sustain Energy Rev.*, **117**, 109486（2020）
4）E. Sun *et al.*, *Joule*, **8**(6), 1539（2024）
5）松村幸彦，太陽の恵みバイオマス，コロナ社（2008）
6）Ö. Tezer *et al.*, *Inter. J. Hydrogen Energy*, **47**, 15419（2022）
7）M. Shahbaz *et al.*, *Renew. Sustain Energy Rev.*, **73**, 468（2017）
8）J. Kari, T. Pröll, *Renew. Sustain Energy Rev.*, **98**, 64（2018）
9）A. C. A. Zahra *et al.*, *Waste Manag.*, **184**, 132（2024）
10）Y. Shen, *Inter. J. Hydrogen Energy*, **66**, 90（2024）
11）S. S. Siwal *et al.*, *Bioresource Technol.*, **297**, 122481（2020）
12）N. J. Rubinsin *et al.*, *Inter. J. Hydrogen Energy*, **49**, 1139（2024）
13）S. K. Sansaniwal *et al.*, *Renew. Sustain Energy Rev.*, **72**, 363（2017）
14）C. Wang *et al.*, *Fuel*, **363**, 130839（2024）
15）C. Wang *et al.*, *Appl. Energy*, **323**, 119639（2022）
16）湯浅晃一ほか，IHI技報，**55**(4)，24（2015）
17）G. Guan *et al.*, *Chem. Eng. Sci.*, **66**(18), 4212（2011）
18）Z. Zhao *et al.*, *Powder Technol.*, **321**, 336（2017）

2　二塔流動床ガス化技術によるバイオマスからの合成ガス製造

杉山史一*

2.1　はじめに

㈱トーヨー冨士工を核とするトーヨーグループでは，太陽光発電や小水力発電，メタン発酵技術によるバイオガス発電など再生可能エネルギーによる発電事業を展開しており，ガス化技術に着手したきっかけも再生可能エネルギーの固定価格買取制度（FIT 制度）による国内で発生する所謂「間伐材等由来の木質バイオマス」での発電事業を始めたことである。当グループでは，バイオマスのガス化技術導入にあたり，オーストリアのギュッシングやドイツのセンデン，スウェーデンのイェーテボリで採用された技術が樹幹チップ以外でも運転実績のあることに着目し，これらのガス化設備を設計・施工したオーストリアの Aichernig Engineering GmbH (Repotec) からの技術導入を決定した。

Aichernig Engineering GmbH が携わったプラントの中でも特にギュッシングのプラントは，木質バイオマスによる再生可能エネルギーの成功した地産地消モデルの中核を担う施設として 2000 年代に日本でも注目を集め，「ギュッシング詣」なる言葉が聞かれるほど見学者が殺到したが，その後ユニット式の木質ガス化発電装置が販売数を伸ばすなかで，次第に日本では目立たない存在となっていった。

しかしながら，日本が FIT 制度による木質バイオマス発電ブームで沸き，発電ばかりのバイオマス利用に注目が集まるさなかに Aichernig Engineering GmbH とその技術パートナーである Bioenergy and Sustainable Technologies GmbH（BEST）ではバイオマスの間接ガス化によって得られる水素や一酸化炭素を含む合成ガス（水性ガス）を最大限に利用できる技術開発を着実に進め，ガス化炉の改良とともに後段で適切な反応装置や精製装置を追加することにより欧州でバイオマス由来の合成ガスから様々な物質を製造する設計ノウハウを蓄積してきた[1)]。

現在では本技術による合成ガスから準商用規模のメタン製造技術の実証が欧州では既に完了し商用施設へ展開され[2)]，米国では商用の水素製造プラントが 2026 年第一四半期に完成予定である[3)]。

一方日本国内では，当社により建設された輪島バイオマス発電所（発電規模 2 MW）にてスギチップを原料とした合成ガスの性状向上が追及され，合成ガス中の設計水素量をタールの指標であるメタン濃度が欧州の代表的な実績値よりも 2 割以上低く，且つ木質チップ消費量の 20%削減にて達成するまでとなった。

---

*　Fumikazu SUGIYAMA　㈱トーヨーエネルギーソリューション　技術部　部長

2.2　合成ガスの利用用途

上述のように，欧米において本技術によるバイオマスからの合成ガスはメタン製造，水素製造の原料として商用化されつつある。一方で，従来より化石燃料から製造した合成ガスはC1化学の原料として広く利用されており，成分調整や不純物除去等が適切にできればバイオマスからの合成ガスも種々のC1化学の原料として利用できると考えられる。化石燃料以外から製造した合成ガスの国内での利用については，廃プラスチック由来の合成ガスからのアンモニア製造技術が既に商用化され[4)]，メタノール製造技術についても実証段階にある[5)]。また，2024年8月にメタン発酵で得られるバイオガスを改質した水素と一酸化炭素からグリーンLPガスを製造する実証プラントの建設が始まっており[6)]，水素と一酸化炭素を主成分に含むバイオマスからの合成ガスへも適用できることが考えられる。

2.3　バイオマスの間接ガス化のメリットと課題

バイオマスのガス化には，ガス化に必要な熱をガス化炉内で発生させる直接ガス化方式とガス化炉の外部で発生させる間接ガス化方式がある。水素やメタン，液体燃料，化学原料等の製造を目的としてバイオマスをガス化する場合には，窒素で有用ガスが薄まることのないガス化方式が望ましく，ガス化炉内での燃焼を必要としない間接ガス化方式は大規模な酸素発生装置なしでこの条件を満たすことができる。また，間接ガス化方式の場合，ガス化に必要な熱源をガス化反応する装置の外に設けるので，熱の発生とガス化反応それぞれを別々にコントロールしやすく，同一反応装置内で熱の発生とガス化反応が進む直接ガス化方式と比べバイオマスの性状やガス化剤の制約が少ないというメリットもある。その一方で，間接ガス化方式は構成機器が多くなり，小型熱電併給ユニットのように山間地区でバイオマスから取り出せるエネルギー（電気も熱も）を使い切るような用途には経済的に成立しにくい。また，ガス化に必要な熱源をガス化反応装置外に設けるため，特に熱源からガス化反応装置への熱移動をいかに故障しにくい構造で効率よく実現するかが経済的な安定運転に重要な要素である。

なお，直接ガス化方式と共通の課題になるが，バイオマスのガス化に伴って発生するタールが生成ガスの処理過程で機器に付着し安定運転を阻害する事象が散見される。このようなタールをいかに減らすか，又はいかに除去するかも安定運転への重要なポイントである。

2.4　当社ガス化炉の特徴

前述のように当社ガス化炉はAichernig Engineering GmbHによる基本設計パッケージに基づいた技術であるが，元々はWien工科大学で開発されたものである。ガス化炉はバブリング流動床炉であるガス化室と循環流動床炉である燃焼室を組み合わせた二塔流動床式であり，流動媒体がガス化室と燃焼室を循環することにより燃焼室で得た熱をガス化室に供給する間接ガス化式のガス化炉である。図1にガス化炉の概念図を示す。

本ガス化炉は炭化水素のガス化法としては水蒸気改質法に属しており，ガス化室では炉下より

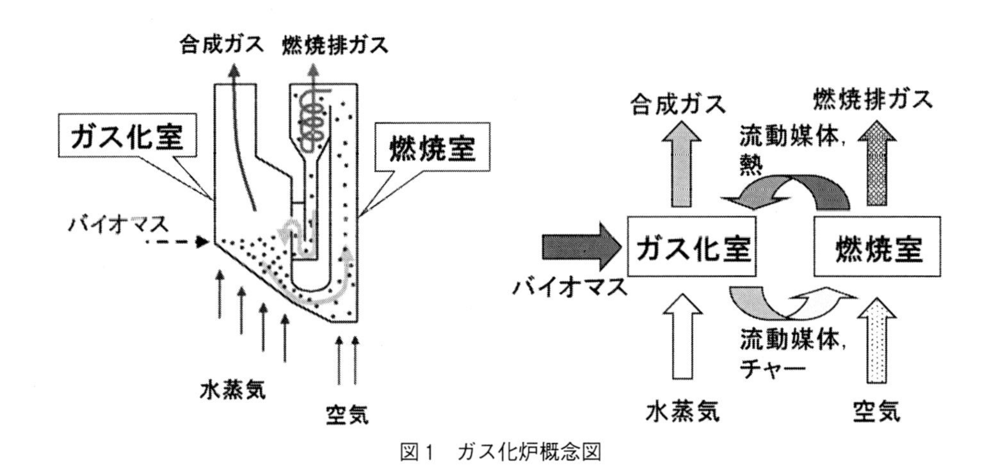

図1　ガス化炉概念図

吹き込まれた水蒸気によりバブリング流動床が形成され，バイオマスはその流動床内に供給される。バイオマスは流動床が持つ高い伝熱性により効率よく加熱され乾燥・熱分解・ガス化反応が進む。バイオマスの熱分解で生成した反応の遅い炭素分（チャー）の一部は流動媒体とともにガス化室底部から隣接する燃焼室に移動する。燃焼室では炉下及び炉中段から吹き込まれた空気により循環流動床ボイラでいうところの火炉が形成されており，ガス化室から流入してきたチャーが燃焼し流動媒体に熱を与えてガス化反応に必要な熱量を供給する。チャーの燃焼だけでは必要熱量に対して不足するため，燃焼室には清浄後の合成ガスの一部を供給し，それを補う。燃焼室で熱せられた流動媒体は高温サイクロンで燃焼ガスと分離され，サイホン（ループシール）を経てガス化室に戻される。

このように，流動床炉の組み合わせにより流動媒体を熱媒体とすることで，コンベヤやバルブのような高温での稼働が難しい機械的機構無しに燃焼室からガス化室への熱移送を実現している。

また，バイオマスが投入されて乾燥・熱分解・ガス化反応が進むバブリング流動床は一般廃棄物焼却炉として我が国でも利用されている技術であり，固定床ガス化炉と比較すると許容できるバイオマスの性状が広いことが予想され，本ガス化炉でも欧州では固形廃棄物燃料（SRF：Solid recovered fuel）での実証実績がある[7]。我が国においても木質以外の多様なバイオマス（例えば有機性汚泥や農業系残渣）への適用が十分期待できると考えられる。

なお，ガス化室に供給される水蒸気は，後述するスクラバで凝縮された合成ガス中の水分を，合成ガス，並びに燃焼ガスの冷却過程で回収した熱によって蒸発，過熱させて利用している。

2.5　当社ガス化炉におけるタール対策

一般的にバイオマスのガス化に伴って発生するタールはガス化炉から出た直後では気体であり，この状態では運転の支障となることは無いが，タールのうち分子量の大きいものは合成ガス

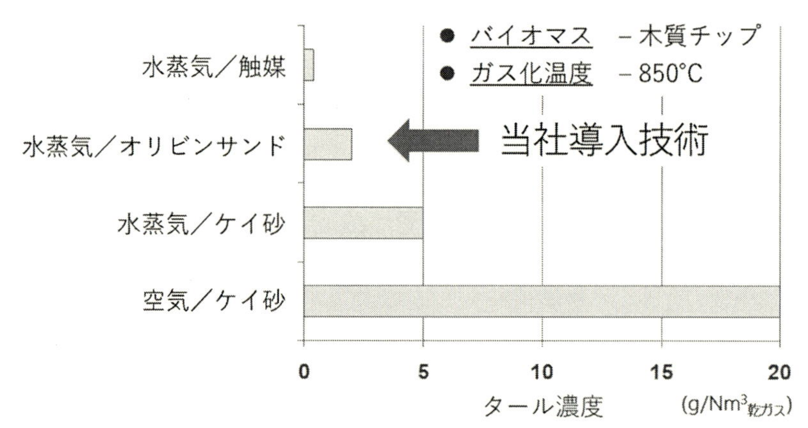

図2　流動媒体とガス化剤がタール濃度に与える影響
（Aichernig Engineering GmbH 販売資料を著者注釈）

の清浄工程までの温度調整（冷却）工程で凝縮・液化して機器内部に付着し安定運転を阻害する。このような分子量の大きいタールの低減方法や除去方法として高温による熱分解や触媒による分解，水等での急冷による凝縮・洗浄除去等の手法が考えられるが，熱効率や排水処理の観点に立てば温度を抑制した熱分解か安価な触媒での分解による方法が望ましい。バイオマスガス化に対する安価な触媒としてドロマイトやオリビンサンド（橄欖岩の破砕物）などの鉱物資源の利用が有効であることが知られており[8]，当社採用技術では流動媒体にオリビンサンドを使用することにより分子量の大きいタールをまずはガス化室で分解し，それでも残留する分子量の小さいタールをスクラバで捕集することによりタール対策を取っている。

図2にガス化剤と流動媒体の組み合わせが合成ガス中のタール量に及ぼす影響を示す。本図からガス化剤に水蒸気，流動媒体に珪砂の組み合わせの場合タール濃度は5 g/Nm^{3}であるが，流動媒体をオリビンサンドに替えるとタール濃度は2 g/Nm^{3}まで低下することがわかる。

一方で，新品のオリビンサンドで運転を開始してもすぐにはタール分解作用を発揮せず，オリビンサンドが十分なタール分解能力を発揮するためにはある程度の運転履歴によりバイオマス中の成分を取り込む必要があり[9]オリビンサンドの産地によってその特性が異なる[10]ことも知られている。このため，A. Larssonらによれば，好ましいオリビンサンドの選定とバイオマス中の成分が十分取り込まれるまでの立上げ～運転初期における適切な代替資材の添加が必要となる場合がある[11]。

スクラバで捕集した，ガス化室での分解でも残留してしまう分子量の小さいタールは図3に示す輪島バイオマス発電所の設備フローに記載のように，合成ガスの精製過程で捕集されたチャーを含むダストとともにスクラバ廃液ごと燃焼室に送られ焼却処理される。

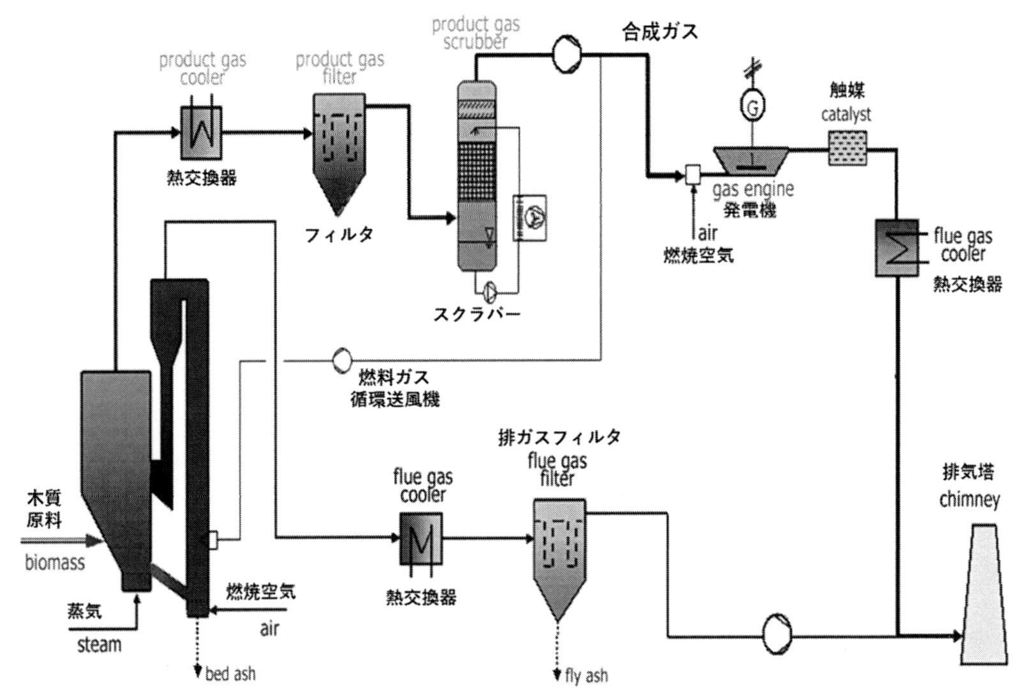

図3　輪島バイオマス発電所設備フロー

2.6　当社ガス化炉におけるスギ材に対するクリンカ耐性

日本で人工林として多く植林されているスギ材にはカリウム含有量が多いものがあり，ガス化炉内と同様の還元雰囲気下では灰の融点が低くなりクリンカを生成しやすい傾向がある[12]ことが知られている。このことが日本国内に導入された海外製木質バイオマスガス化発電装置の内部でクリンカを生成し安定運転を阻害する場合がある。このようなクリンカトラブルに対して，最近の研究ではバイオマスとして木質ペレットを使用するものについてはペレット成形時に酸化アルミニウム系資材[12]やシリカ系成分及びマグネシウム系成分を含む資材[13]を添加することで，木質チップを使用するものについてはタルク（含水珪酸マグネシウム（$Mg_3Si_4O_{10}(OH)_2$））を木質チップと同時にガス化炉に供給する[14]ことで回避できることが知られている。

一方で，当社ガス化炉で流動媒体として使用されているオリビンサンドはフォルステライト（苦土カンラン石（Mg_2SiO_4））を豊富に含んでいるため，偶然にもスギ材でのクリンカトラブル回避資材の添加と同様の効果をもたらすことが考えられる。実際，輪島バイオマス発電所では「2.5　当社ガス化炉におけるタール対策」にて紹介した「立上げ～運転初期における適切な代替資材の添加」としてカリウム塩を使用しているが，試運転中にその最大量と予想された量を添加して運転を試みた時にクリンカ生成を認めたのみであり，それ以外ではスギ材での運転でもクリンカトラブルは発生していない。

2.7 当社ガス化炉での国産木質チップ（スギ材由来）での合成ガス組成とチップ使用量

輪島バイオマス発電所における水分約20% wbの木質チップ（スギ材由来）からの合成ガスの組成例を図4に示す。この時の運転条件は合成ガスの生成量を定格（乾ガス量で1,700 Nm^3/h弱）に設定し，ガス化室炉床温度が約830℃での運転であった。燃料供給機回転数は合成ガス量が設定値になるように制御され定格回転数の約78%となり，合成ガスの各主要成分の組成は水素約40% dry，二酸化炭素約27～28% dry，一酸化炭素約25% dry，メタン約7～8 % dryであった。このガス組成は欧州での平均的な値と比較すると水素は同等であるが，二酸化炭素と一酸化炭素が若干高く，メタンが若干低い値である。定格ガス量に対し燃料供給機回転数が低かった（つまりチップ使用量が定格より少なかった）こととメタン濃度が欧州平均値より低かったことから，スギ材では欧州材よりも効率よく炭化水素が分解され水素や一酸化炭素の収率が上がったと考えられる。

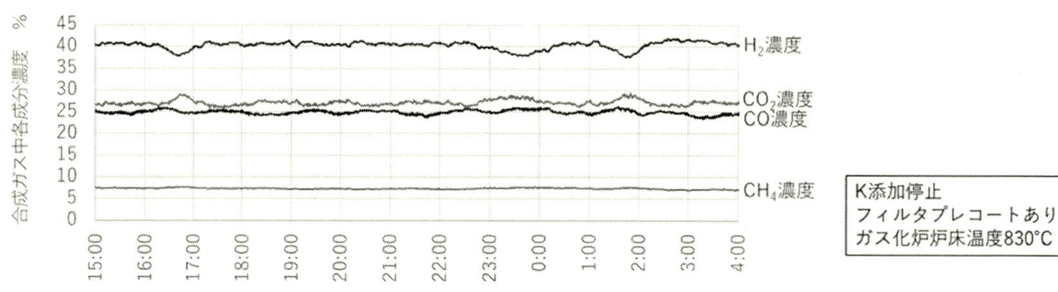

図4　輪島バイオマス発電所での合成ガス組成例

2.8 終わりに

近年「脱炭素」という言葉が使われるが，エネルギー利用だけならまだしも，我々が物質として利用している有機物すべてを無機物に転換し炭素原子を取り除くことは不可能である。一方，再生可能エネルギー源の中で唯一バイオマスだけが炭素原子の供給源となり得る資源であり，バイオマスから合成ガスを製造し石油製品の代替原料として利用することは他の再生可能エネルギー源では脱石油・石炭が不可能な分野へのソリューションになり得る。また，AI（人工知能）の急速な発展により電力の消費量が急増すれば，多量の電力を使用する電解水素製造に代わりバイオマス由来の合成ガスからの水素製造の必要性が増すことも十分考えられる。

このように，当社ガス化炉のようなガス化剤に水蒸気を用いてバイオマスから合成ガスを得る技術は，他の再生可能エネルギー源が苦手とする領域での脱石油・石炭を推進する技術として今後の飛躍が期待できる技術であると考えている。

文　　献

1) H. Hofbauer *et al.*, Steam gasification of biomass at CHP plant in Güssing – Status of the demonstration plant, Jan–2004
2) A. Larsson *et al.*, The GoBiGas Project Demonstration of the Production of Biomethane from Biomass via Gasification, Dec–2018
3) Yosemite Clean Energy，LLC プレスリリース（2023年7月12日）
4) 日揮㈱ほか，プレスリリース（2019年8月28日）
5) 三菱ガス化学㈱，カーボンニュートラル戦略説明会資料（2023年12月4日）
6) 古河電気工業㈱，プレスリリース（2024年8月8日）
7) Engie S. A. プレスリリース（2020年12月10日）
8) H. Hofbauer *et al.*, Biomass CHP Plant Güssing – A Success Story, Jan–2002
9) F. Kirnbauer *et al.*, *Fuel*, **95**, 553（2012）
10) R. Rauch *et al.*, Comparison of different olivines for biomass steam gasification, Aug–2004
11) A. Larsson *et al.*, *Fuel Processing Technology*, **212**, 106609（2021）
12) 佐藤龍磨ほか，第16回バイオマス科学会議発表論文集 O-06 15（2021）
13) 二宮善彦ほか，特開 2024-041091（2024）
14) 伏見和代ほか，第19回バイオマス科学会議発表論文集 O-01 5（2023）

3　木質バイオマスとRPFの共ガス化

川本克也*

3.1　はじめに

脱炭素が国際社会において極めて重要な課題となった。従来の技術や社会システムの延長だけでは持続的な未来を作り出すことは難しい。廃棄物の処理・処分，資源循環およびエネルギーの領域においても同様である。国内の一般廃棄物および産業廃棄物排出量は，2022度実績において合計重量で4億1,056万トンある[1,2)]。これに対し廃棄物系バイオマスはやや粗い推算ではあるが約2億3,000万トンと見積られていること[3)]から，廃棄物量全体の6割程度はバイオマスである。廃棄物に分類されない農作物非食用部や林地残材もあることを考えると，その資源賦存量はかなりの大きさである。廃棄物であることは，その収集システムを生かせることに一つの利点がある。ただし一般に，バイオマスは広く薄く分布し，集約面ではむしろ困難な点も多い。

近年，使用後のプラスチック品に関し従来の中国等への流れが大きく変化したことなどを背景に，国内でのRPF（Refuse and Plastic Fuel）の製造量増加が続いている。2021年度の生産実績は1,560万トンとなっており[4)]，2013年度以降，生産実績は約1.4倍に増加した。プラスチック廃棄物の増加は廃棄物焼却施設からの温室効果ガス排出量の増加につながるが，RPFを化石燃料代替として利用することは温室効果ガス排出量の削減とみることもできる。製造原料に含まれる古紙はバイオマスである。

これら循環資源への技術適用に関しては，燃焼後の排熱の回収および発電利用が一般的である。しかし，熱の回収効率には限界があり，物質が本来持つエネルギーポテンシャルを効率よく利用しているとは必ずしも言えない。一方，ガス化はエネルギーポテンシャルを有するガス成分が生成し，ガスエンジン設備等により比較的高い効率で発電利用が可能であり，また水素ガス等の二次的利用価値のある物質を得ることもできる。物質とエネルギーの両方を得ることで循環利用の幅を広げられる。タールの生成や燃焼プロセス同様有害物質の副生には留意が必要であるが，利点を生かしたい技術である。

本稿では，上記趣旨に添い，木質とRPFを複合的にガス化し利用する上での諸特性と課題について実験に基づき考察した。

3.2　実験および研究方法

3.2.1　試料

木質試料には市販の木質チップ品を用い，RPF試料には産業廃棄物であるプラスチックおよび紙類からの棒状の製造品を入手し用いた。両試料の分析値を表1に示す。RPFの方が炭素お

---

*　Katsuya KAWAMOTO　岡山大学名誉教授

表1　木質およびRPF試料の工業および元素分析値

工業分析		元素分析		工業分析		元素分析	
項目	測定値	項目	測定値*	項目	測定値	項目	測定値*
水分	7.7%	炭素（C）	51.4%	水分	4.3%	C	57.4%
揮発分	84.9%*	水素（H）	6.3%	揮発分	79.7%*	H	8.3%
固定炭素	14.8%*	酸素（O）	41.9%	固定炭素	8.4%*	O	25.6%
灰分	0.3%*	窒素（N）	0.1%	灰分	8.0%*	N	0.38%
高位発熱量	20.6 MJ/kg	塩素（Cl）	<0.01%	高位発熱量	25.6 MJ/kg	Cl	0.28%
低位発熱量	19.1 MJ/kg	硫黄（S）	<0.01%	低位発熱量	23.8 MJ/kg	S	0.05%

*乾量としての値

よび水素の含有比率が大きく，発熱量の値もRPFの方が25%ほど大きい。また灰分のほか，有害物質を生じやすい塩素や硫黄分の含有率もRPFは多く，これは工業製品中の含有添加物のほか，流通・使用過程における混入によるものと推察される。実験においては，写真1に示すように両試料とも粉砕を行った上で実験装置に供給した。木質に比較し，RPFは粉砕処理により膨化した見かけ比重の小さい形状になりやすい。

次に，改質反応を促進するための触媒にはニッケル（Ni）を有効成分とする触媒を調製して用いた。これはシリカ組成のメソポーラス構造担体の表面にNiを均一に分散させた触媒で，図1にイメージを示すように高比表面積でかつ規則的構造をもつという特徴がありNiO/SBA-15と呼ばれる[5)]。担体表面で触媒反応サイトを効果的に形成することにより高い反応効率が期待で

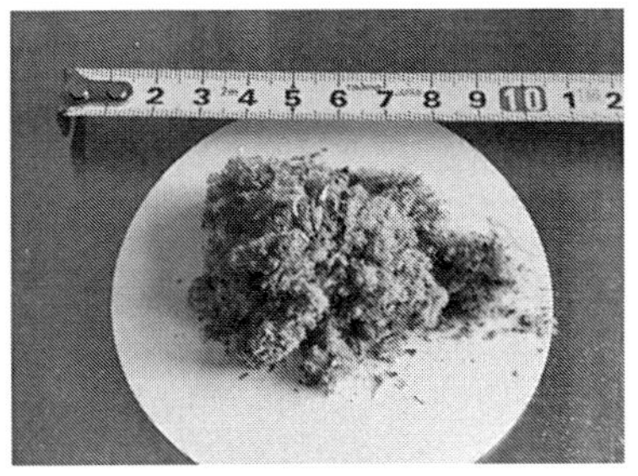

写真1　粉砕後の木質（左）およびRPF（右）試料

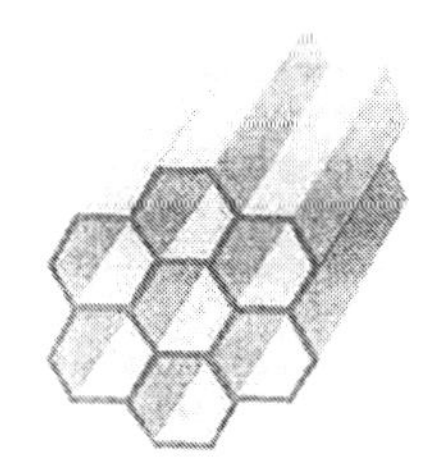
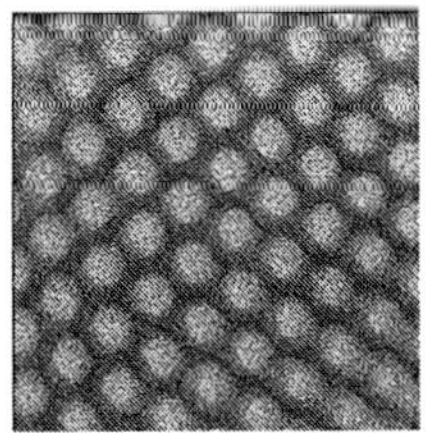

図1　メソポーラスSBA-15の多孔質性（左）と均一構造（右）のイメージ

きる。合成方法は，担体調整後に有効成分を含侵担持させることで行った。

3.2.2 実験装置および試験方法

実験は，ガス化の基礎特性を把握するための回分式装置と実際的な連続式のガス化・改質反応器からなる装置の両方式を用いて行った。図2は回分式装置の構成である。管状電気炉（石英反応管全長：500 mm，加熱部分：300 mm，内径：26 mm）に予め試料1gを挿入した。N_2ガスで管内空気を除去後昇温を開始し，条件に応じてO_2や水蒸気の供給も行った。実験時間は1hとし，バッグ内ガス成分の測定を行った。

連続式実験の装置構成を図3に示す。サークルフィーダー（サークルSTD㈱製 CF-150S）の試料貯留部に入れた粉砕試料が，回転する平板形状羽根により円筒外周部に切り出される。下部に設けた縦型のステンレス鋼製ガス化反応器（SUS304，長さ300 mm，内径23 mm）内にキャ

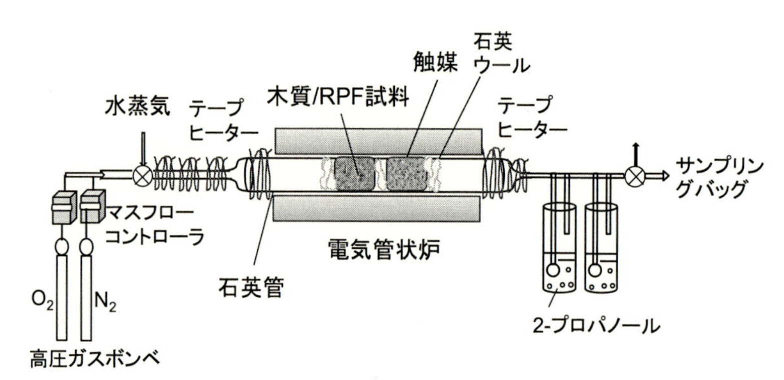

図2　回分式ガス化実験装置

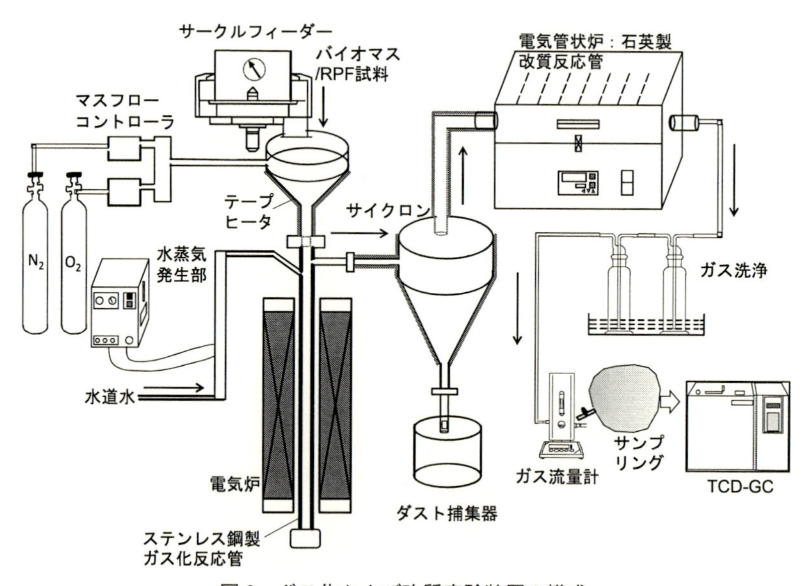

図3　ガス化および改質実験装置の構成

リヤーガスとともに供給した。導管部での外部空気の混入をできるだけ防ぐため，N_2 ガスを流した。木質と RPF を等量で混合した試料については，30 g/h の流速でおおむね一定に供給できることを確認した。データ取得の時間は 1 h である。サイクロン部の後段には横型の電気管状炉（光洋サーモシステム㈱製 KTF030N）を設置し，改質反応管（石英製ガラス管，長さ 500 mm，内径 23 mm）の加熱により各種試験を行った。なお，ガス化プロセスの操作パラメータとして酸素等量比（ER：Equivalent Ratio）と S/C 値（水蒸気/炭素量モル比（－））を用いた。

3.2.3　測定方法および解析方法

生成する H_2，CO，CO_2，CH_4 および低級炭化水素化合物の測定を主に行った。TCD 付きガスクロマトグラフ（ジーエルサイエンス㈱製 GC-3200）を用いて分離・分析を行い，各成分について標準ガスにより定量した。なお，本稿中ガス組成割合の表示は，ガス中に共存する N_2 ガス分は除外した数値である。

ガス化プロセスに関する各種パラメータによる解析は次のように行った。冷ガス効率（CGE：Cold gas efficiency）に関しては，式(1)に示すように原料（木質/RPF）がガス化する前のエネルギー保有量とガス化後の生成ガスの同量との比として定義される：

$$Cold\ Gas\ Efficiency\ (CGE, \%) = \frac{HHV_{syngas}\ (kJ \cdot min^{-1})}{HHV_{feedstock}\ (kJ \cdot min^{-1})} \times 100 \tag{1}$$

HHV は高位発熱量を示す。実際には，生成ガス中可燃性ガスは，H_2，CO および CH_4 がほぼすべてであることから，

$$CGE\ (\%) = \frac{HHV_{H_2} + HHV_{CO} + HHV_{CH_4}}{HHV_{Biomass/RPF}} \times 100 \tag{2}$$

より CGE が算出される。

次に，得られるガスの収量について，乾燥状態でかつ灰分を含まない原料からのガス i の発生収量について，ガス収率 φ_i（m^3/kg-feed）として求めた（式(3)）。

$$\varphi_i = \frac{Q_G \times Y_i/22.4}{Q_r} \times 1000 \tag{3}$$

ここで，Q_G：発生ガス流量［m^3/h］，Y_i：ガス i のモル分率［—］，Q_r：原料供給量［kg/h］である。Q_G は $Q_G = Q_{Air} \times Y_{N_2, air}/Y_{N_2, syngas}$ により N_2 分バランスを考慮して算出した。Q_{Air} は全供給空気量［m^3/h］，$Y_{N_2, air}$，$Y_{N_2, syngas}$ はそれぞれ空気中および発生ガス中の N_2 モル分率［—］である。

3.3 結果と考察

3.3.1 生成ガス組成への反応温度の影響

回分実験におけるRPF試料での温度と熱分解生成ガス（ERおよびS/Cはともに0）の組成内訳との関係を図4に示す。650と700℃ではCO_2の組成がかなり多く，高温条件になるにともない同組成が減少しH_2，CO等の可燃性ガスの組成が増加した。とくに，H_2はより高温になるほど生成が増し，この傾向はガス化対象を木質のみとした場合に観察されるものと同様である[6]。熱分解ガス化による水素ガスの回収を主目的とする場合にはこの点十分に留意する必要がある。

連続実験装置での結果においても回分の場合とほぼ同様の傾向が認められ，H_2の増大とメタンの減少が特徴であった。図5[7]は，装置は異なるが，本稿と同様の条件で木質とRPFの混合

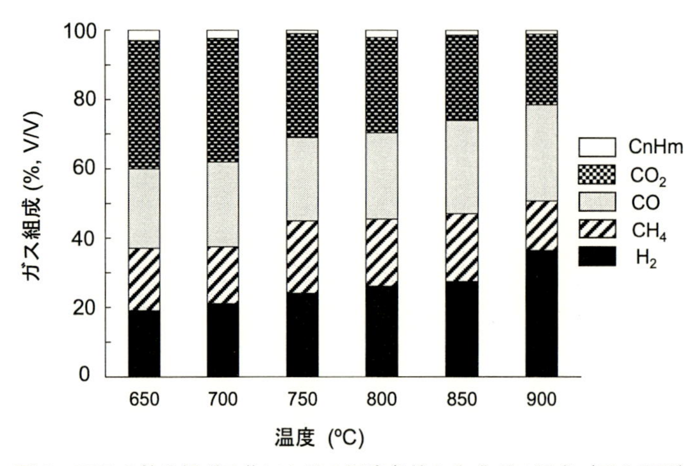

図4　RPFの熱分解ガス化における温度条件と生成ガス組成（回分実験）

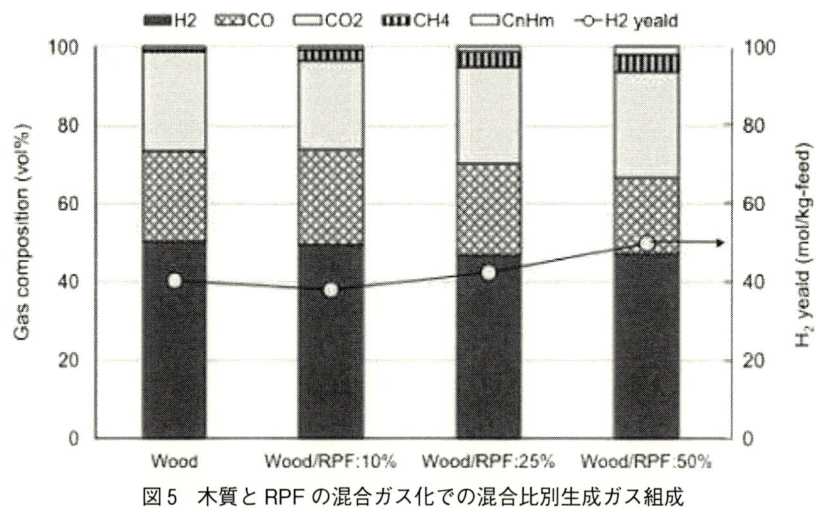

図5　木質とRPFの混合ガス化での混合比別生成ガス組成
（他連続装置における触媒適用条件での取得結果例[7]）

比を変えて実験を行った場合に得られたガス組成結果である。木質のみとRPF混合条件では，H_2組成はほぼ同じであるがCOに減少の傾向がみられた一方，メタンと炭化水素類の比率が若干多くなった。

3.3.2　酸素および水蒸気添加の影響

RPF試料を用い，酸素の注入によりERを0.1および0.2に設定して，無触媒，750℃の条件で実験を行ったときの結果は図6のようになった。ER値を大きくすることは酸素との反応機会を高めることであり，生成ガス中のH_2濃度は低下し，メタン濃度も同様に減少した。これに対しCOは0.2の場合増加したほか，酸化が進むことでCO_2の増加がみられた。

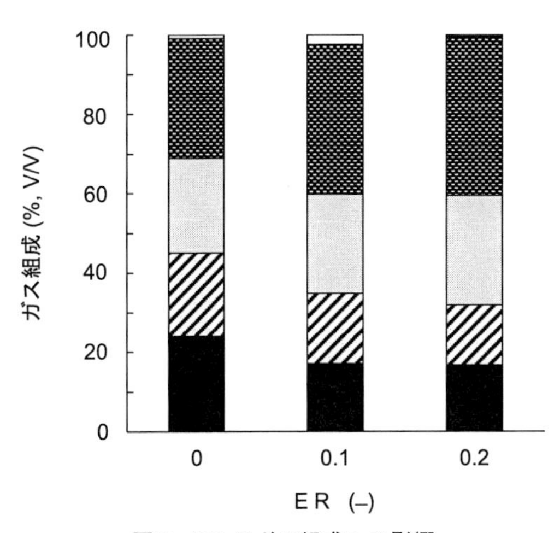

図6　ERのガス組成への影響
（回分実験，RPF試料，750℃。なお凡例は図4と同様で以降の図も同じ凡例である）

水蒸気添加の影響は高温での各種反応を引き起こす。例えば次のようなものでいずれも吸熱反応である。

水性ガス化反応：$C + H_2O \rightarrow CO + H_2$　　$\Delta H = 131$ kJ/mol　(4)

シフト反応：　$CO + H_2O \rightleftarrows CO_2 + H_2$　　$\Delta H = 41$ kJ/mol　(5)

木質とRPFを等量混合した試料について，連続実験において無触媒の条件で得られたガス組成とS/C値との対応を図7に示す。水蒸気の供給によりS/C値を1.0および2.0としたとき，式(4)，(5)にみられるようにH_2の組成が増し，またメタンの生成促進も認められた。RPF中のプラスチック成分から生じやすい低級炭化水素と水蒸気との間でメタン生成反応が生じる可能性も考えられた。これに対し，COは生成と消費が起こり得るが，全体としてS/Cが0のときの27.5%から，S/C 2.0においては11%まで大きく減少した。

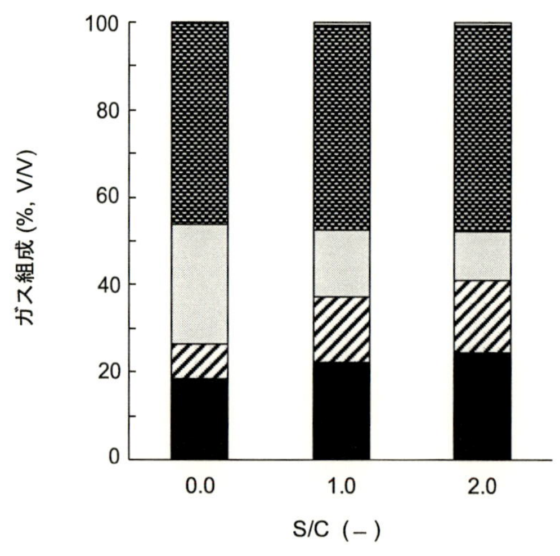

図7　S/C のガス組成への影響
（連続実験，木質/RPF 等量混合物試料，750℃）

3.3.3　触媒の効果

木質/RPF の等量混合試料を用いて NiO 20%（W/W）担持の NiO/SBA-15 触媒を適用したときの結果は，図 8 に示すように顕著に H_2 濃度を増加させ，750℃の場合の H_2 濃度は 51.7%（V/V）となった。同時に CO_2 とメタン濃度の大幅な減少も起きた。装置は異なるが同様の連続実験系において，木質の場合も同じく Ni 20%（W/W）担持の触媒適用で H_2 濃度が約 57%（V/V）に達することが示されている[7]。H_2 と CO を含めた可燃性ガスの組成割合は 80%（V/V）に近づくことになる。

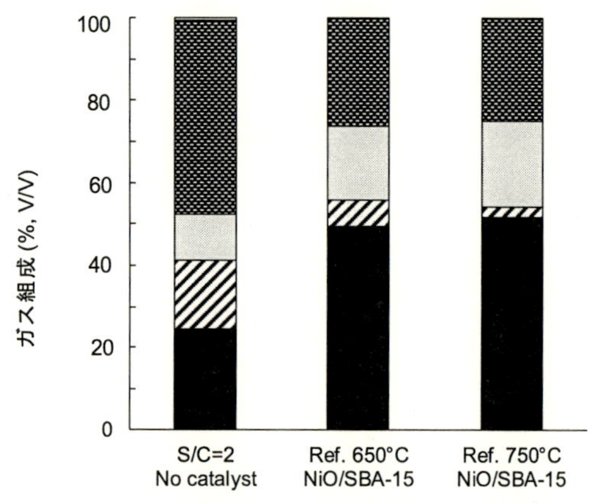

図 8　連続実験での触媒改質適用と生成ガス組成への効果
（木質/RPF 等量混合試料）

3.3.4　冷ガス効率による評価

(1)式で算出した冷ガス効率により実験結果を評価した。図9(a)には，連続装置でのガス化温度に対するCGE値とガス収率を，図9(b)には図8の結果に関しての両パラメータを示した。(a)からは，無触媒での熱分解により850℃まで高温化することでCGEは50%となったが，ガス収率は0.42 m^3/kg-feedにとどまった。これに対し(b)の結果からは，水蒸気添加を行うことによりCGEが750℃で57%まで増加し，ガス収率も0.5 m^3/kg-feedを超えた。改質触媒を適用すると，温度が100℃低い650℃においてもCGEが60%を超え，ガス収率は1.19 m^3/kg-feedとなっている。さらに750℃になるとCGEは71%まで増大し，ガス収率は1.25 m^3/kg-feedまで増大した。図9(a)における700℃の条件時CGEの2倍近い増大である。通常のガス化炉で50～70%とされる[8]冷ガス効率の値と同程度以上となった。小規模での実験値であるが，木質とRPFの混合試料を用いたガス化および触媒改質プロセスで70%の冷ガス効率が得られることを示すデータとなった。

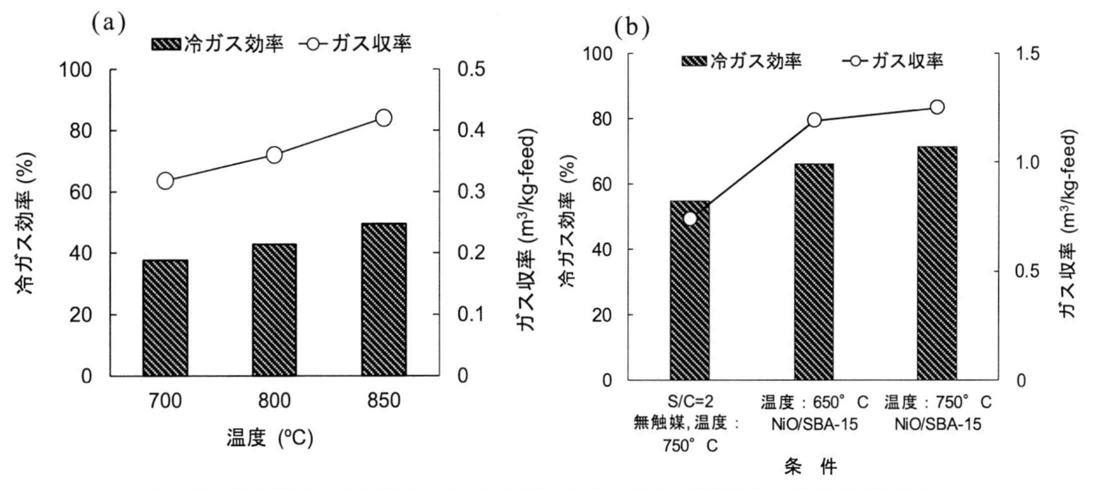

図9　(a) 各温度での熱分解ガス化・無触媒，および (b) 水蒸気添加・触媒適用の場合と冷ガス効率・ガス収率との関係（連続実験）

3.4　おわりに

木質バイオマスとRPFの混合試料のガス化によるH_2, CO等の可燃性ガスの生成に関して，温度や水蒸気添加等の操作因子の影響は木質単独の場合とほぼ同様であることが示された。有効性の高いNi触媒を用いた改質工程を適用することで，H_2組成が60%（V/V）に近いガスを得ることが可能であり，70%の冷ガス効率も得られた。ガス化プロセスにおける技術的な困難はとくにないが，紙幅面から本稿で触れなかったタール分のほか，含硫黄化合物等の微量成分の生成[7,9]に関しては，環境への影響だけでなく触媒への被毒の面からも留意する必要がある。また，改質触媒の初期の有効性は十分示されたといえるが，実用上は長期の適用による性能低下とその回復方法，あるいは被毒成分の影響とその回避など明らかにすべき技術的事項が存在することも付言しておく。このような課題を踏まえて，RPF 利用には現実的なプラスチック処理および有効利用の側面があり，木質と組み合わせた現実的な技術プロセスを展開することで脱炭素社会に近づくことが期待される。

文　献

1) 環境省ホームページ，https://www.env.go.jp/recycle/waste_tech/ippan/r4/data/env_press.pdf（2024 年 12 月 20 日確認）
2) 環境省ホームページ，https://www.env.go.jp/recycle/waste/sangyo.html（2024 年 12 月 20 日確認）
3) 農林水産省ホームページ，https://www.maff.go.jp/j/shokusan/biomass/attach/pdf/index-180.pdf（2024 年 12 月 20 日確認）
4) (一社)日本 RPF 工業会ホームページ，https://www.jrpf.gr.jp/rpf-1/rpf-6（2024 年 12 月 20 日確認）
5) B. Lu *et al.*, *Materials Research Bulletin*, **47**, 1301 (2012)
6) W.Wu *et al.*, *J Mater Cycles Waste Manag*, **8**, 70 (2006)
7) K. Kawamoto *et al.*, *J Mater Cycles Waste Manag*, **18**, 646 (2016)
8) 笹内謙一，日本燃焼学会誌，**47**，31 (2005)
9) S. Aljbour *et al.*, *Chemosphere*, **90**, 1501 (2013)

4　木質バイオマスチャーのガス化挙動

成瀬一郎*

4.1　はじめに

各種バイオマスの工業分析結果の一例を表1に示す。基本的にこの工業分析は石炭の燃料物性を示すものであり，一般的に揮発分（Volatile matter）含有割合が高い燃料程反応し易い燃料である。バイオマスの場合，その種類によらず，揮発分含有割合は80％を超えていることから，反応性に富む燃料であるといえる。ガス化反応を考える場合には，揮発分よりはむしろ反応性が悪い固定炭素分（Fixed carbon）の含有割合に注視する必要がある。なお，バイオマス燃料の場合，石炭と比較して灰分（Ash）の含有割合が低くなっている。また，バイオマスの場合には，表2に示すように，セルロース，ヘミセルロースおよびリグニンという成分分析の結果も反応性を評価する上で重要になる。本表より，セルロースの含有割合が多くのバイオマスで一番高くなっている。

図1に，試薬のセルロース，ヘミセルロースおよびリグニンの熱天秤を用いた熱分解挙動を比較して示す。実験条件は，窒素気流中で，試料を乾燥後，20 K/min で昇温させて熱分解している。本図より，まず，セルロースは，約550 K から反応率が増加しはじめ，その後急速に熱分解し，最終的に90％が揮発している。ヘミセルロースの熱分解開始温度は，セルロースのそれとほぼ同様であるものの，熱分解速度はセルロースのそれよりもやや遅い。最終的な熱分解の割合は約8割になっており，セルロースと比較して1割程固定炭素分を多く含んでいることにな

表1　バイオマスの工業分析結果

Biomass sample		A-1	A-2	A-3	B-1	B-2	C-1	C-2	C-3
Moisture	%, as received	2.70	2.60	2.61	2.62	2.23	3.23	2.68	2.85
Volatile matter	%, dry	84.05	82.23	83.53	83.81	81.64	86.41	83.61	86.37
Fixed carbon	%, dry	12.49	15.89	14.57	15.16	17.81	13.07	15.15	10.16
Ash	%, dry	3.46	1.88	1.90	1.03	0.55	0.52	1.24	3.47

A：広葉樹系，B：針葉樹系，C：農業残渣系

表2　バイオマスの成分分析結果

Biomass sample		A-1	A-2	A-3	B-1	B-2	C-1	C-2	C-3
Cellulose	%, dry	55.60	52.00	51.00	49.90	50.70	52.10	48.90	38.60
Hemi-cellulose	%, dry	17.20	17.30	18.50	16.20	13.00	26.10	26.40	31.40
Lignin	%, dry	19.90	19.60	17.60	26.50	32.90	13.80	9.27	6.86
Others	%, dry	7.30	11.10	12.90	7.40	3.40	8.00	15.43	23.14

*　Ichiro NARUSE　名古屋大学　未来材料・システム研究所　教授

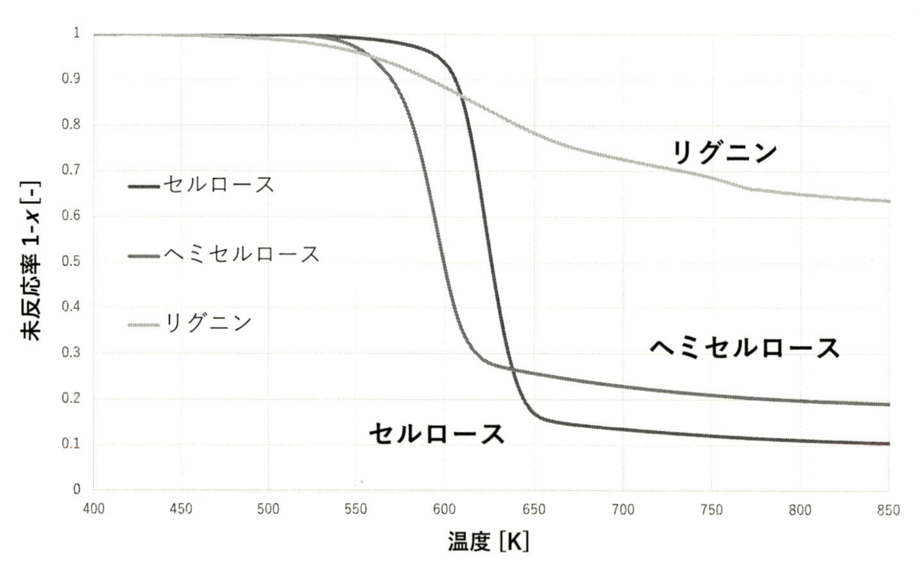

図1　セルロース，ヘミセルロースおよびリグニンの熱天秤による熱分解挙動

る。最後にリグニンは約 500 K という低温から熱分解が開始しているものの，熱分解速度は一番遅く，最終的な熱分解の割合も約 35%に留まっている。これは，リグニンがベンゼン環を保有していることから熱分解がし難く，かつ，熱分解により残渣が縮合反応して固定炭素分化しているからである。

4.2　バイオマスガス化

エネルギー密度が低いバイオマスを高効率にエネルギー変換するための技術の一つとして，バイオマスガス化がある。バイオマスガス化とは，まず，バイオマス原料を部分燃焼（理論空気量よりも少ない空気量を供給して燃焼させること）させ，バイオマス自身を高温化させる。続いて，部分燃焼により生成した H_2O や CO_2 によって，以下に示す化学反応を生じさせ合成ガスを得る反応を指す。

・水性ガス化反応

$$C + H_2O \rightarrow CO + H_2$$

・ソリューションロス反応

$$C + CO_2 \rightarrow 2CO$$

・シフト反応

$$CO + H_2O \leftrightarrows CO_2 + H_2$$

水性ガス化反応およびソリューションロス反応ともに吸熱反応であるので，これらの反応が生じるためには部分燃焼で得られる熱が必要となる。なお，シフト反応という気相反応も併発し，このシフト反応は温度や各種気相成分の濃度に応じて右向きや左向きの反応となる。

ガス化炉によっては，固定炭素分まですべてをガス化させることはせず，主として揮発分をガス化させることを想定した炉も実用化している。その場合は，以下の揮発分の改質反応が主となる。この場合，副産物として生成するTarやSootを如何に抑制するかが鍵となる。

・揮発分の改質反応

$$C_nH_m + H_2O + CO_2 \leftrightarrows CO + H_2 + CH_4 + Tar + Soot + \cdots$$

本稿では，バイオマスのガス化過程で律速段階となるチャー（固定炭素分）の H_2O および CO_2 ガス化に関してその基礎挙動を解説する。

4.3　熱天秤によるバイオマスチャーのガス化挙動

バイオマスチャーの基礎的なガス化挙動を把握する場合，熱天秤による熱重量分析が有効である。チャーのガス化実験に際し，まず，チャーを製造する必要があるが，可能な限り，ガス化実験温度以上でチャー化（熱分解）することが望ましい。その理由は，チャー化温度をガス化実験温度以下にすると，残留揮発分が放出する可能性があるからである。熱天秤を用いたチャー化からガス化実験までの温度プロファイルの一例を図2に示す。まず，107℃で10 min保持し試料の乾燥を行う。その後一定速度で850℃まで昇温し，この温度で10 min間保持する。この過程でチャー化は終了する。続いて，熱分解温度である850℃以下でガス化温度を設定（本図の場合は800℃）し，反応雰囲気を窒素からガス化雰囲気に切り替えてガス化実験を行う。このようにすれば等温条件においてガス化実験を行うことができ，チャーのガス化過程における質量減少曲線を得ることができる。この曲線から未反応率（$1 - x$）曲線が得られ，この未反応曲線を微分することにより反応速度曲線（dx/dt）が容易に得ることができる。図3に，一例として，バイオ

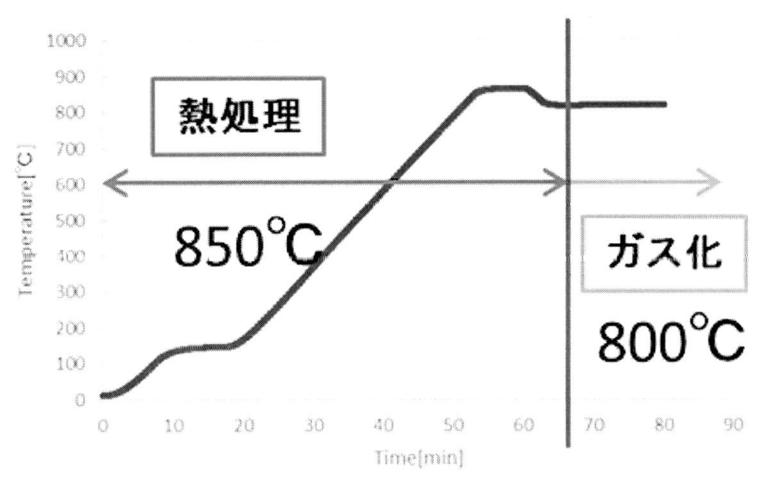

図2　バイオマスチャーの製造とガス化温度条件

マスチャーのガス化過程における未反応率曲線を示す。実験条件は，チャー化温度が850℃でH_2O濃度が10および20%のH_2Oガス化の結果である。ガス化温度は750，800および850℃に変化させている。この結果を微分して得られる反応速度曲線の結果を図4に示す。一般的に反応速度曲線の横軸は未反応率を取ることが多い。図3より，ガス化反応の完結時間はガス化温度の上昇ならびにH_2O濃度の上昇とともに短くなっている。一方，図4の反応速度曲線の結果では，反応速度はガス化温度およびH_2O濃度の上昇とともに速くなっている。850℃の反応速度曲線をみると，ガス化反応前半の反応速度は比較的緩やかに進行しており，$(1-x)=0.2$付近でどの温度，どのH_2O濃度でも，反応速度は最大値を呈している。

図5および6は，CO_2ガス化条件にける未反応率曲線および反応速度曲線をそれぞれ示してい

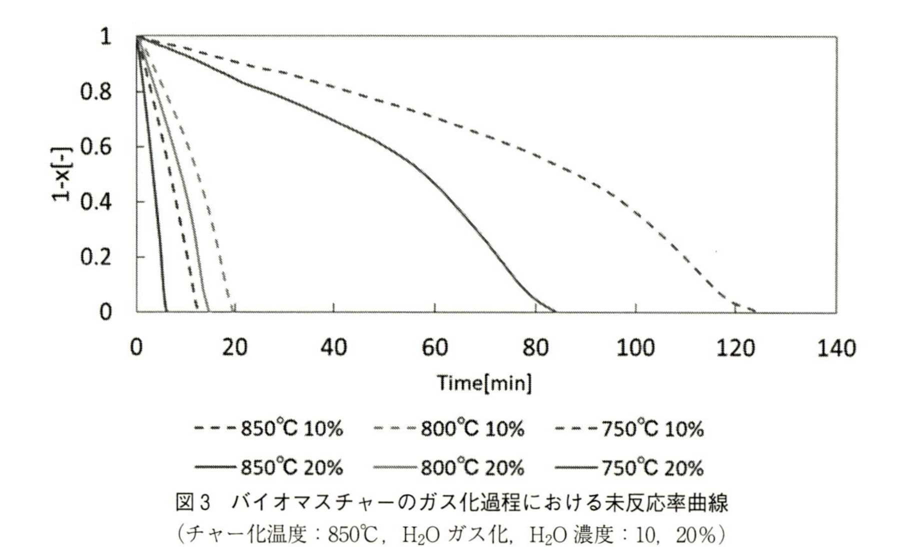

図3　バイオマスチャーのガス化過程における未反応率曲線
（チャー化温度：850℃，H_2Oガス化，H_2O濃度：10，20%）

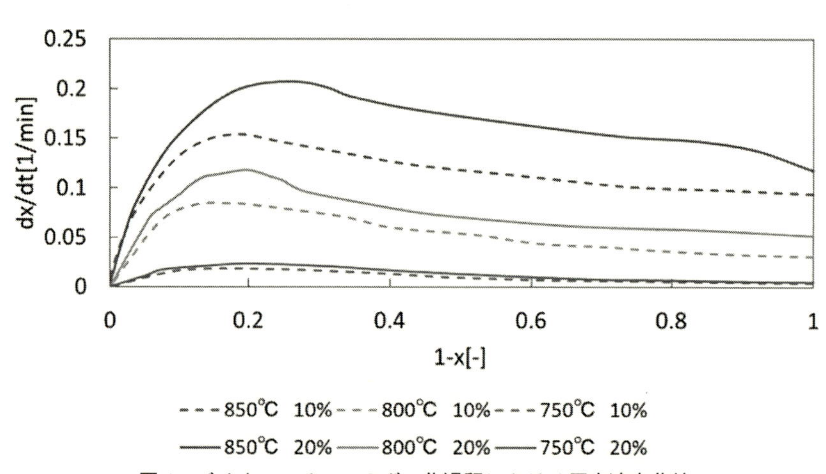

図4　バイオマスチャーのガス化過程における反応速度曲線
（チャー化温度：850℃，H_2Oガス化，H_2O濃度：10，20，30%）

る。図5の未反応率曲線は，H_2O ガス化同様，ガス化温度の上昇に伴い反応完結時間も短くなっている。また，図6より，反応速度もガス化温度の上昇とともに，H_2O ガス化同様，速くなっている。しかし，CO_2 ガス化の図6と H_2O ガス化の図4を比較すると，その形状には相違がある。CO_2 ガス化の場合，ガス化反応初期の反応速度は相対的に速い（絶対値は H_2O ガス化の方が大きい）ものの，その後，反応速度はほぼ一定で推移し，高温条件の場合，ガス化反応の終了間際である $(1-x)=0.05$ 付近で極大値を取っている。850℃という高温条件であっても CO_2 ガス化の反応速度の絶対値は0.06から0.04であることから概ね一定速度でバイオマスチャーはガス化しているといえる。一方，図4の H_2O ガス化の場合，850℃，H_2O 濃度：20%の反応速度は0.15から0.2まで変化しており，必ずしも一定速度でガス化しているとは言い難い。

反応速度曲線は反応工学的に最適な固気反応モデルを提示してくれる。主な固気反応モデルと

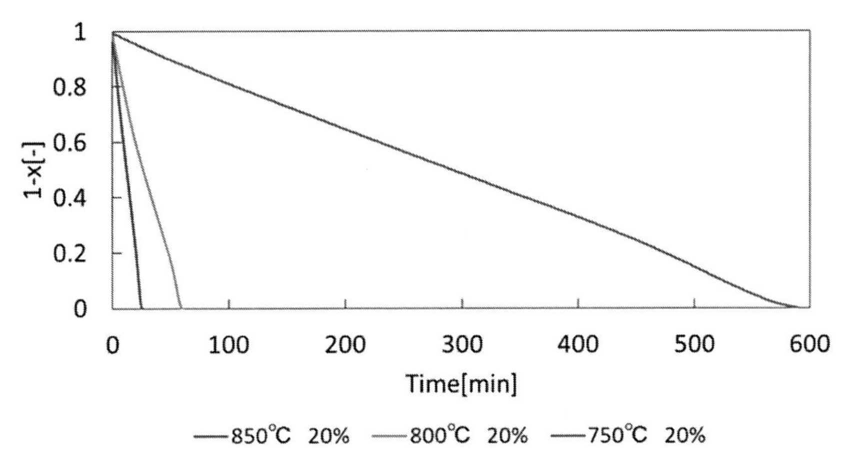

図5　バイオマスチャーのガス化過程における未反応率曲線
（チャー化温度：850℃，CO_2 ガス化，CO_2 濃度：20%）

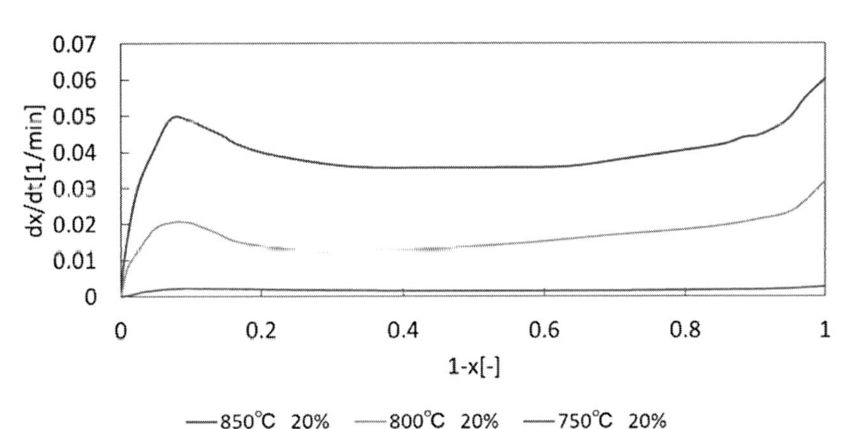

図6　バイオマスチャーのガス化過程における反応速度曲線
（チャー化温度：850℃，CO_2 ガス化，CO_2 濃度：20%）

しては，体積反応モデル，未反応核モデル，グレインモデル，細孔モデル等がある。しかし，図4および6の反応速度曲線は，反応終盤に反応速度が極大値をとっていることから，上述のどのモデルでもフィッテングすることが困難である。この理由は，反応終盤でバイオマス中に含有しているアルカリ金属およびアルカリ土類金属化合物がガス化反応に触媒的な作用をしている可能性が高い。

4.4　バイオマスチャーの表面観察

上述したように，H_2O ガス化および CO_2 ガス化の反応終盤において反応速度が極大値を呈するという反応挙動が灰分によるチャーのガス化反応の促進である可能性が高いので，熱天秤で得られたガス化反応中断試料の表面 SEM（Scanning Electron Microscope）・EDS（Energy Dispersive Spectrometer）観察を行った。

図7に，H_2O：20%，850℃の条件でガス化した際の反応率：75%における中断試料の表面写真を示す。図中，左の写真が BSE（Back-Scattered Electron）画像である。本図より，木質バイオマスに含有している主要な灰成分である Ca，Na および K に着目すると，Ca と Na は濃縮してチャー表面に存在していることがわかる一方，K はチャー表面にほぼ均一に分散して存在していることがわかる。図8は，CO_2：20%，850℃の条件でガス化した際の反応率：75%における中断試料の表面写真である。CO_2 ガス化の場合，図7の H_2O ガス化と異なり，Na および K はチャー表面に分散して存在している。Ca に関しても H_2O ガス化程は凝集して存在はしていない。この際が，H_2O ガス化と CO_2 ガス化の反応速度曲線の差異と考える。すなわち，H_2O ガス化では凝集した Ca と Na 化合物がチャーのガス化反応に対して触媒的に働いたものと考察する。一方，CO_2 ガス化では Ca と Na が炭酸塩化して触媒効果があまり発揮されていないのではない

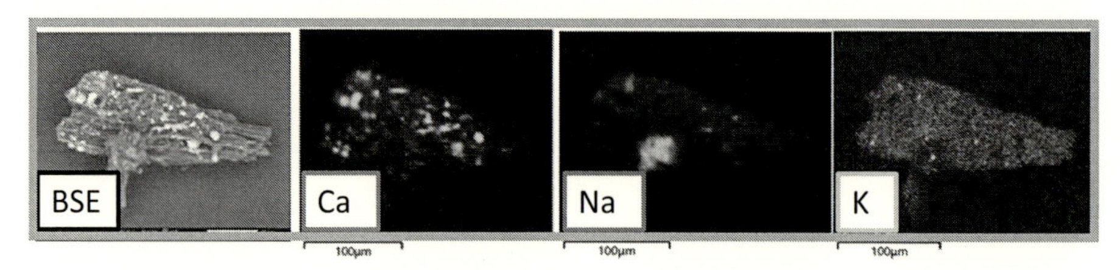

図7　H_2O：20%，850℃の条件でガス化した際の反応率：75%における中断試料の表面写真

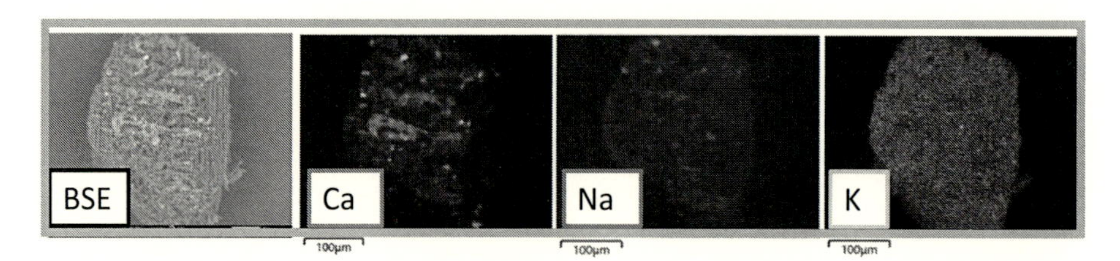

図8　CO_2：20%，850℃の条件でガス化した際の反応率：75%における中断試料の表面写真

かと推察する。実際にII_2Oガス化のチャーの表面構造を観察すると，凝集したCaやNaが存在する周囲が窪んでおり，ガス化が局所的に進行していた。この現象は，H_2Oガス化の場合，反応終盤で反応速度が極大を呈したことを示唆する結果であるものと考える。

5　木質バイオマス発電設備におけるタール燃焼装置の開発

今田雄司*

5.1　はじめに

バイオマス発電設備では，木質ガスを利用する過程で各機器や煙道などにタールが発生する。これらのタールは，木材の種類や伐採する季節，保管方法によって含有する水分の量が変動するため，発生するタールの量や成分が安定しないことが多く，一般的にバイオマス発電所設備内では大量に発生するケースが報告されている。これらのタール含有水はバイオマス発電所内ではタール分離槽に貯蔵され，静置後に比重分離した沈殿部と上澄み部に分離したものに分類される。

本設備では，沈殿部を重質タール燃料，上澄み部をタール含有水として取り扱っている。これらは，発電所内の熱を利用し水分を蒸発させることでタール部分が濃縮され再利用することができる。これらの部分をタール燃焼装置では加熱軽質タール燃料として取り扱う。本装置は，図1に示す点線枠内の部分を指し，バイオマス発電所内で発生するタールを燃料として有効利用することができる設備である。

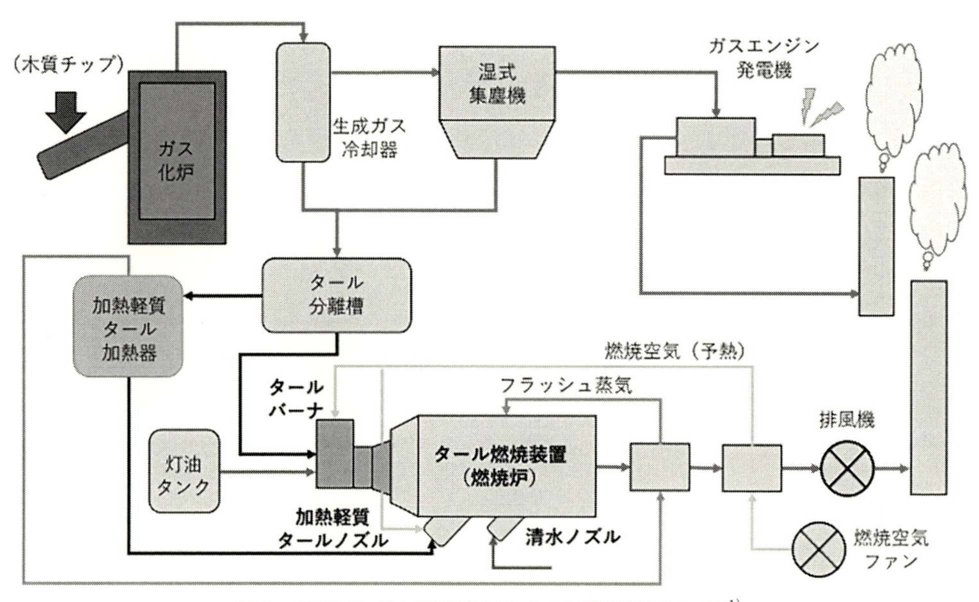

図1　ガスエンジン発電式バイオマス発電所フロー図[1)]

*　Yuji KONTA　日工㈱　開発部　課長

5.2　重質タールと加熱軽質タール

バイオマス発電所内で発生するタール含有水を収集し，タール分離槽で静置すると図2のように目視でも確認できる上澄み液と重質タールの2種類に分離される。写真1に示すように上澄み液（タール含有水）は木酢液として一般的に農業用で使用される。これらに含まれる成分が，木質由来の有機化合物であるフェノール，クレゾール，酢酸メチル等[2)]で構成されているため刺激臭が強い。これらは濃縮する工程で発生する水蒸気にも多く含むためそのまま大気放出することはできない。よってこれらを含んだ水蒸気を無害化処理する必要性がある。表1に重質タール，タール含有水，加熱軽質タールの分析値一例を記載するが，木質ガスの発生温度帯や空気量，木材の水分量によって成分の割合などが異なるため，これらの物性値は一例であって安定した品質を維持することは難しい。

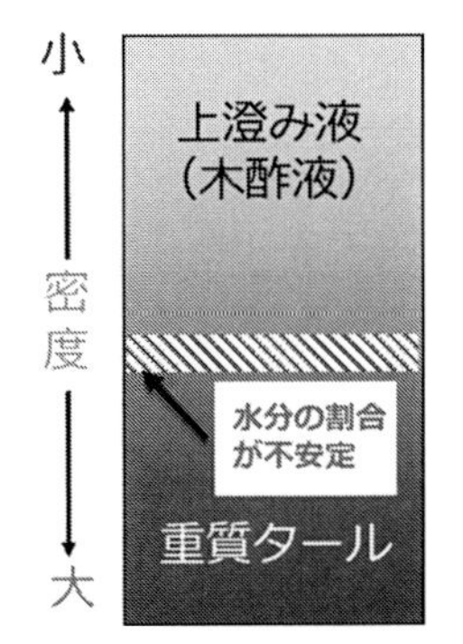

図2　タール水沈殿の模式図

写真1　タール含有水と加熱軽質タール

表1　重質タールとタール含有水，加熱軽質タール分析値[3)]

分析項目	単位	重質タール サンプルA	重質タール サンプルB	タール含有水	加熱軽質タール
比重	g/cm^3	1.14	1.13	1.01	1.08
動粘度（@50℃）	cst	56.9	36.4	—	—
引火点	℃	引火しない	引火しない	—	—
流動点	℃	2.0	−8.0	—	—
高位発熱量	MJ/kg	—	—	1.5	22.4
低位発熱量	MJ/kg	24.1	27.6	N.D.	21.0
残留炭素	wt%	16.0	12.0	0.22	21.6
水分	wt%	8.8	7.1	95.0	18.9
揮発成分	wt%	91.1	90.4	4.84	73.7
灰分	wt%	<0.01	<0.01	<0.01	0.03

5.3　タール燃焼装置

タール燃焼装置は，重質タールバーナ，加熱軽質タールバーナ，タール燃焼炉，散水噴霧の4つの装置構成になっている。重質タール燃料もしくは加熱軽質タール燃料を燃やす場合には，動粘度が高いため一般的な圧力噴霧方式のバーナを使用することは詰まりの要因になる。そこで，噴霧用のエアを用いたエアスプレー方式で微粒化を行うことになる。これらのバーナと燃焼炉について説明する。

5.3.1　重質タールバーナ

本バーナは，重質タール用ノズルと灯油ノズルの2本で構成されている。それぞれがエア噴霧によって動粘度の高い燃料を微粒化する。バーナ単体でタールを燃焼する場合には混焼燃焼を基本とする。混焼する燃料は灯油またはA重油を使用する。ガス燃料と混焼の場合には，都市ガスまたはプロパンガスを使用する。バイオマス発電所でタール燃焼炉と一緒に使用する場合には専焼も可能である。図3に重質タールバーナの外形を示す。図4に示すようにノズルから噴霧された油滴はミックスチャンバーからの輻射熱を利用し，液体からのガス化が促進され火炎を形成する。

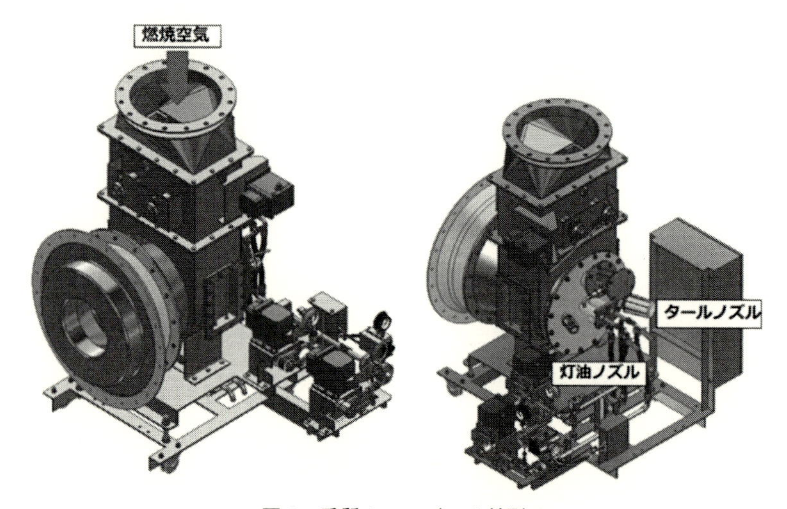

図3　重質タールバーナ外形

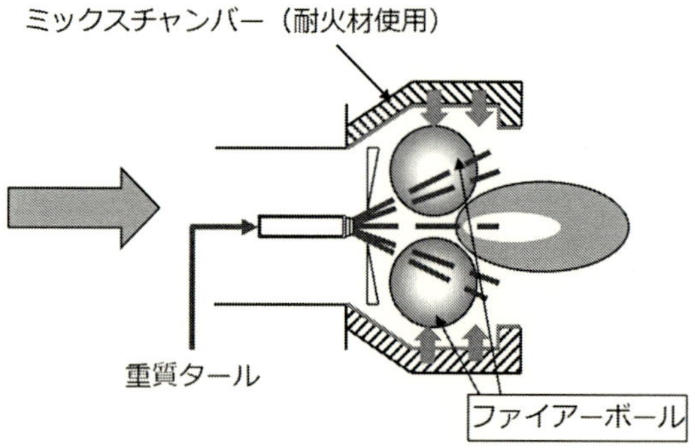

図4　重質タール燃焼の模式図

5.3.2　加熱軽質タールバーナ

タール上澄み液中の水分を廃熱を使用し蒸発させ加熱軽質タール燃料を製造する。加熱時間と水分の量によって動粘度が変わるため重質タールよりも品質（成分割合）が安定しない燃料になる。動粘度が変わることで，噴霧した時の粒子径に影響を及ぼす。その結果，加熱軽質タールによる専焼を維持し続けることはできないこともあり，補助燃料による火炎の中もしくは高温雰囲気中での混焼燃焼において安定した燃焼火炎を形成することになる。また，加熱軽質タールは水分を完全に除去すると固化し配管内部での詰まりが頻発することもあるため燃料のハンドリング性に注意が必要である。

図5に加熱軽質タールバーナの全体形状を示す。加熱軽質タールバーナは図6のように炉内に燃料が噴霧され，上部側より予熱空気が導入される。さらには，ノズル本体と周辺が上部からの300℃の高温空気に晒され，ノズル全体の昇温と内部液体の加熱に使用され霧化後のガス化を促進することができる。図7に噴霧後の加熱軽質タール燃焼状態を示す。

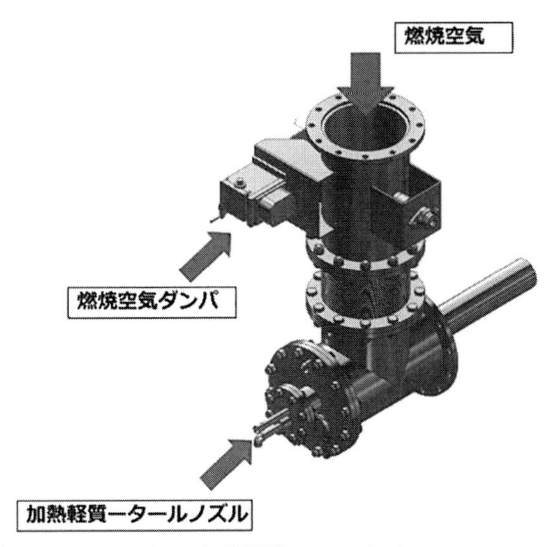

図5　加熱軽質タールバーナ

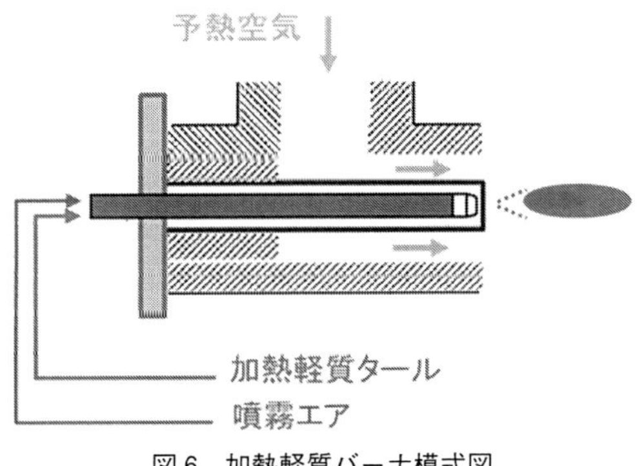

図6　加熱軽質バーナ模式図

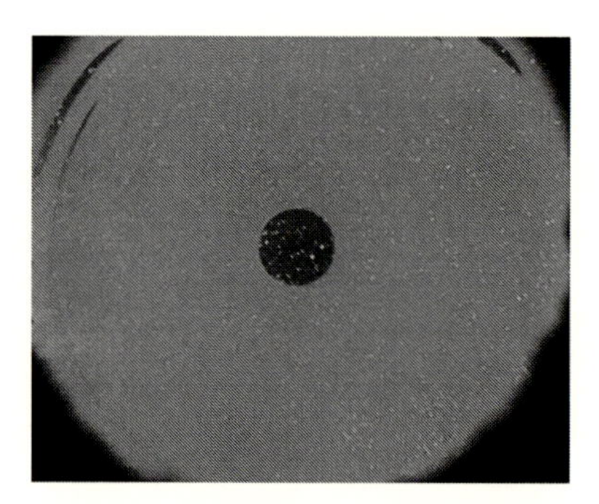

図７　加熱軽質タール燃焼状態

5.3.3　タール燃焼炉[3)]

バイオマス発電所で熱源に化石燃料を使用することは運用上のデメリットになる。そのため，いかにタールを専焼で燃焼させ熱源として有効利用できるかという点が運用上のキーポイントになる。よって，運用中にどのような性状の燃料がノズルから噴霧されても火炎を維持し続けることがタール燃焼装置での性能の一つになる。これらを維持するための必須条件として，タール燃焼炉の設置と設計が重要である。

タール燃焼炉はバイオマス発電設備の停止時からの立ち上げ時に，最初の木質ガスをガスエンジンに直接導入するにはリスクがある。これらのガスも全量タール燃焼炉へ導入し無害化処理を行うことができる。

タール燃焼炉は，重質タールバーナの上部から入った排気ガスが旋回しながら予熱され，加熱軽質タールバーナ中の火炎と接触しながら無害化される構造にしている。それぞれの炉内設置位置を数値計算で最適化することでより効率の良い排ガス処理と燃焼を維持できるように最適化を図った。この時，滞留時間の確保と偏流を抑制できるような構造にしている。

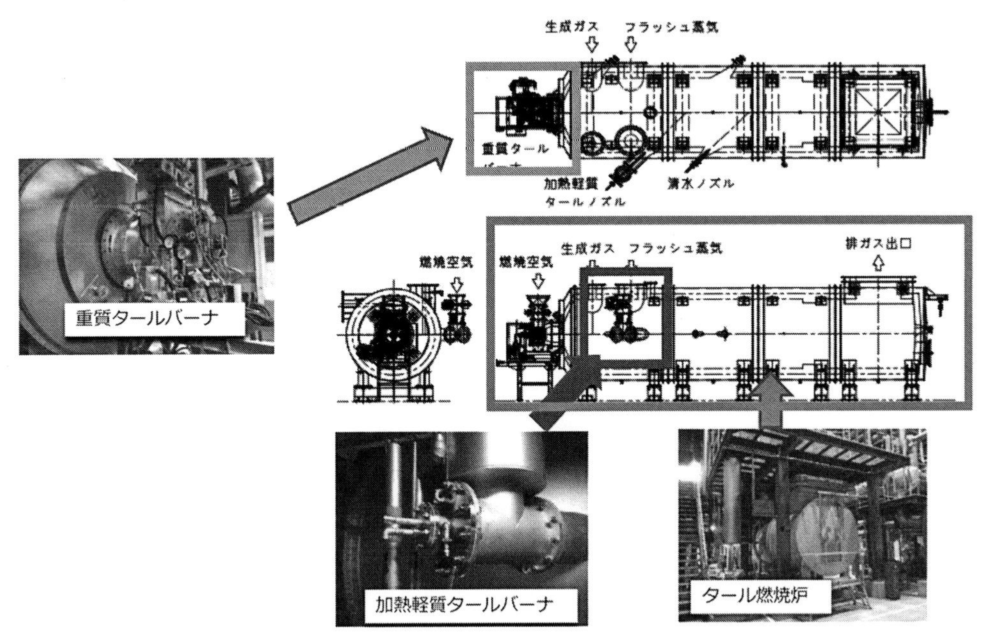

図8　タール燃焼炉と各バーナの設置場所

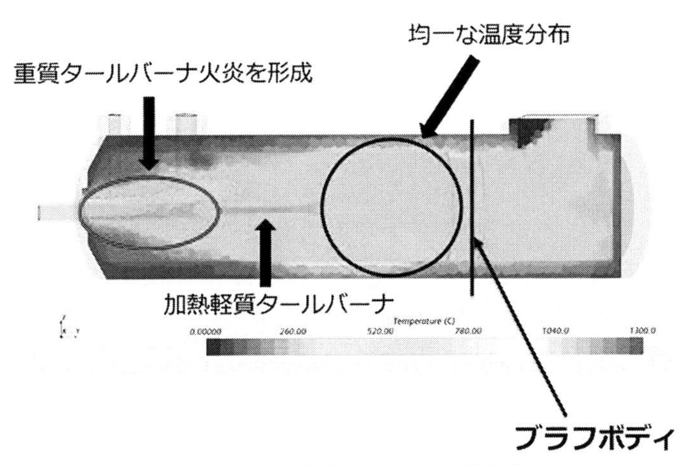

図9　タール燃料炉内温度分布（側面）

5.4　木質由来ガスの処理状況

タール燃焼装置で処理する木質由来ガスは，大きく分けると二種類になる。ひとつは，発電所内のガス化炉を起動したときに発生する木質系の乾留ガス。もう一つは，タール上澄み液を蒸発させた時に発生する刺激臭の強い水蒸気である。それぞれ，タール系の臭いと酢酸臭が強くそのまま大気へ放出することはできないため，これらをタール燃焼装置へ導入し無害化する。図10に実測した値を示す。これらはタール燃焼装置導入口と出口で測定したものである。それぞれの臭気指数結果は，入口61（臭気濃度1,258,925）と非常に高い数値になっているが出口では20

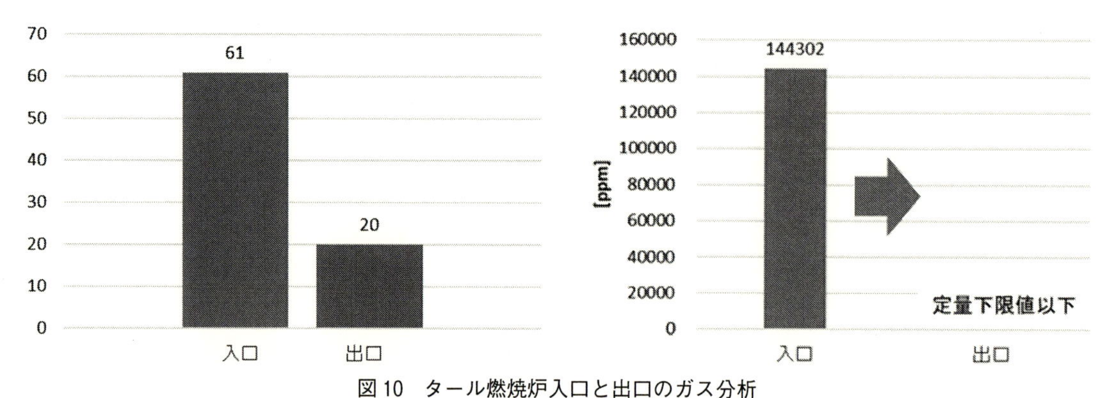

図 10　タール燃焼炉入口と出口のガス分析
（左：臭気指数，右：THC 濃度 4 %換算）

（臭気濃度 100）まで減少し，ほぼ無臭の状態まで処理することができている。全炭化水素濃度（以下，THC）においてもタール燃焼炉出口では検出できない状態まで処理され，タールを燃料として利用しながら排ガスを無害化している。

5.5　プラント運用時のランニング

従来の弊社排ガス処理装置のイニシャルとランニングの費用を比較する。従来装置に対してタール燃焼装置はバーナが 2 基設置されている。さらに，燃焼炉の容積も従来よりも大きくなっており設備投資費用は高くなっているが，燃料代が大きく削減できている。納入し実稼働しているバイオマス発電所設備は年間稼働期間が 11 か月の 24 時間運転であるため燃料費の削減が運用メリットに大きく寄与している。

また，従来，タールを処理するための産業廃棄物処理費用が発生するが，タールを利用するため燃料費削減と合わせてランニングへのメリットに変換されている。メンテナンス費用は機器点数が増えた分増加しているが，部品の予備品との交換により稼働時間を減らすことなく運用することで，総合的に大きなメリットを見出している。

表２　イニシャル費用とランニング費用の比較

	従来装置	タール燃焼装置
イニシャルコスト 排ガス処理装置費用	100	111
ランニングコスト 燃料代 電気代 メンテナンス費用 産業廃棄物処理費用	 9.13 0.23 0.01 2.22	 0.10 0.98 0.03 0.00
合計	11.58	1.11

5.6　最後に

木質材料由来で発生するタールは，材料の種類や伐採した季節によって成分や水分量に変化がみられるため，タール燃料自体非常に不安定な燃料になる。そのため，この燃料を利用するときの懸念点として出力の低下や失火などがあるが，重質タールバーナや加熱軽質タールバーナ，タール燃焼炉を使用することで100％の専焼でも火炎を維持し熱利用することが可能になり，発電所内でのタール有効利用を実現している。

文　献

1）三機工業㈱，岩井良博，クリーンエネルギー，pp. 58-62（2017. 12）
2）化学工学会，日本エネルギー学会共編「バイオマスプロセスハンドブック」，オーム社，p. 123（2012）
3）今田雄司，北野祐樹，NIKKO TECHNICAL REPORT，No. 3，pp. 55-62（2022）

第3章　バイオガスプラントの動向

1　バイオガス事業の現状と課題

三崎岳郎*

1.1　はじめに

㈱バイオガスラボはバイオガス事業専門のコンサルタントであり，ラボテストの実施及びその結果を基にしたコンサルタントの業態を取っている。

ここでは，国内におけるバイオガス事業の現状と課題について述べる。

1.2　バイオガス事業の特徴

1.2.1　他の再生可能エネルギー事業との違い

バイオガス事業は他の再生可能エネルギー事業と比べて大きな違いがある。

その違いとはエネルギーの源となる原料の多くが廃棄物由来のバイオマスであるということである。そのため，自家処理としての家畜ふん尿のバイオガス施設を除き，地域の廃棄物を収集して処理をする廃棄物処理施設として取り扱われることが多い。

そのため，バイオガス施設は地域の重要なインフラ設備としての性格を有しており，長期間にわたり重要な施設として存在することになる。

さらに，バイオガス事業は太陽光発電事業や風力発電事業と異なり天候に左右されず安定的なベース電源としての価値も有している。

したがって，バイオガス施設は廃棄物（バイオマス）の処理と再生可能エネルギー創生といった二つの面を保有していると言える。この点が他の再生可能エネルギー事業と大きく異なっている点である。

1.2.2　技術的な特徴

(1)　原料の多種多様性

バイオガス事業の主たる技術であるメタン発酵技術の一つの大きな特徴は混合発酵が可能であるということである。

そのため，様々なバイオマスを組み合わせることによりその地域に合致した最適なスキームが検討できるメリットがある。

資源エネルギー庁が分類したバイオマスの分類の一例を図1に示す。

---

*　Takao MISAKI　㈱バイオガスラボ　代表取締役

	木質系	農業・畜水産系	建築廃材系
乾燥系	林地残材 製材廃材	農業残渣 （稲藁、バガス等） 家畜排せつ物 （鶏ふん）	建築廃材
	食品産業系		生活系
湿潤系	食品加工廃棄物 水産加工残渣	家畜排せつ物 (牛豚ふん尿)	下水汚泥 し尿 厨芥ごみ
	製紙工場系		
その他	黒液・廃材 古紙(セルロース)	糖・でんぷん 甘藷 菜種 パーム油(ヤシ)	産業食用油

図１　バイオマスの分類例

資源エネルギー庁ホームページ「バイオマスの分類」より

分類されたバイオマスのすべてはバイオガス事業により処理が可能である。これはバイオガス事業の非常に大きなメリットであり，国内の様々な地域での事業の検討が可能である。

そのために，原料の選択肢が増え，バイオガス施設の能力の算定や安定性の確認が非常に重要になってきている。

(2)　副産物の有効利用

バイオガス施設からはバイオマスを処理したときにバイオガスと消化液という２種類の副産物が発生する。バイオガスにはメタンが含まれているために発電機やボイラーの燃料として有効利用できる。消化液中には窒素，リン，カリといった肥効成分が含まれていることから液体肥料として有効利用できる。このように，バイオガス施設から発生する副産物がすべて有効利用できる可能性があることもバイオガス事業の特徴といえる。

1.2.3　事業スキームの多様性

バイオガス事業の事業目的は大きく環境保全事業とエネルギー創生事業の２種が考えられる。

バイオガス事業は古くから実施されていた事業であり，し尿処理施設や下水道施設の汚泥処理に適用されていたがその主たる目的は環境保全であった。その後，省エネルギーの機運も高まり，固定価格買取制度（Feed in Talif：以下 FIT）の実施などにより近年はエネルギー事業としての側面が非常に大きくなってきている。また，公共事業以外にも民間独自の事業も多くなっており，多くの事業者がバイオガス事業を推進しようとしている。

バイオガス施設を廃棄物処理施設として建設する場合には廃棄物処理法や水質汚濁防止法など

多くの法律に準拠しなければならない。

中でも廃棄物処理法においては特定施設の許可申請は事前協議の期間を含めると1年近くを要する場合が多い。また，生活環境影響調査にも半年程度要する場合がある。その他，説明会開催等地域住民への理解の醸成なども非常に重要となる。

バイオガス事業の実施にはこのような手順を踏む必要があり，本格稼働するためには他の事業に比べて相当に長いリードタイムを必要とする。

1.2.4　脱炭素化社会への貢献

カーボンニュートラルであるバイオマスを原料としているバイオガス事業は脱炭素化社会への貢献が期待されている。

したがって，バイオガス事業を行う企業，団体の目的が再生可能エネルギーの創出により利益を得るとともに，脱炭素社会への貢献を第一義として実施することが増加しつつある。

1.3　バイオガス事業の現状

1.3.1　FIT 制度における ID 認定の現状

2012年に FIT 制度が始まった。これにより，売電収入が期待できるようになりバイオガス施設も普及し始めた。図2に認定取得件数の推移を示す。コロナの時期にやや件数の減少が見られたが2022年，2023年と増加しており，累計として352か所となっている。

図3には認定を受けた総発電量と1件当たりの発電規模の推移を示す。全期間累計で総発電量は141.8 MW，1件当たりの平均発電規模が0.4 MW であった。

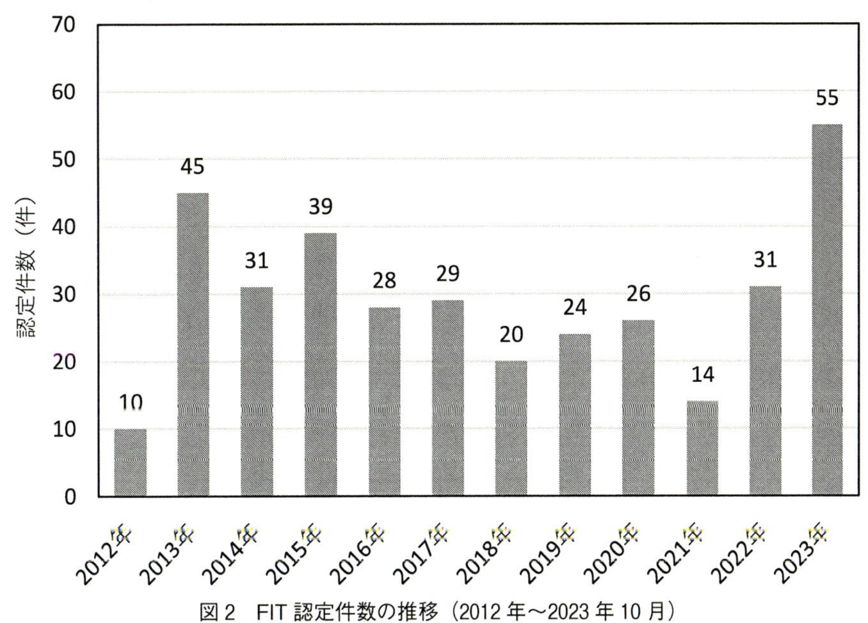

図2　FIT 認定件数の推移（2012年～2023年10月）
（出典：㈱バイオガスラボ編集）

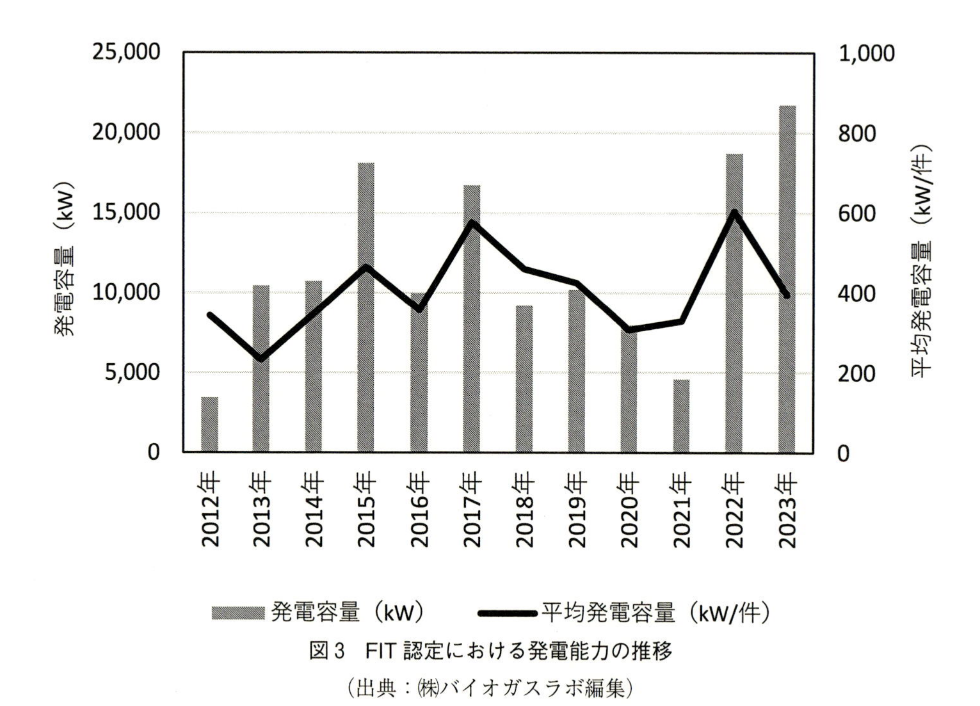

図3　FIT 認定における発電能力の推移

（出典：㈱バイオガスラボ編集）

なお，ここに示す数字は，経済産業省が公表している事業計画認定情報（https://www.fit-portal.go.jp/PublicInfo）を基に当社が独自にバイオガス施設と判断しまとめた数字であり，詳細は実際とやや異なっていることがある点はご容赦願いたい。以後「㈱バイオガスラボ編集」とする。

1.3.2　国内の普及状況

表1に前項と同じく事業認定件数の総数のうち，対象となっているバイオマスの内訳を国内の10地方毎に示した。

件数としては小規模な牧場におけるバイオガス施設の多い北海道が多く，次いで関東，東海，九州・沖縄，近畿の順となっている。発電規模の視点では，北海道と関東がほぼ同等であり，次いで九州・沖縄，東海，近畿となっている。

表1　地域別の事業認定件数と発電規模

年	北海道	東北	関東	甲信越	北陸	東海	近畿	中国	四国	九州・沖縄	計
件	124	18	52	13	6	44	31	21	7	36	352
MW	31.9	6.8	29.4	4.9	1.9	18.8	15.7	8.6	2.3	21.5	141.8

（出典：㈱バイオガスラボ編集）

1.3.3　対象としているバイオマスの内訳

図4に対象としているバイオマスの種類別の認定件数の推移を示す。家畜ふん尿が全体の46%，食品残渣，下水汚泥がほぼ同等であり，この3種類のバイオマスは均等にバイオガス化されていると考えられる。

現状としては年間平均30か所程度の施設がFITの認定を受けている。2021年はコロナの影響もあったと考えられるが，2022年，2023年と増加傾向にある。

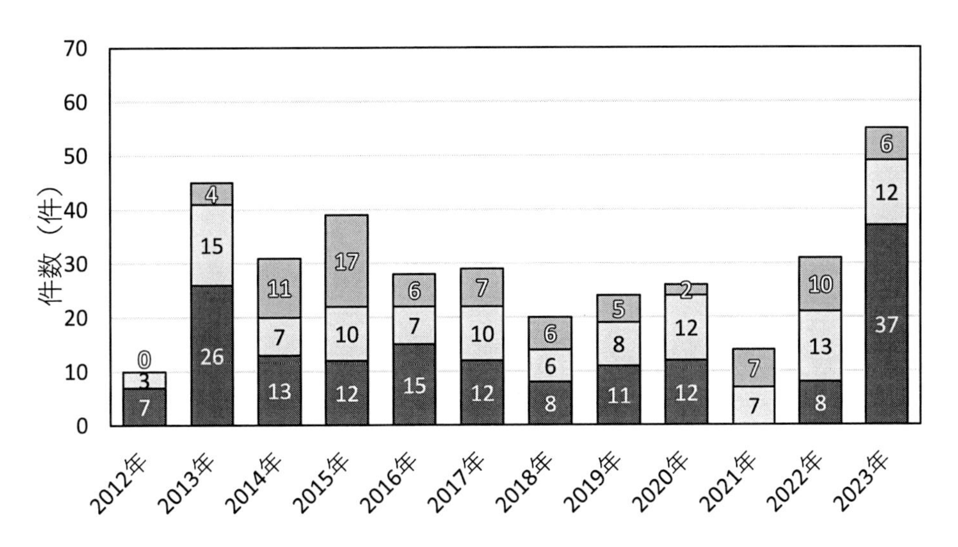

図4　バイオマス別の認定件数の推移

（出典：㈱バイオガスラボ編集）

1.4　バイオガス事業の課題

1.4.1　事業上の課題

(1)　適正な処理規模の確保

近年，施設を建設しても稼働後に原料の確保が難しいケースが見受けられる。検討当初に収集可能な原料の種類と量を十分に把握しておく必要がある。

また，収集量だけでなく，収集可能な種類もある程度把握しておく必要があるが，これは性状が変わるとガス発生量が変化するためである。そのためには，事前に収集の対象とするバイオマスからどの程度のエネルギーを得ることができるのか確認しておくのが良い。

(2)　建設費用の高騰と事業性の確保

近年建設物価が大幅に上昇し，事業性を圧迫している。バイオガス施設には安全を担保しながら合理的な計画，設計が求められる。バイオガス施設の事業性を左右するより大きな要因は維持管理費である。維持管理費には，施設で使用する機器類の電力費，脱硫剤や水処理，脱水，脱臭に使用する薬品費，機器消耗品，補修費及び人件費などが含まれる。事業実施においては事前にこれらの数値をできるだけ詳細に把握し，事業計画を立てる必要がある。

1.4.2 技術的な課題

技術的な課題としては，次の項目が考えられる。

(1) 多様なバイオマスの受入に対応する前処理装置の開発

バイオガス施設としてはできるだけ多種多様なバイオマスを受け入れ施設能力を確保しておくことが重要である。そのようなバイオマスの性状に対応しメタン発酵設備に均質に移送することが可能な前処理技術が必要となる。現状よりもさらに効率の良い前処理装置の開発が望まれる。

(2) 発電機の選定

現状ではバイオガス施設の収入の多くを売電に頼らざるを得ないが，不純物を含むバイオガスを燃料とするガス発電機は保守が重要である。しかしながら，海外製の発電機を採用した場合には保守部品の価格が高くさらにその納期も長期間となるため発電機の停止期間が予想以上に長くなり，収入の確保が難しくなる可能性がある。国産の発電機や部品の供給が円滑に行うことのできる発電機の選定が必要である。

(3) 消化液の有効利用

バイオガス施設における建設費及び維持管理費の内訳で大きな割合を占めるのが消化液の水処理設備にかかる費用である。消化液の農地への有効利用はバイオガス施設の事業性を高める観点でも重要であるとともに，地域との関連性を十分に待たせるためにも必要である。現在は，消化液の有効利用法が確立されておらず地域特性に合った使い方の検討が望まれる。

(4) 消化液の水処理技術の開発

消化液の有効利用が難しい地域において，消化液は一定の水処理を行い公共水域もしくは下水道に放流する必要がある。公共水域における厳しい規制値を満足するためには，消化液を薬注脱水し，生物学的脱窒素法と高度処理を組み合わせる方式が一般的である。しかしながらこの方式は建設費及び維持管理費が高く事業性を圧迫することが多い。したがって，現在はバイオガス施設の建設においてはその水処理水を比較的規制値の高い下水道への放流をせざるをえない。これはバイオガス施設の立地条件の制約要因となっている。今後は，例えばアナモックス法といった建設費及び維持管理の安価な消化液処理方式の開発が望まれる。

1.4.3 情報の共有と技術者の養成

多くのバイオガス施設や研究者，技術者は有効な情報を保有しているが，その情報の共有がなされていないために同様の課題解決に苦労している。したがって，国内にバイオガス施設が増加するにつれ，様々な情報の共有が求められている。

また，新しくバイオガス施設を建設する際や稼働した施設を安定的に稼働させるためには一定の技術知識が必要である。しかしながら，現状はバイオガス事業やメタン発酵技術に精通している人材は不足している。先に述べた情報の共有とともに技術者の養成も重要な課題である。

1.4.4　卒 FIT 対応

FIT は買取期間が 20 年と定められている。経済産業省では買取期間が満了となった状況のことを「卒 FIT」とよび，その対応を求めている。バイオガス施設は先に述べたように地域のインフラとして重要な位置を占めているため，20 年後も継続的な稼働が求められることが多いと推察できる。したがって，卒 FIT 時における施設の運営，特に収益確保の面についてもあらかじめ検討しておく必要がある。

1.5　バイオガス事業の今後

バイオガス事業は脱炭素社会へ貢献する重要な事業である。また，FIT 認定時に地域要件が課せられている通り，レジリエンスなど地域との連携できる重要な位置を占めている。このような面からもバイオガス事業は今後も増加していくと考えられる。

現在，バイオガスは発電に有効利用されているが，FIT 制度の恩恵を受けている面もある。卒 FIT への対応も重要になってきている。そのためには発電に変わるバイオガスの有効利用方法の開発や消化液の有効利用の促進が重要である。

近年，バイオガスを精製したバイオメタンを地元のガス会社に販売している事例やバイオメタンから水素を製造したりする取り組みも行われてきている。

消化液の有効利用の一方策としては，消化液を濃縮し量の削減による散布労力の軽減や肥効成分の濃度を高めることを目指し，有効利用を推進することを目的とした施設が建設されている。

一例として岡山県笠岡市に 2024 年に稼働した「かぶとバイオファーム発電所」は笠岡干拓地内の 7 牧場を主体として乳牛ふん尿を処理する国内でも有数の大規模バイオガス発電所であり，一日約 300 トン近く発生する消化液を減圧濃縮し，濃縮消化液と放流可能な凝縮液とに分離するという新しい技術を採用している。同じく，岡山県の真庭市が建設したバイオガス施設（真庭市くらしの循環センター）では消化液を新しい濃縮技術を採用して高濃度窒素を含むバイオ液肥を製造している。このように，消化液の濃縮技術の開発検討も重要となってくるであろう。

今後は，脱炭素社会への貢献を主目的としてバイオガス事業が増加すると考えられ，小規模な施設も大規模施設と同様に検討されることになるなどバイオガス事業のより一層の普及が望まれる。

2 下水汚泥のバイオガス化技術

片岡直明*

2.1 はじめに

2050年カーボンニュートラルの実現に向けて，わが国は2030年度において温室効果ガスを2013年度から46%削減を目指すこと，さらに50%の高みに向けて挑戦を続けることを表明している[1)]。

下水道分野では，約530万t-CO_2(2019年度実績)の温室効果ガスが排出されている。令和3年10月に閣議決定された地球温暖化対策計画では，下水道において，2030年度の温室効果ガス排出量を2013年度比で208万t-CO_2削減する目標が掲げられ，下記2項目が位置付けられている[2)]。

(1) 創エネ・省エネ対策の推進(省エネで約60万t-CO_2，創エネで約70万t-CO_2削減により，130万t-CO_2の削減)

(2) 下水汚泥焼却施設における燃焼の高度化等(78万t-CO_2の削減)

上記目標の達成のためには，下水処理場を活用した地域バイオマスの受入や下水熱の推進等の取組の推進により地域全体での効率的なエネルギー利用が必要としている。

そこで本稿では，下水汚泥のエネルギー利用の観点から，従来よりも高効率かつ低コストのバイオガス回収型消化装置の開発事例，下水汚泥と食品製造廃棄物などを混合してメタン発酵処理している地域バイオマス利活用施設の事例，について紹介する。

2.2 下水汚泥の高効率ガス回収型消化装置(高濃度汚泥消化システム)の開発事例

2015年の下水道法改正で，下水汚泥を燃料又は肥料として再利用することが努力義務化された。下水汚泥は，下水道を通じて集約可能なバイオマスであり，下水汚泥中の固形物の約8割は有機物としてエネルギー利用可能で，質や量も比較的安定でありながら，下水汚泥中の有機物のうち，バイオガス発電や固形燃料化等のエネルギー利用された割合は2022年度時点では約26%である(下水汚泥エネルギー化率)[2)]。すなわち，下水汚泥有機物量の74%がバイオマスとして活用可能であることから，2030年度までに下水汚泥エネルギー化率を37%まで向上させることで，約70万t-CO_2削減を目標としている。

このような課題に対して，下水汚泥を対象とした嫌気性消化工程でのバイオガス回収の重要性は一層高まっており，下水汚泥のバイオガス化技術に対する開発の期待は高い。ここでは，その大きな柱となりつつある高濃度汚泥消化技術について開発事例を紹介する。

---

* Naoaki KATAOKA 水ingエンジニアリング㈱ 企画開発本部 基盤技術研究センター

2.2.1　高濃度汚泥消化システムの特長

開発した高濃度汚泥消化システム概要を図1に，従来の汚泥消化法と高濃度汚泥消化法の比較を表1に示す。本システムは，①投入汚泥の高濃度化，②単段による中温消化と消化日数の短縮により，消化槽容量が大幅に小型化され，消費エネルギーが少なく，消化槽容量あたりの消化ガス発生量の増加が可能である。

通常の下水汚泥の嫌気性消化では，一般的な投入固形物（TS）濃度が3～4％程度，高くても5％程度であり，汚泥消化工程での汚泥濃度をより高濃度化して容積を減らすことで，消化工程で加温に要するエネルギーが削減されることが期待できる[3]。具体的には，効率的な濃縮が可能な濃度範囲で，汚泥消化時にアンモニアなどによる発酵阻害が発生せず，消化反応効率低下の無い投入TS濃度約8％とし，投入汚泥量（容量）を従来比1/4～1/3とした。本技術は，下水汚泥のエネルギー回収装置として最適化・高効率化させた汚泥消化装置（高濃度汚泥消化システム）とされ，公益社団法人日本下水道新技術推進機構より建設技術審査証明を取得している[4]。

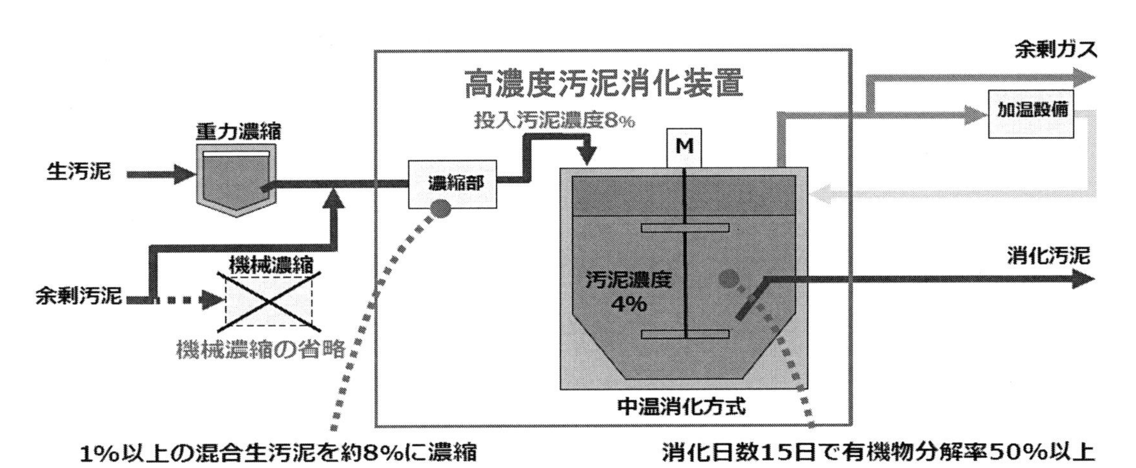

図1　高濃度汚泥消化システム[5,6]

表1　嫌気性消化の条件[7,8]

		従来法	高濃度消化法
消化日数	(日)	20～30	15
投入汚泥濃度（TS）	(%)	2～4	8
消化温度	(℃)	35～37	

2.2.2 高濃度汚泥消化システムの評価（室内実験）

(1) 投入汚泥の濃縮技術

下水汚泥の濃縮試験結果を表2に示す。汚泥濃縮試験では，初沈重力濃縮汚泥と余剰汚泥の混合汚泥（初沈：余剰固形物混合比＝2.5：1）に高分子凝集剤を添加して濃縮装置で処理した結果，薬注率0.3～0.5%（対TS）の条件で，混合生汚泥のTS濃度平均1.4%に対し濃縮汚泥TS濃度は平均8.4%，固形物回収率は平均96.0%であった。

表2 下水汚泥の濃縮試験結果[7)]

		濃縮試験結果	
		範囲	平均
投入汚泥濃度	(%)	0.9～1.9	1.4
薬注率	(%，対TS)	0.30～0.52	0.41
濃縮汚泥濃度	(%)	7.1～9.8	8.4
固形物回収率	(%)	94.2～99.1	96.0

(2) 高濃度消化技術

混合生汚泥（重力濃縮初沈汚泥＋機械濃縮余剰汚泥）をそのまま消化槽へ投入した従来型消化と，高分子凝集剤の添加率0.5%（対TS比）で濃縮した濃縮汚泥を投入とした高濃度消化の連続処理実験で，嫌気性消化の性能比較を行った。実験に用いた発酵装置は，耐熱塩化ビニル製，有効容積25 L，完全混合型の機械撹拌，37℃温水循環方式である（図2）。本実験の消化温度は36～37℃，消化日数は従来型消化で25～33日，高濃度消化で15～16日で行った。

従来型消化と高濃度消化の連続実験におけるHRT条件と消化ガス発生量，投入VS当りの消化ガス発生率及び消化ガス中のメタン濃度の変化を図3に示す。従来型消化は，HRT 33日，TS容積負荷1.2～1.3 kg/m^3・日の条件での約1ヶ月間の連続運転において，消化ガス発生率0.50 m^3(NTP)/kg-VS・日，平均メタン濃度67%であった。高濃度消化は，HRT 15～16日，TS容積負荷5.6～5.9 kg/m^3・日の条件での約2ヶ月間の連続運転において，消化ガス発生量はほぼ安定して推移し，この期間の平均で0.47 m^3(NTP)/kg-VS・日，メタン濃度は平均63%であった。VS除去率，消化率ともに高濃度消化の方が2～4%低かった（表3）。高濃度消化では，汚泥濃縮処理時に溶解性有機物の一部が流出したためにガス発生量が少なくなったものと考えられる。

なお，高濃度消化時のアンモニアによる影響について，温度，pH，アンモニア性窒素濃度から汚泥中の遊離アンモニア濃度を計算すると平均で50 mg/L程度であり，発酵阻害が起こるレベルではないものと考えられる。

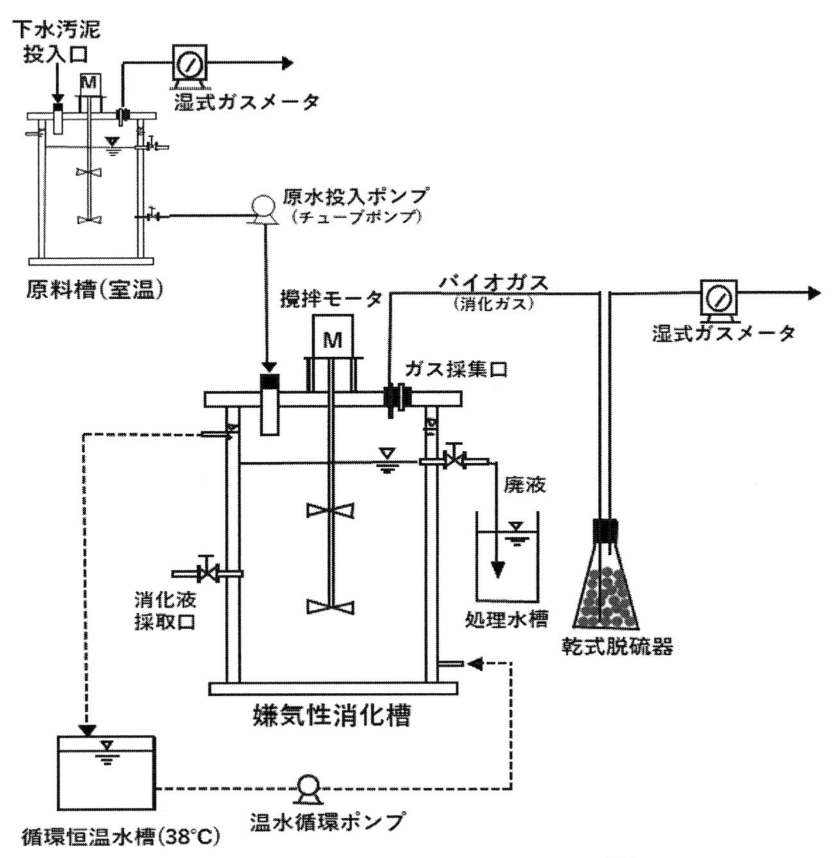

図2　下水汚泥の嫌気性消化試験装置概略図[7,8]

表3　従来型消化と高濃度消化の消化性能比較[5,6]

		従来型消化[a]		高濃度消化[b]	
		投入汚泥	消化汚泥	投入汚泥	消化汚泥
pH	(−)	5.3	7.3	5.4	7.4
TS	(mg/L)	32,000	17,500	75,600	39,900
VS	(mg/L)	27,200	11,800	64,900	29,300
VS 分解率	(%)	57		53	
ガス発生率	(L(NTP)/g-VS・日))	0.50		0.47	
CH_4	(%)	67		63	
消化率[c]	(%)	63		61	

a) HRT 33日，TS容積負荷 1.2-1.3 g-TS/(L・日)

b) HRT 15-16日，TS容積負荷 5.6-5.9 g-TS/(L・日)

c) 消化率 = $(1 - FS_1 \cdot VS_2 / VS_1 \cdot FS_2) \times 100$

FS_1，FS_2：投入汚泥，消化汚泥の無機分（%）

VS_1，VS_2：投入汚泥，消化汚泥の有機分（%）

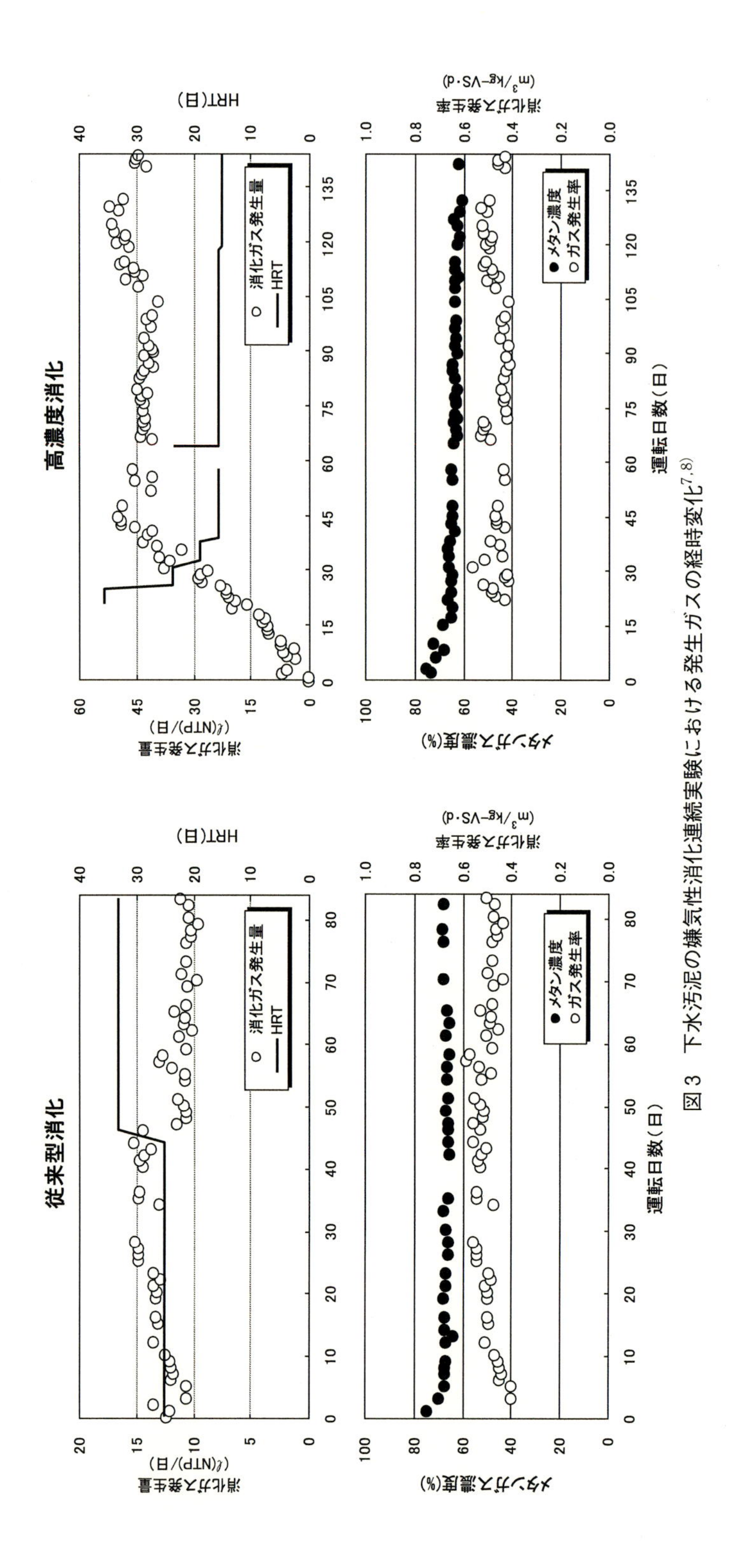

図3　下水汚泥の嫌気性消化連続実験における発生ガスの経時変化[7,8]

(3)　汚泥消化設備での消費エネルギー

汚泥濃縮処理時に溶解性有機物の一部は流出するため，高濃度消化のメタンガス発生量は従来消化より約8％低下した。しかし，高濃度消化は投入汚泥濃度を従来比2～4倍に高濃度化するので投入汚泥量は1/4～1/2となり，汚泥の加温熱量は低減される。嫌気性消化での加温に要する消化ガス量は，発生消化ガス量の30％程度であることから，高濃度消化法では加温に要する消化ガス量を発生消化ガス量の15％程度以下に低減可能である。

すなわち，高濃度汚泥消化システムでは，投入汚泥TS濃度約8％，HRT 15日の条件で安定した中温嫌気性消化が可能であり，以下の効果が期待できる。

①消化日数短縮（1/2～3/4）×投入汚泥容量低減（1/4～1/2）により，消化槽容量1/8～3/8の小型化が可能

②消化槽小型化による設備コストの低減

③消化槽の運転エネルギーの低減および有効利用可能なエネルギーの増大

2.2.3　高濃度汚泥消化の開発動向

下水汚泥の高濃度消化について，近年の報告例をまとめた（表4）。下水汚泥性状や処理条件がそれぞれ異なるために完全な比較はできないものの，VS濃度53,400～69,600 mg/Lに濃縮した下水汚泥について，35～37℃の中温，HRT 15～34日，VS容積負荷2.0～4.4 g/L・日で高濃度嫌気性消化した場合，ガス発生率0.47～0.57 L/g-VS，VS分解率53～57％のレベルで安定した消化ができると考えられる。

表4　下水汚泥の高濃度消化性能の比較

		本実験[7]	報告例1[9]	報告例2[10]	報告例3[11]
下水汚泥の濃縮装置	(－)	スクリーン式濃縮	遠心分離	遠心濃縮	非圧入スクリュー式濃縮
汚泥濃縮時の薬注率	(％対TS)	0.3-0.5	—	0.5	0.3-0.6
濃縮汚泥のVS濃度	(mg/L)	64,900	67,100	53,400	69,600
消化温度	(℃)	36-37	35	37	中温
HRT	(日)	15-16	34	23	16
VS容積負荷	(g-VS/L・日)	4.0	2.0	2.3	4.4
ガス発生率	(L/g-VS)	0.47	—	0.57	0.52
VS分解率	(％)	53	56	57	—

2.3　下水処理場における地域バイオマス利活用施設

生ごみ等の地域から発生するバイオマス資源を，下水処理場の既存ストックを活かして集約処理することで，下水処理や廃棄物処理等の省コスト化や効率的な資源・エネルギー化を図ることが可能である。現在，生ごみや剪定枝等の受入を行う下水処理場が全国で9箇所稼働してい

る[12]。下水処理場を衛生化とエネルギー生産に貢献する地域の重要な環境施設，エネルギー拠点として位置づけ，地域の未利用資源を下水処理場でまとめてエネルギー利用する取り組みは今後も期待されている。ここでは，下水汚泥と食品製造廃棄物などを混合してメタン発酵処理している2つの施設を紹介する。

2.3.1 黒部市下水道バイオマスエネルギー利活用施設

下水汚泥と食品残渣との混合消化でバイオガスを回収して有効利用する黒部市下水道バイオマスエネルギー利活用施設が稼動している[13,14]。ここでは，下水道汚泥（濃縮汚泥）65.8 t/d，農業集落排水汚泥 2.7 t/d，浄化槽汚泥 1.9 t/d，近隣の清涼飲料製造工場から発生する食品残渣（コーヒー粕）1.4 t/d，家庭の生ごみ（直投型ディスポーザー）0.4 t/d を混合してメタン発酵している。家庭から出る生ごみ等の粉砕物をそのまま下水道に流す直投型ディスポーザーの活用により，下水処理施設に直接集約によるエネルギー利用が可能で，下水処理場を核とした地域循環圏の形成に加え，生活の利便性向上へも貢献できている[12]。メタン発酵により得られたバイオガスは，バイオガス発電により約 38 万 kWh/年（施設電力の 50%以上）の電力を供給し，発酵後に残った汚泥も乾燥汚泥肥料や固形燃料として全て有効活用することで，バイオマス資源の循環利用システムを構築できている。さらには，廃熱を利用して敷地内に足湯を設けて地域活性化や交流にも役立っている。

2.3.2 豊橋市バイオマス利活用センター

2017 年 10 月からは下水処理場への複合バイオマス受入量が国内最大となる豊橋市バイオマス利活用センターが稼動している[15,16]。ここでは，下水汚泥 351 m^3/d，し尿・浄化槽汚泥 121 m^3/d，生ごみ 59 t/d を集約して 5,000 m^3 のメタン発酵槽 2 基（鋼板製）で約 20 日間かけて中温発酵を行う。生成バイオガスは 1,000 kW のガスエンジン設備（発電効率 38.9%）によるバイオガス発電により，680 万 kWh/年（約 1,890 世帯分）の電力を販売し，消化汚泥は脱水後に 53 t/d の炭化設備で中温炭化により炭化燃料を生成して近隣のバイオマスボイラを持つ工場等へ有価売却により，廃棄物由来のバイオマスを完全エネルギー化している。

2.4 今後の展望

国土交通省は下水道の脱炭素化に向けて，下水道が有するポテンシャルを最大活用し，下水道を拠点とした新たな社会・産業モデルを創出するなど，今後，我々の社会の脱炭素・循環型への転換を先導する「グリーンイノベーション下水道」を目指すとしている[2]。

グリーンイノベーション下水道とは，下水道を拠点とした新たな社会・産業モデルを創出するなど，環境・エネルギー分野の新展開，まちづくりや国際社会の脱炭素化，地域の活性化・強靱化等の牽引などの役割を担う下水道である[1]。今後の施策として，環境省と連携した地域バイオマス（生ごみ，し尿，浄化槽汚泥，農業集落排水汚泥，家畜排せつ物，剪定枝，農作物非食用部など地域で発生するバイオマス）活用環境整備，PPP/PFI の活用等による広域的・効率的な汚泥利用，廃棄物処理施設との連携等，新たな事業実施も着手される。こうした施策において，今回紹介した下水汚泥のバイオガス化技術では，地域バイオマスの取り扱いを熟知し安定した処理性能と設備を有するバイオガス化システムが重要であり，そうしたバイオマス利活用施設が国内外に広く普及していくことで，地域の脱炭素化の核となるグリーンイノベーション下水道が実現していくと考える。

文　献

1) 国土交通省 水管理・国土保全局 下水道部，新下水道ビジョン加速戦略～実現加速へのスパイラルアップ～令和4年度改訂版（2023）
2) 国土交通省 水管理・国土保全局 上下水道，脱炭素化／資源・エネルギー利用，https://www.mlit.go.jp/mizukokudo/sewerage/crd_sewerage_tk_000124.html（2024年12月時点）
3) 日高平ほか，下水道協会誌，**51**(626)，17（2014）
4) 西井啓典ほか，エバラ時報，**253**，18（2017）
5) 片岡直明ほか，粉体工学会誌，**58**(12)，679（2021）
6) 片岡直明，第25回日本水環境学会シンポジウム講演集，p. 171（2022）
7) 片岡直明ほか，環境衛生工学研究，**29**(3)，83（2015）
8) 片岡直明ほか，環境浄化技術，**20**(2)，27（2021）
9) T. Hidaka *et al.*, *Bioresource Technology*, **149**, 177（2013）
10) 古崎康哲ほか，第57回下水道研究発表会講演集，p. 1012（2020）
11) 小倉一輝ほか，第57回下水道研究発表会講演集，p. 1018（2020）
12) 国土交通省 水管理・国土保全局 上下水道，下水道のエネルギー拠点化の推進～地域バイオマスの利活用～，https://www.mlit.go.jp/mizukokudo/sewerage/mizukokudo_sewerage_tk_000628.html（2024年12月時点）
13) 蒲池一将ほか，エバラ時報，**241**，35（2013）
14) 西田重雄，再生と利用，**38**(143)，14（2014）
15) 小倉秀夫ほか，第55回下水道研究発表会講演集，p. 1166（2018）
16) 下田研人，環境浄化技術，**18**(2)，54（2019）

3　次世代型小規模メタン発酵システム

熱田洋一*

3.1　はじめに

メタン発酵（嫌気性消化）は，食品残渣や畜産廃棄物などの未利用・低利用バイオマスからバイオガスを生成する再生可能エネルギー技術として注目されており，徐々に普及が進んでいる。その多くの事例が大規模集約型の設備で，スケールメリットを活かして事業性を確保している。一方で，廃棄物処理コストの削減や企業の社会的評価の向上を目的に，事業者が独自にメタン発酵技術の導入を検討するケースが増えている。しかし，このような導入検討の場面では事業規模が小規模にならざるを得ず，それに適したシステムの開発が求められている。メタン発酵の基本的な機構は規模の大小に関わらず同じであるが，小規模システムでは搬入される原料の性状変化が大きく，成分の偏りが生じやすいといった課題がある。そのため，小規模システムは，投資可能額なども含めて考えると大規模設備とは異なる設計思想が必要となる。さらに，アンモニア阻害などの技術的課題や，発酵後の消化液（液状残渣）の有効利用が進まず排水処理等の費用がかかるといったバイオガス事業全体が抱える課題もあり，これらに対する小規模システムなりの対応が求められている。

そこで，筆者らは小規模な事業でも導入可能な小型のメタン発酵システムの普及を進めてきた。一から小規模システムに適した機器選定を実施し，構造もシンプルなものとした。これらは，導入事業者の特性・要望に合わせてカスタマイズ可能なシステムであり，小規模な事業でも導入が容易なものとしている。本稿では，この導入事例について紹介する。さらに，技術的な課題にも対応し，これまでより処理効率を高めた次世代型メタン発酵システムについても実証試験データも含めて紹介する。

3.2　小規模普及型バイオガス発電システム

筆者らは，これまで13件のメタン発酵システムの設計・施工に関わってきた。それらの原料は，養豚糞尿，酪農牛糞尿，野菜残渣，動植物性残渣，社員食堂残渣，スーパー残渣などで，処理量は数十kg/日～20トン/日と様々なケースのプラント設備の設計・施工を行ってきた。その形状も様々で，超小規模なものは，市販の樹脂製のタンクを改造してメタン発酵槽とするなど，土木工事の簡略化およびプラント設備費を削減するなどの工夫がなされている。図1にその中で最も稼働年数が長い養豚糞尿を原料としたメタン発酵プラント設備の概要を示す。この畜産農家では，母豚100頭の一貫飼育（肥育豚換算1,000頭を飼育）している中小養豚農家である。規模が小さな農家であるが，家畜糞尿はまとまった量を処理する必要がでてくるので，このプラント

＊　Yoichi ATSUTA　㈱豊橋バイオマスソリューションズ　代表取締役社長

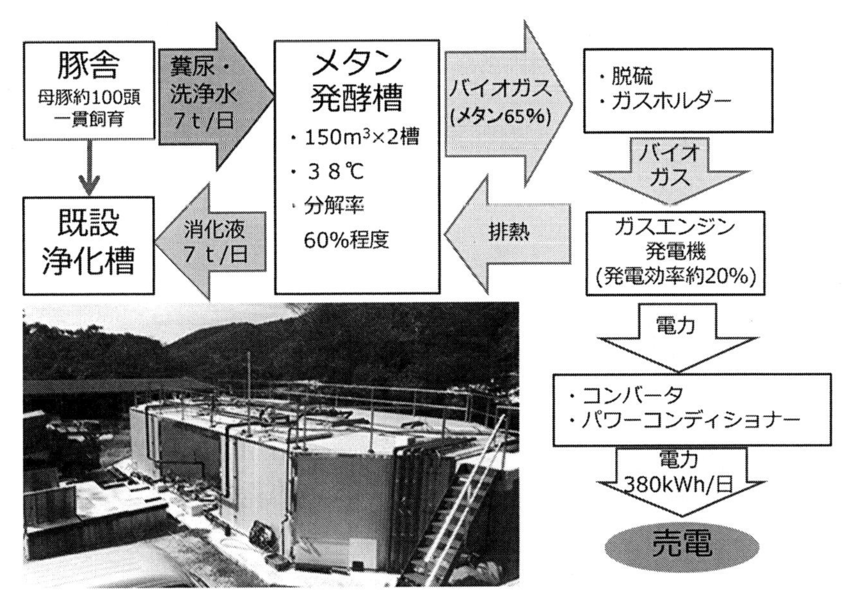

図１　2016年より稼働している養豚糞尿を原料とした小規模メタン発酵プラント設備概要

設備は，鉄筋コンクリート造である。当時，養豚糞尿を原料としたメタン発酵は前例が少なかったが，現在まで安定した運転を実現している。先進的な特徴はないが，攪拌，発泡対策，沈殿物およびスカムの滞留対策などの全ての工程を小規模設備に対応したものに見直してシステム化した。ちなみにこの図１の施設では，補助金等の支援を得ていない。このプラント設備において糞尿のみを用いたメタン発酵により，300 Nm^3/日程度のバイオガスが得られた。

畜産糞尿を原料としたメタン発酵は，食品廃棄物を取扱う場合と比べると原料の栄養バランスの偏りや性状の変動が少ないので安定運転が容易であるが，一方でガスの発生量が少ない。そこで，ここでの事業性を改善する取組として，バイオガスの増加を目的としたメタン発酵助剤を開発[1)]した。図２に食品未利用資源を原料としたメタン発酵助剤による事業性の改善効果について示す。実際に図１のプラントの原料に本発酵助剤 0.65 トン/日を加えたところ 180 kWh/日の売電量を増加させる効果があった。つまり，本発酵助剤１トンを添加すれば，約 280 kWh（× 39 円/kWh ＝約１万円）の事業性を改善する効果がある。発電効率が高い発電を用いればさらなる効果が得られる。この発酵助剤は，メタン発酵およびその消化液（発酵済みの液状残渣）の処理に悪影響が無いことや，上述のような事業性改善効果が得られることを成分分析等により確認して流通させている。図１で示した農家では，発酵助剤２トン/日程度の投入により現在 900 kWh/日程度の売電ができている。

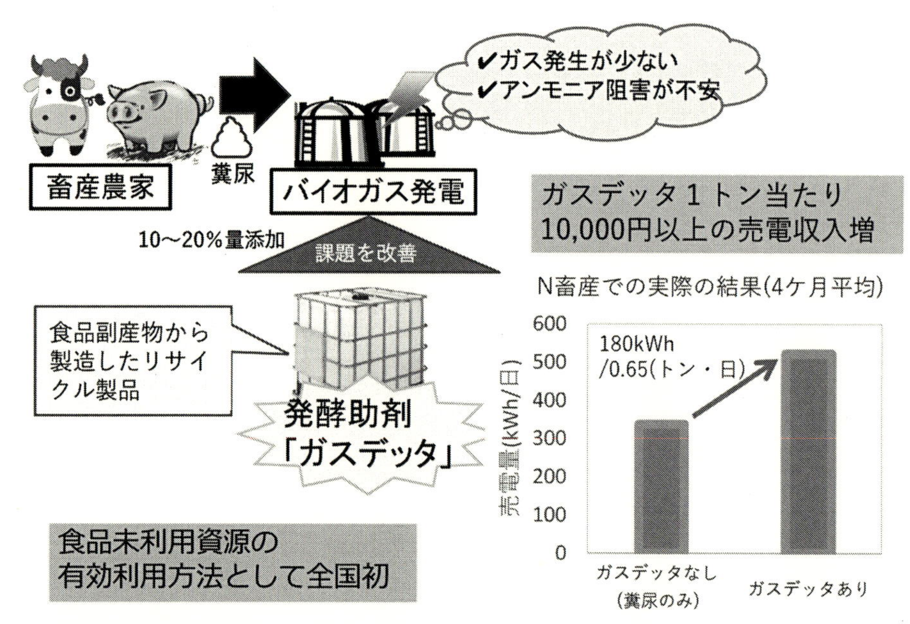

図２　食品未利用資源を原料としたメタン発酵助剤を用いた畜産糞尿系メタン発酵の事業性改善効果
（「ガスデッタ」は，㈱小桝屋の発酵助剤の商品名）

3.3　次世代型小規模メタン発酵システム

上述のように，小規模メタン発酵のプラント設備の社会実装をなんとか進めてきたが，順調に展開できている訳ではなかった。その主な課題を上げると以下の通りである。

①プラント設備の更なるコンパクト化の必要性

メタン発酵（嫌気性消化）は，その特性上比較的処理に時間を要する。そのため，水理学的滞留時間を20～40日程度とすることが一般的である。よって，発酵槽に投入する原料（希釈調整後）量の20～40倍もの容量を持つ発酵槽を必要とすることが費用高の要因になっている。

②環境制御（発酵プロセスの安定化）

発酵槽内を微生物群集に適した条件（温度等）に合わせる必要がある。その中の一つに発酵槽内のアンモニア濃度がある。例えば，鶏糞や高タンパク質な食品残渣等の高窒素濃度なものを原料とすると，嫌気性条件下において窒素成分の多くがアンモニア態窒素になる。このアンモニアは，メタン菌等の活性に対して阻害になる。特に，液相のアンモニウムイオンではなく，それが遊離化した状態のアンモニアが阻害を起こす。現在，このアンモニア阻害対策としては，水等で原料を希釈することが行われている。

③メタン発酵済みの残渣である消化液の処理費用が高額

欧州や北海道では，この消化液を牧草地等に散布できる体制があるので農業利用がなされているが，上述で紹介したプラント設備のほとんどでは，消化液を排水処理等で処理している。この処理には，本技術の導入をためらうほどの費用がかかる場合が多い。

次世代型メタン発酵システム

以下の支援・協力を得て開発中
○愛知県　知の拠点あいち重点プロジェクト　豊橋技科大、弊社、㈱小桝屋　他
○農水省　中小企業イノベーション創出推進事業費補助金　弊社、㈱旭化成、他
○国交省　下水道応用研究　弊社、湖西市、豊橋技科大
○愛知県　あいち環境イノベーション
○豊橋市　未来産業創出事業補助金

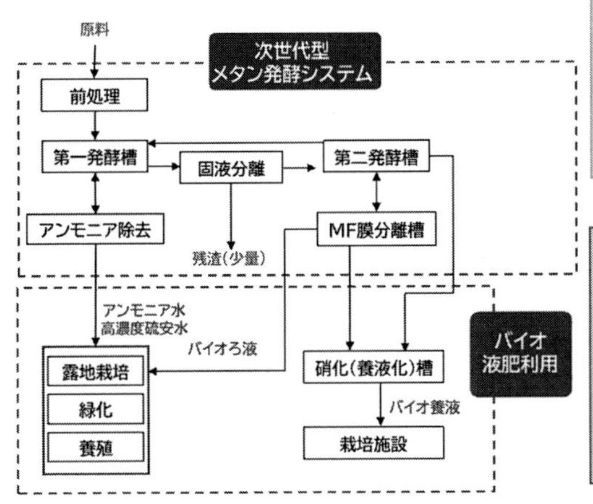

☆従来に比べ２倍以上の処理効率
・本分野の長年の課題「アンモニア阻害」を解決
・CO2の簡易粗分離・回生によるｐH制御
・MF膜分離技術による高濃度微生物処理
特許取得　1件、出願中1件

高品位液肥の製造技術としての機能を増強
・化学肥料に近い利用ができるアンモニア系肥料
・粒子状物質除去・ろ過滅菌されたバイオ液肥
・養液栽培でも利用可能な液肥

図３　次世代型メタン発酵システム概要

このような課題を解決するために，筆者らは次世代型メタン発酵システムの開発を始めた。図3に開発中の次世代型メタン発酵システムの概要を示す。以下で示す技術を導入することにより，次世代型メタン発酵システムは，処理効率が２倍以上（有機物の容積負荷可能量が２倍以上）にできる。つまり，従来と同じ規模で２倍の量もしくは濃度の原料を処理することが可能である。

A.　精密ろ過膜による汚泥分離技術による高濃度微生物処理の実現

一般的なメタン発酵プロセスにおいて，原料中の有機物の一部はバイオガスとして分解されるが，残された消化液（メタン発酵済残渣）は発酵槽から引抜く必要がある。つまり，定時定量を半連続的に原料投入・消化液引抜を繰り返している。この消化液の引抜に伴い増殖が比較的緩やかな嫌気性微生物群集も同時に流亡してしまう。そこで，孔径0.4μmの精密ろ過膜により，微生物群集を分離しながら消化液をろ液として引抜く。これにより，分離膜が対応できる範囲であるが，有機物の分解を担う微生物群集濃度を高く保ちながら余分な消化ろ液を引抜くことができるので，メタン発酵の処理能力が向上できる。さらに，この消化ろ液は，病原菌を含む粒子状物質が除去されており，液肥としての利用がしやすい。また，アンモニウムイオンを始め溶存態の肥料成分が残された状態になるため，即効性の高いバイオ液肥が製造できる。

B. アンモニア除去技術

気体のみが通過できる多孔質かつ疎水性の膜を利用して，消化液からアンモニアを除去する方法と消化液を減圧環境下に置くことでアンモニアを遊離化・揮発させる方法の二つの技術がある。これらでどんな原料でもアンモニア阻害等を防止することができる。ただし，これら二つの技術はどちらも遊離化しやすいアンモニア分を取り除く方法である。つまり，消化液中のアンモニウムイオン濃度が下がってくると遊離化するアンモニアが減少する。よって，排水処理が不要になるレベルまでにアンモニア濃度を低減することはできない。メタン発酵槽にとっては，アンモニアは重要なアルカリ源であり，低減しすぎることも望ましくないのでメタン発酵においては適度な技術と考えている。注意点としては，本技術においてアンモニアの除去と同時に二酸化炭素も遊離化・揮発が生じることで，発酵槽内のpHが好適な値以上にまで上昇してしまうことである。バイオガス中のCO_2を分離して発酵槽内の液相に戻してpHをコントロールするなどの対策が必要である。

ここで，除去したアンモニアはアンモニア水もしくは硫酸アンモニウムとして排出される。これも脱硫に再利用することや液肥としての有効利用を検討している。

写真1には，次世代型メタン発酵システムの実証試験設備（愛知県 知の拠点あいち重点プロジェクトⅣ期（2022～2024年度）「次世代の小規模普及型メタン発酵システムの開発」で設置）を示す。この写真のプラント設備は，実証試験としては大きな規模であり，最大1.5～2トン/日

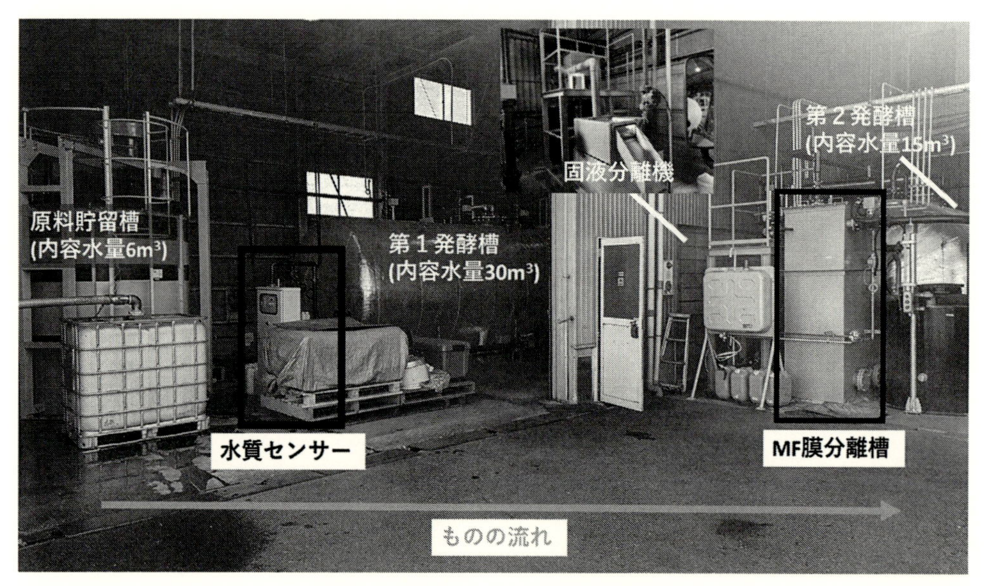

写真1　次世代型メタン発酵システム

（愛知県 知の拠点あいち重点プロジェクトⅣ期「次世代の小規模普及型メタン発酵システムの開発」により設置された実証試験設備　処理可能量：1.5～2トン/日）

程度の原料の処理が可能である。以下では，この実証試験結果を示す。

1）精密ろ過膜による汚泥分離技術導入の効果

図4に原料の投入量およびその期間の平均炭素濃度の変化とそれぞれの条件における炭素分解率（バイオガスの変換された炭素）を示す。ここでの原料は，食品残渣由来のものである。この試験では，2年間ぐらいの時間をかけて，原料を徐々に増加させていった。その途中で精密ろ過（MF：Microfiltration）膜分離設備を増設している。また，原料の希釈等は行っていないので，図中の平均炭素濃度は成行きの値である。精密ろ過（MF）膜分離設備の前後で炭素分解率が上昇している。つまり，膜分離により原料の単位重量当たりのバイオガス発生量が増加していることが分かる。また，その後も炭素負荷量を増大（原料投入量の増加，炭素濃度の上昇）させても炭素分解率が減少することはなかった。

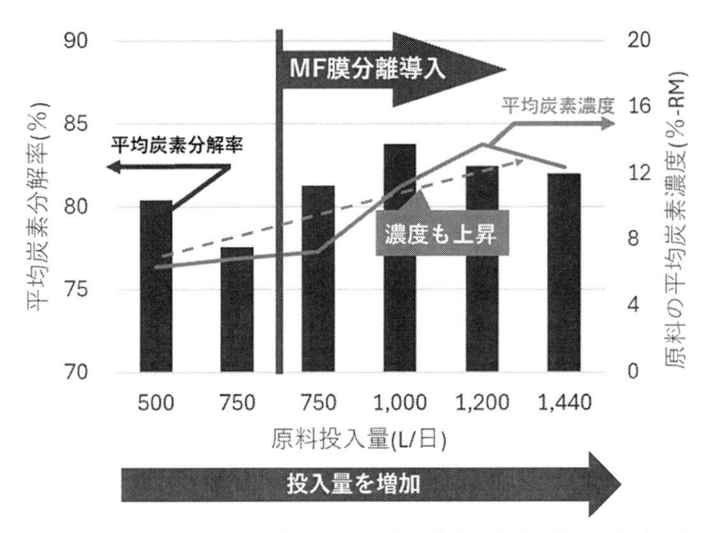

図4　原料の投入量およびその期間の平均炭素濃度の変化と炭素分解率の関係

図5にMF膜分離技術の導入前後の次世代型メタン発酵システムにおける炭素フローを示す。図4に示したようにMF膜分離技術の導入により炭素分解率が向上している。投入している原料も無希釈の濃い（蒸発残留物濃度23%）食品副産物である。この時の炭素容積負荷量は4.0 kg-C/m^3/日，有機物負荷量は7.2 kg-VS（Volatile Solids）/m^3/日であった。このように高負荷（高濃度の原料を通常程度の滞留時間）で処理可能であることが示された。

2）アンモニア除去技術導入の効果

図6にアンモニア除去技術導入前後のメタン発酵槽内の消化液中アンモニウムイオン濃度を示す。アンモニア除去により2,000 mg-NH_4/Lまで除去されていることが分かる。これにより，アンモニア阻害に弱いが効率の高い高温メタン発酵が可能であることが示された。今後は，アンモニア阻害のリスクにより，取り扱いが避けられてきた高窒素濃度の原料（鶏糞等）に対して適用していく。

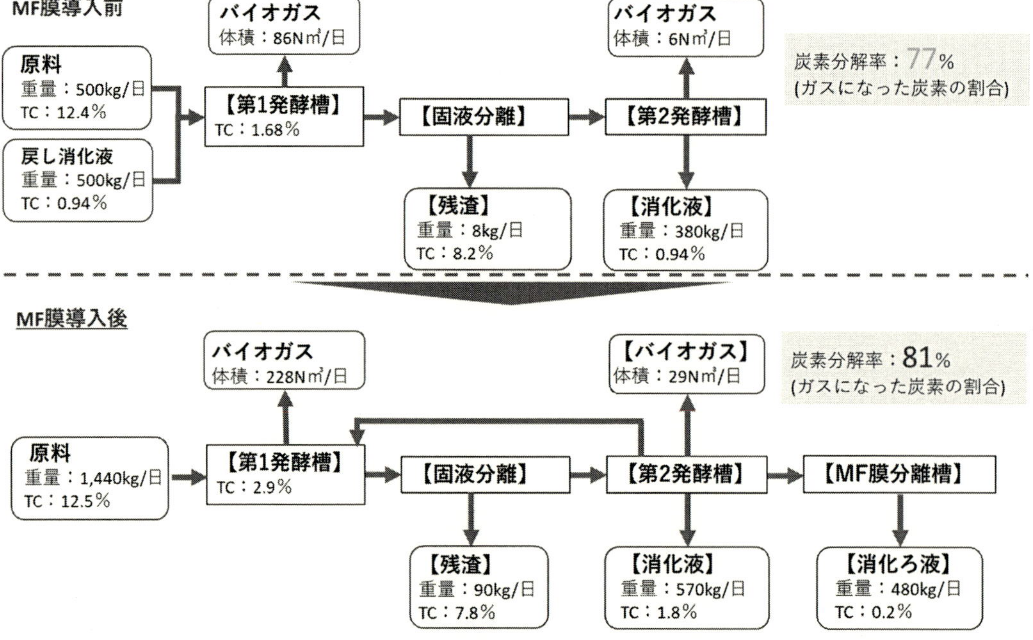

図５　次世代型メタン発酵システムにおける炭素フロー（MF 膜分離設備導入前後）

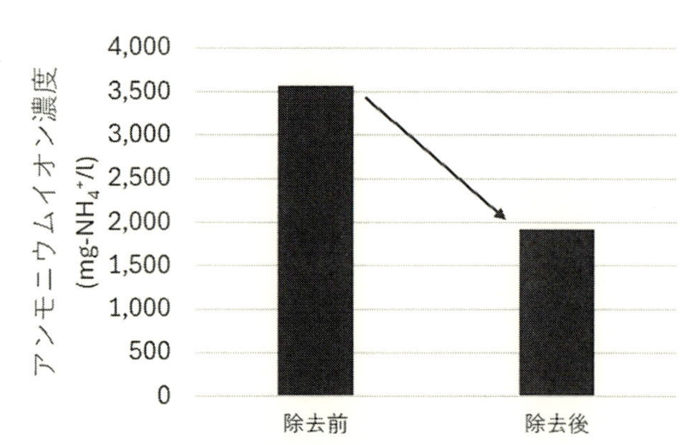

図６　除去技術導入前後の発酵槽内消化液のアンモニウムイオン濃度

3）高品位バイオ液肥

写真２に次世代型メタン発酵システムから排出される各種バイオ液肥を示す。当然ながら上述の MF 膜によるろ過液は，粒子状物質がなく透明度が高い。つまり，一般的な消化液に比べて，非常に使いやすい液肥となっている。これにより，高額な散布車などの設備が無くてもバイオ液肥が利用できる形となる。さらに，農林水産省・中小企業イノベーション創出推進事業費補助金（令和 5～9 年度）の支援を受け，このバイオ液肥を植物工場等の養液栽培でも利用できる品質にまで高める技術開発・実証試験を実施している。これにより，バイオ液肥の用途拡大が図られる。

写真2　次世代型メタン発酵システムから排出される各種バイオ液肥
（左から一般的な消化液，MF膜でろ過されたバイオ液肥，それをRO膜で濃縮したバイオ液肥）

3.4　次世代型小規模メタン発酵システムの展開について

バイオマス資源は，地域に広く分散して存在している。このバイオマス資源を集約して大規模な施設で処理することはバイオガスの生産においては効率が良い。しかし，メタン発酵後のバイオ液肥の有効利用，つまり資源循環を考えると，大規模な集約処理が必ずしも効率が良いとは言えない。なぜならば，集約した資源を再度広く分散する農地等に運搬する必要があるためである。これまでは，費用面での課題やバイオマス資源の排出事業者ごとで特性が異なることに対応することが難しい場合があった。一方で，本次世代型のメタン発酵システムは，比較的効率が高く，ユーザーの特性に対応した設計がしやすい特徴がある。例えば，国土交通省・令和6年度下水道応用研究により，小規模な下水処理場に向けた次世代型メタン発酵システムの開発・実証を行っている。このように，あまり普及の進んでいない小規模分散型もしくは中規模集約型の設備を普及させる取組を今後も続けていき，再生可能エネルギーの地産地消や地域のバイオマス資源の循環利用モデルを全国で実現することを目指していく。

文　　献

1) ㈱小桝屋ほか，平成30年度愛知県循環型社会形成推進事業費補助金（循環ビジネス事業化検討事業）「食品未利用資源を原料としたメタン発酵促進剤の製造と品質基準の策定」報告書

4　生ごみをエネルギーと肥料に変える「超小型バイオガスプラント」

井上翔吾*

4.1　廃棄物系バイオマスの利活用を取り巻く環境

脱炭素（カーボンニュートラル）や循環経済（サーキュラーエコノミー）を実現していくにあたり，日々大量に発生している食品廃棄物，家畜排せつ物，下水汚泥等の地域で発生する廃棄物系バイオマスを有効に活用することは重要なテーマの一つである。可能な限り廃棄物の排出を抑制する活動が大事であることはもちろんだが，それでも排出されてしまう廃棄物を単純に焼却処理するのではなく，資源として利活用することは，資源の有効活用という観点に加えて廃棄物処理に係る社会コストの削減という観点でも効果的である。

これまで廃棄物系バイオマスのリサイクル手法としては，「肥料化（堆肥化）」等が一般的であったが，世界的な脱炭素の潮流を受けて，再生可能エネルギーを生み出す「メタン化（バイオガス）」への期待は大きい。一方で，メタン化の更なる普及拡大にあたり課題となっているのが，設備構築に係るコストや運用管理に係る手間の問題である。メタン発酵を安定的に進めるという技術的な観点と，規模の経済を働かせ設備投資効率を上げるという経済的な観点の双方から，メタン発酵施設（バイオガスプラント）は１日の処理量（原料投入量）が30 t 以上の大型の施設を建設することがこれまで一般的であった。また運転管理にあたっては，施設ごとに配置された熟練運転管理者がメタン菌の活性状況を把握し，経験と勘による匠の技で安定的な発酵を維持することも少なくなかった。

大規模なバイオガスプラントは一度に大量の地域バイオマスを処理できるという利点がある一方で，廃棄物処理施設となることから設置に適した場所が限られるという課題や，毎日大量の原料を運搬してくる必要がある（廃棄物運搬のためのコストがかかる上，運搬に伴う CO_2 が排出される）という課題もある。今後更にメタン化による地域の廃棄物系バイオマスの利活用を進めていくためには，バイオガスプラントを小型化し，食品工場や大規模商業施設等の食品廃棄物の排出拠点にオンサイトで設置できるような設備とするとともに，誰でも平易に運転できる仕組みを作ることが求められている。

4.2　超小型バイオガスプラント・遠隔監視システムの概要・特長

そこでビオストックは，超小型バイオガスプラントの提供を開始した（図１）。この超小型バイオガスプラントは，①コンテナ格納で取り回しが容易であるうえ，②遠隔監視システムが備え付けられており無人運転が可能であるという２つの特徴がある。

従来のバイオガスプラントは，設置場所ごとに大掛かりな建設工事が必要であり，着工から運

＊　Shogo INOUE　㈱ビオストック　取締役，事業開発部長

図１　超小型バイオガスプラント

転開始まで2～3年程度かかることが一般的であったが，超小型バイオガスプラントではその名が表す通り，バイオガスプラントに必要な機能・部材を20フィートコンテナ数台に格納しており，圧倒的にコンパクトなサイズとなっている。バイオガスプラント本体（コンテナ）は工場で製造した上で，トレーラーで設置場所まで運搬し，クレーン車にて据付を行うため，現地工事は土木基礎，電気・給排水の接続だけでよく，最短２日で試運転が開始できる（図２）。また，プラント本体が可搬型であるという特徴により，離島や海外向けにも適したシステムとなっている。

図２　据付工事

プラントの基本的な構成は，従来のバイオガスプラントと同様のシステムである。従来のプラントとの違いは，各パーツを大幅にダウンサイジングしている点である。処理量に応じた最適なパーツを選択することでシステムコストの上昇を抑えるとともに，20フィートコンテナに格納できるよう配置を工夫している。これにより，従来のバイオガスプラントが1日当たり10t以上の原料を必要とすることが一般的であるのに対して，超小型バイオガスプラントは1t～/日の原料でも運用が可能である。

もう一つの特徴として，オンサイト設置・無人運転を可能とする遠隔監視システム「おまかせバイオガスプラント」が搭載されている点が挙げられる。従来の大型のバイオガスプラントでは，施設ごとに専門の運転管理者を配置することが一般的であったが，超小型バイオガスプラントは自動制御による運転と多数のセンサーを用いた遠隔監視をビオストックで行うことで，原料排出拠点側では，熟練の運転管理者がいなくとも，運転状況をPCやスマートフォンでリアルタイムに確認することができ，片手間で運転管理が可能である（図3）。

バイオガスプラントの運転状況を現地の制御盤で確認したり，プラントによってはメールでアラートを発報したりするような仕組みは従来から存在したが，ビオストックの遠隔監視システムは，経済性・拡張性・セキュリティ面が従来システムと大きく異なる。オンプレミスではなくクラウドを前提としたシステムとするとともに，製造業分野で実績のあるIoTパッケージソフトを活用することで，安価かつスケーラビリティに富んだシステムとなっている。またNTTグループのセキュリティガイドラインに沿ったシステムとすることで，今後増加が見込まれる産業分野でのサイバー攻撃への対応を含めて安心安全なシステムとなっている。なお本システムは，ビオストックが提供する超小型バイオガスプラントだけでなく，他社が提供するバイオガスプラント向けにも提供していく方針であり，ユーザ要望に基づきカスタマイズも可能である。

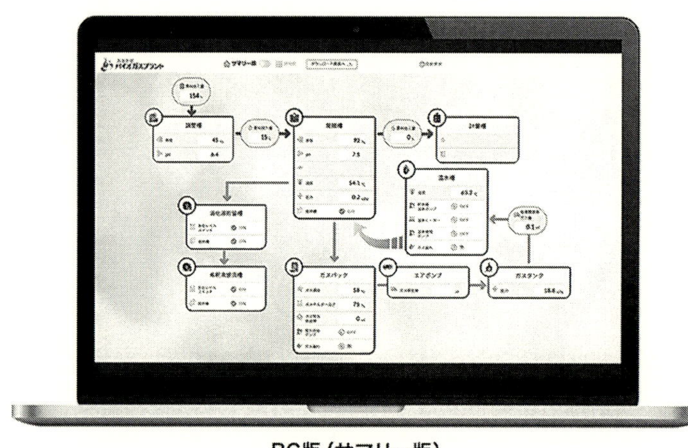

PC版（サマリー版）
可視化画面イメージ

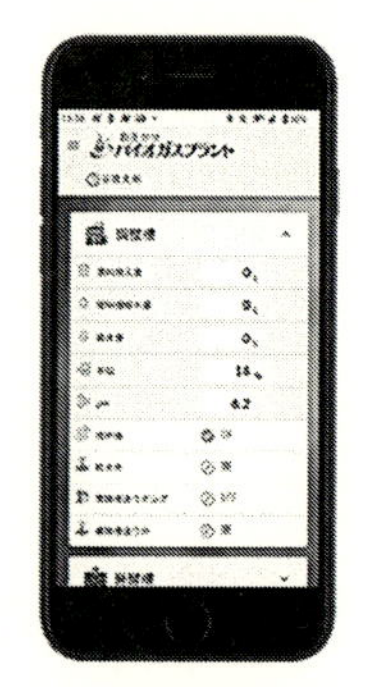

スマホ版
可視化画面イメージ

図3　おまかせバイオガスプラント

4.3　実際の運用事例

超小型バイオガスプラントが様々な場所で設置・運用が可能であることを実証すべく，ビオストックはNTT 東日本と共同で，2022 年より東京都調布市にあるNTTe-City Labo へ超小型バイオガスプラントを設置し，社員食堂の食べ残しや自社圃場の廃棄物を活用してエネルギーや肥料を創出する都市型循環エコシステムの実証を続けている（図４）。

従来，NTT 東日本本社ビルの社員食堂から排出される調理くず・食べ残し等は，事業系一般廃棄物として焼却処理されていたが，これをバイオガスプラントでメタン発酵処理することで，食品リサイクルを実現した。回収したバイオガスは発電等で利用し，隣接する最先端農業の実証ハウスにおける非常時用蓄電池等の充電に活用している。また，発酵残渣（消化液）の肥料活用も推進しており，NTTe-City Labo 内の作物生育に活用するほか，近隣の小学校等地域で活用する取り組みも開始した。一般廃棄物として扱われている事業所や一般家庭から排出される生ごみの多くは，今もなおリサイクルされず焼却処理されることが大半であるが，今回の取組みのような生ごみからエネルギーや肥料を創出する「都市型循環エコシステム」を構築することで，本事例をモデルケースとして全国各地への展開を図っている。

同時に，NTTe-City Labo に設置する超小型バイオガスプラントでは，一般的なバイオガスプラントと比較し多くのセンサーデバイス・IoT 機器を搭載しており，これまでは都度検体を採取し化学分析を行わないと取得できなかったデータについても，リアルタイムで遠隔からモニタリングするとともに，データをダウンロードすることが可能である。これにより，バイオガスプラントの運用の肝である発酵の安定化に資するデータ分析や，遠隔管理による安定的な運用の実証

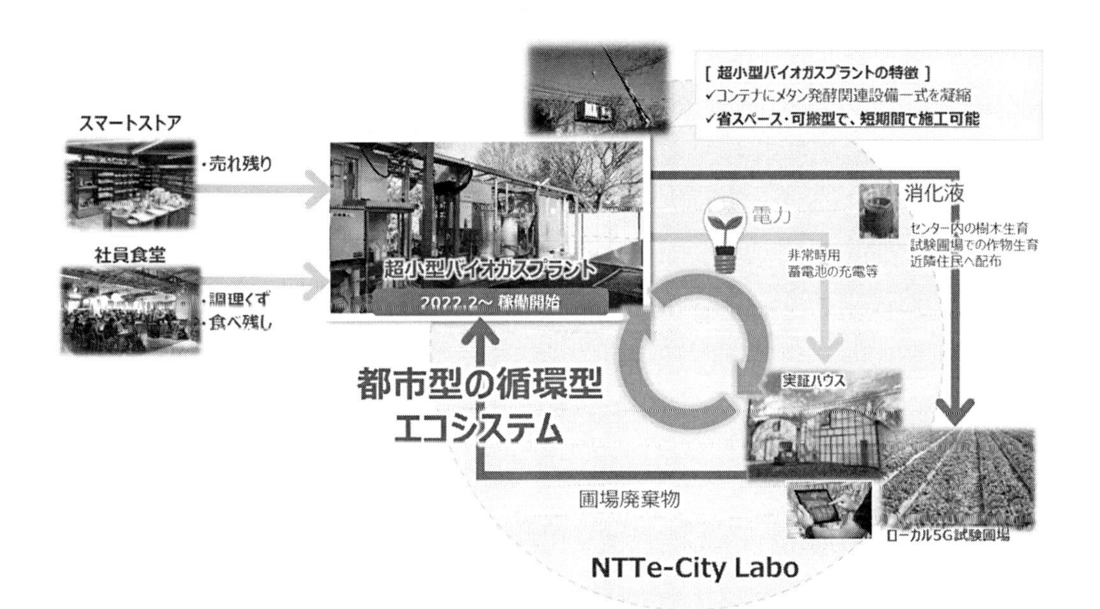

図４　都市型の循環型エコシステムの実証の概要

図５　NTTe-City Labo

を行い，超小型バイオガスプラントの更なるコスト削減に向けた研究や，遠隔での運用管理ノウハウの蓄積にも役立ている。

なお，NTTe-City Labo は，NTT 中央研修センタを核とした NTT 東日本グループの地域課題解決ソリューションを体験可能な実証フィールドであり，超小型バイオガスプラント以外にも多数の最先端技術の実証を進めている。ローカル 5G のオープンラボや最先端農業の実証ハウス，陸上養殖プラント等が設置されており，地域の課題解決・スマートシティを幅広く体感できるショーケースとして活用されている（図５）。

4.4　調布市との連携による学校給食調理残菜再資源化と環境学習の取り組み

社会全体の廃棄物系バイオマスを資源として有効利用していくためには，自社から排出される生ごみの活用に留まることなく，地域と協力した資源循環の取組みへ拡大していくことが求められる。NTT 東日本及びビオストックでは，NTTe-City Labo の所在地でもある調布市と連携し，学校給食における調理残菜の利活用による再資源化をテーマとした食育の取り組みを続けている。これまで調布市では，食育推進基本計画に基づき，学校や保育園等の子ども関連施設や地域コミュニティにおける食に関するイベント等の食育の取り組みを推進してきたが，更なる食育の推進を目的に，NTT 東日本グループと連携し，超小型バイオガスプラントおよびローカル 5G 実証ハウスの見学を通して都市型資源循環モデルを学ぶ取り組み等を実施している（図６）。

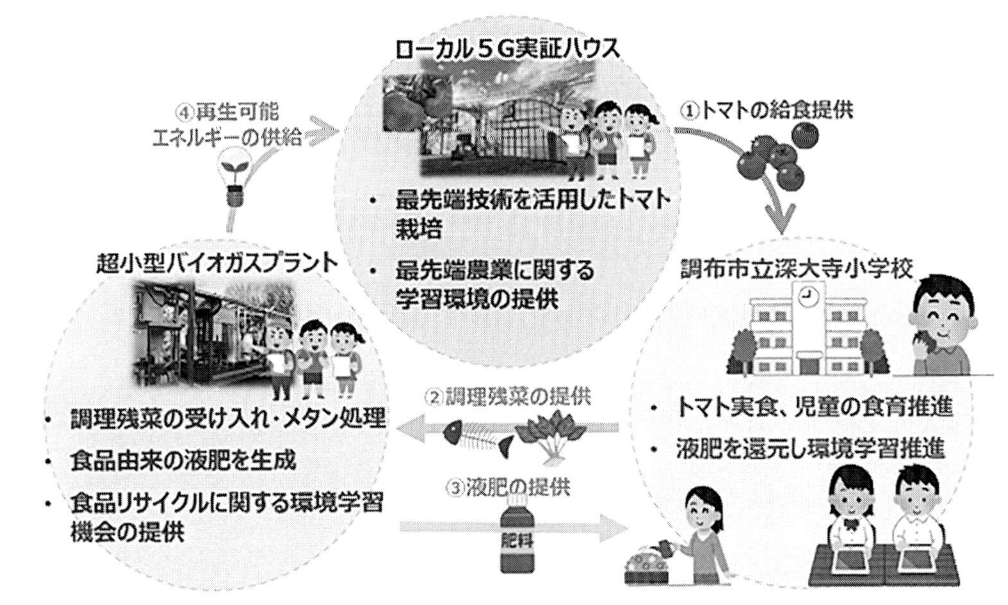

図6　調布市との連携による学校給食調理残菜再資源化と環境学習の取り組み

2022年度には，調布市立深大寺小学校の小学4年生を対象に，バイオガスプラントを活用して給食調理残菜が再生可能エネルギーや液体肥料が生産される仕組みについて，事前学習をした上で，実際に超小型バイオガスプラントで給食の残菜が処理される様子を見学する取り組みを行った。また，消化液についても液体肥料として学校の花壇等に還元する等の環境学習にも取り組んだ（図7）。児童からは「いらないと思っていたものが生活に使えるようになるのはすごい」

図7　当日の様子

といった感想が聞かれ，当日の様子はテレビメディアでも取り上げられる等，大きな反響があった。

4.5 今後の取り組み・展望

NTT 東日本への納入を皮切りに，ビオストックでは，省スペース・可搬型・短期間で施工可能な超小型バイオガスプラントの導入を推進しており，カーボンニュートラル対応や廃棄物処理コスト削減等，有機性廃棄物の処理を行う自治体・事業者等から多数引き合いを戴いている。

食品工場等では，1 工場当たりの食品廃棄物排出量が 1～5 t/日程度であることが多く，従来は原料や設置スペースの確保の観点から，工場内にバイオガスプラントを設置することは困難であったが，超小型バイオガスプラントであれば工場内にオンサイトで設置可能である。従来外部へ委託していた廃棄物処理を工場内で完結することで，食品リサイクル率を向上させながら廃棄物処理コストを削減できるうえ，再生エネルギーも回収できることで，SDGs（持続可能な開発目標）・サステナブルフードへの貢献を PR することも可能である。

廃棄物処理施設や下水・し尿処理場の維持運営費増加に悩む自治体においても，超小型バイオガスプラントは有効なソリューションである。特に，一般家庭の生ゴミを分別回収し堆肥化事業を行っている自治体では，コスト負担の問題から事業継続が困難になっている事例が多いが，超小型バイオガスプラントの導入により「メタン化＋堆肥化」へのハイブリッド処理へ移行することで，事業収支を改善できる可能性がある。また，学校給食センタの新設にあわせて，食育・環境教育への活用も念頭に，超小型バイオガスプラントの導入を検討する自治体も増えつつある。2050 年までのカーボンニュートラル達成に向けた，脱炭素先行地域づくりの取組みとして具体的に導入を進めている自治体もある。

超小型バイオガスプラントは，再エネ創出・リサイクル・廃棄物処理の分散化（廃棄物輸送削減）の観点から，まさに時流に即したソリューションであると考えており，全国への普及拡大に努めていく。

第4章　海外バイオマス発電装置の動向

1　URBAS社製　木質バイオマスガス化熱電併給プラント

戸田貴純*

1.1　はじめに

太陽光発電，風力発電など，再生可能エネルギー技術の大半は天候などの外的要因により，発電量や熱生産量が変動する。また，その結果，エネルギー需要が満たされない，あるいは，過剰な電力や熱が生産される事態が生じる。エネルギー貯蔵システムを利用することでこうした変動に対応できるが，オンデマンドでエネルギーを生産できる制御可能な再生可能エネルギー技術を活用することで，より費用対効果が得られる可能性がある。そのため，カーボンニュートラルと考えられているバイオマスの熱化学変換プロセスに基づく技術が特に重要となる。既存のバイオマス発電プラントの大半は直接燃焼方式であるが，全体的に効率が高く，汚染物質の排出も少ないため，固定床木質バイオマスガス化発電技術の重要性が高まった経緯にある。

URBAS Energietechnik GmbH（ウルバス社）は，1980年代より木材を利用したエネルギー供給システムの開発を行っており，現在ではバイオマスの熱電併給（CHP）システムにおいて欧州のマーケットリーダーの1社となった。2001年からは木質バイオマスガス化に本格的に取り組んでおり，150 kW（電気）の小型出力の木質バイオマスガス化プラントを実現させることに成功した。現在ではヨーロッパおよび日本で最大900 kWの発電プラントがおよそ30基稼働している。

木質バイオマスガス化プロセスには適切な燃料を供給する必要がある。燃料の木材は，セルロース，リグニン，水分，樹脂，酸，油，ミネラル等から構成されている不均一で，燃料の約85%が揮発性成分から成る固体燃料である。

木質バイオマスのガス化の原理は古くから知られているが，エンジンメーカーが求める十分な品質の木質ガスが得られず，エンジンの長寿命化ができなかった。

木質ガス化における主な問題は，タール生成や凝縮した炭化水素成分，燃料ガス中の粒子や塵である。

現在，ウルバス社では相互に作用する物理的および化学的プロセスを制御する木質バイオマスガス化装置を開発した。このシステムは，安全で効率的かつコスト効果が高いことが求められる。また，法的な排出基準や設備安全に関する条件を遵守しながら，簡単でメンテナンスしやす

---

* Takazumi TODA　㈱コーレンス　第一営業本部　第一部　専任部長代理

い操作性も求められるが，ウルバス社はこれらを実現し，顧客にとって最適なシステムを提供している。

1.2　適用範囲と商業的利用

ウルバス社のガス化装置では，燃料と木質ガスが同じ方向に移動する。この種類のガス化装置はダウンドラフト型と呼ばれる。

ダウンドラフト型は，熱出力が1MW未満の範囲に適している。燃料は乾燥したチップであり，微細チップが含まれないことが望まれる。生成された製品ガスのタールおよび粒子の含有量は少なく，小型の熱電併給（CHP）システムにおける商業的な利用価値は非常に高くなる。

バイオマスの地域暖房システムは，最大需要時に合わせて設計する。また，コジェネレーションシステムとして使用することで非常に効率よく利用することができる。

1.3　ガス化プロセスの概要

従来のダウンドラフト型装置では，まず上部反応器内でほぼ空気を遮断した状態で燃料チップが乾燥され，その後，熱分解された生成ガスが高温の酸化ゾーンに入る。ここから木炭と灰がガス化炉下部の還元ゾーンに入る。生成された燃料ガスは酸化ゾーンで1000℃以上に加熱され，長鎖の有機化合物が短鎖の化合物に分解され，タールの多い成分からタールの少ない気体成分に変換される。その後，還元ゾーンで木炭とさらに反応し（CO_2からCOへ還元），燃料ガスが下部反応器から排出される。このプロセスの利点は，燃料ガス中のタール成分や他の高沸点化合物の含有量が比較的少ないことである。そのため，シンプルなクリーニング工程を用いることができる。

1.4　システムの構成

図1　木質バイオマスガス化熱電併給システム

この図では，木質ガスCHPの主要な構成部品を見ることができる。CHPの組み立てを出来るだけ迅速に行うためにはモジュール性が非常に重要である。主にこの図では以下のものが含まれる。

－木質バイオマスガス化炉モジュール
－ガストリートメントユニット　上／下モジュール
－ CHPエンジンモジュール

これらのモジュールが組み合わさって，完全な木質ガスCHPシステムを構成している。

1.5　システムの説明

図2　ガス化炉およびガストリートメントモジュール

URBAS社のガス化装置システムは，インバートガス化装置をもとにさらに発展させた構成となる。

ガス化装置には，逆火防止の役割も果たすゲートバルブシステムを通じて燃料チップが供給される。円筒形のハウジングは二重壁構造になっており，常時水で冷却されている。

リアクターは円筒形の鋼管で構成されており，下方に向かって先細りになっている。そこには，空気を気化剤として供給するノズルシステムが取り付けられている。

ゲートバルブシステムは制御されていない空気の流入を防ぐ。

燃料チップは，切削チップを使用する。およそ100 mm前後のサイズ，含水率10%程度の燃料がURBAS社のガス化システムには適している。微細チップ，樹皮は極力入らないようにする必要がある。燃料が仕様に入っていることがガス化プロセスの適切な稼働，および，トラブル回避に非常に重要である。

チップは燃料レベルセンサーでガス化炉内のチップ量を制御しながら自動的に供給される。燃料は熱分解ゾーンでガス化され，酸化ゾーンで空気により酸化され，その後，還元ゾーンでエンジンを駆動できる燃料ガスに変換される。

生成した木質ガスはホットガスフィルターを通り，その際に塵や灰が分離される。フィルター

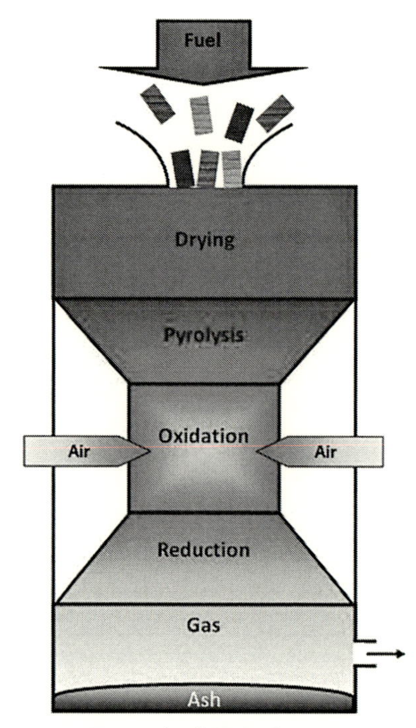

図3　ガス化炉内プロセス

のクリーニングは，フィルターの1次側と2次側の差圧がある一定の値に達した時に加圧窒素を吹き込むことで自動的に行われる。

フィルターのクリーニング後，プレコート剤が供給される。これにより分離効率が向上し，フィルターの長寿命化へとつながる。

フィルターから除去されたダスト，灰，および，プレコート剤は，自動的に系外に排出される。ホットガスフィルターの後工程のガスクーラーで木質ガスを冷却する。また，冷却により得られたエネルギーは熱供給ネットワークに提供する。

CHPシステムは，ガス燃焼エンジンと同期発電機で構成されており，木質ガスの特性に合わせて自動的に制御される。発電は生成された木質ガスをエンジンに供給し，発電機を稼働させることで行う。

排気ガスの熱交換器とエンジン冷却システムは，通常無駄となっている熱エネルギーを利用するために使用される。排気ガスは，結露を防ぐために露点以上の温度で系外に排気される。

プラント全体の制御と管理にはPLCが使用される。このプラントシステムはシリアルインターフェースを介してPCと通信する。PCには専門的な可視化パッケージが実装されており，使いやすい制御インターフェースとなっている。

PLCによって記録されたすべての測定値は，グラフィック形式で明確に表示され，履歴として保存される。アラームのログには日単位のファイルが使用される。これらのアラームは可視化

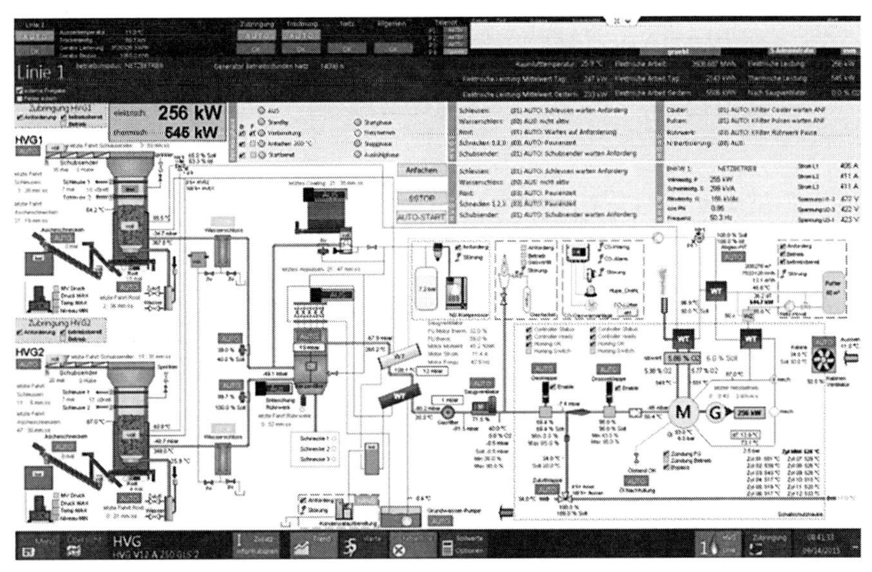

図4　運転画面

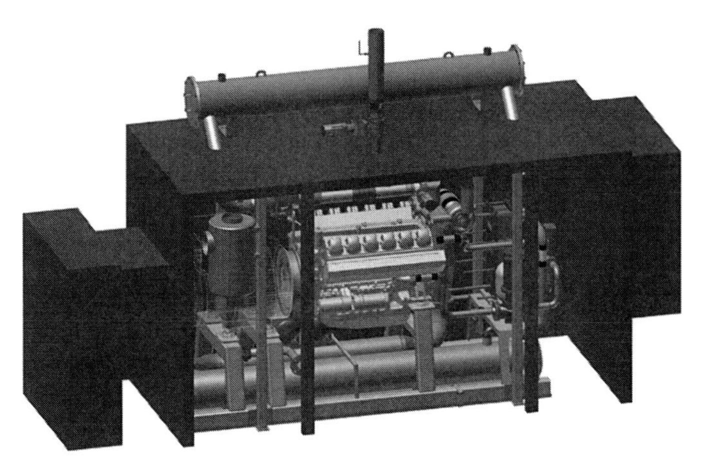

図5　エンジンおよび発電機

ソフトウェアに統合される。

設備の規模あるいは仕様により異なるが，発電効率は約30％，熱利用も含めた総合効率は約80％となる。

エンジンの排気ガス，エンジン，ガス化炉，ガスクーラーの排熱を回収し，80～90℃の温水として利用が可能である。ウルバス社のシステムでは，この温水を利用して燃料チップの乾燥を行っている。

発電出力の2倍程度の熱エネルギーを回収できるので，発電だけではなく，チップ乾燥以外にも，地域熱暖房，給湯，農業などに熱エネルギーを利用することで，よりエネルギー効率の高い

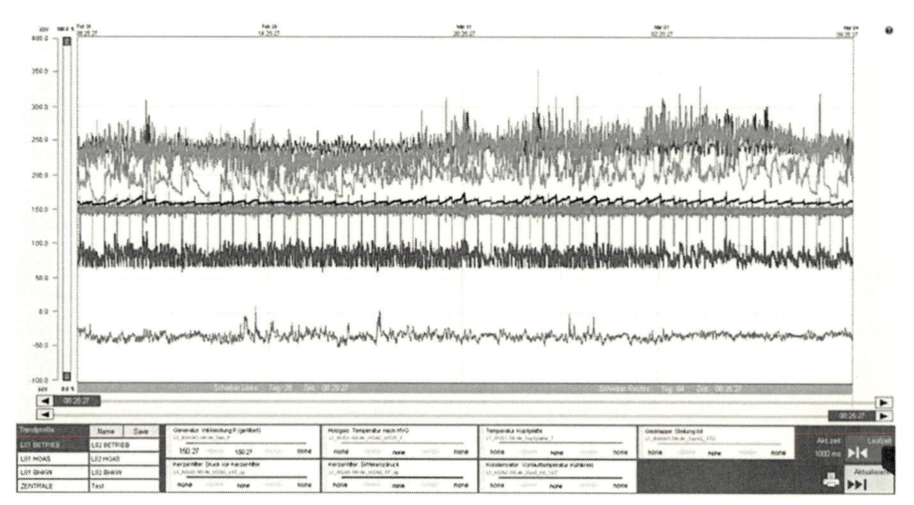

図6　運転データのトレンドグラフ

運転が可能となる。

ウルバス社のガス化発電システムはヨーロッパおよび日本でおよそ30基の導入実績がある。ヨーロッパでは，ガス化発電システム（熱電併給システム）は熱利用が主な目的であり，地域熱暖房用などに温水を供給している。プラントが稼働中は発電を行い，再生可能エネルギー固定価格買取制度（FIT）を活用し設備費用の回収に役立てている。

1.6　まとめ

再生可能エネルギーの重要性が増すにつれ，木質バイオマスガス化発電が大きな役割を果たす余地はまだまだ十分にあると考えられる。将来的には単なる発電技術にとどまらず，持続可能な炭素循環サイクルの確立に貢献する可能性がある。

一方で，いくつかの課題もある。初期投資や運用コストが高いため，経済性の向上が必要である。燃料の仕様にも制限がある。また，プロセスが比較的複雑なため訓練された技術者が必要となる。これらには，熱の有効利用，適切な燃料チップ製造設備の導入，技術者のトレーニングを行うことなどを考えなければならない。

木質バイオマスガス化発電は，小規模設備でも発電効率が良く，熱利用も可能であり，地産地消のプロジェクトに適している。また，有害物の排出が少ないなど，利点が多くある。そのため，いくつかの課題を克服し，カーボンニュートラルな社会の実現に寄与することが期待されている。

2 高発電効率 A-Tec 社製バイオマス・ガス化発電装置

平井　晃*

2.1 バイオマス・ガス化発電装置に求められる諸要件

最初にバイオマス・ガス化発電，特に売電用途向けビジネスで安定した収益を上げる為に求められるガス化発電に於けるプロセス上の必要な諸要件を説明する。続いて本題の高発電効率 A-Tec ガス化発電装置のプロセス及び技術仕様等の概略を説明し紹介する。

2.1.1 発電効率の最大化が実現可能なガス化発電装置を第一に選択する

高価で，かつ貴重な（間伐材）バイオマス原料を使ったガス化発電，特に売電事業を行う場合，電力売上（発電量×売電単価）に対する最大のコスト要因である原材料費（原材料量×原料単価）との比率である原料原単位（原材料費÷電力売上）の最小化が図れるガス化発電装置の選択が極めて重要となる。より正確には，自己使用電力を差し引いた売電（可能）電力量に対する比率であり，グロス発電量では無いが，ここでは内部使用電力の差し引き迄は考慮していない（簡単化，以下同様）。電力，原料の単価は，ガス化発電装置の選定とは別の要因である為，より少ない原材料量で，より多くの発電量が発電出来るガス化発電装置の選択が，採算上からは不可欠となる。先ずは表1を参照されたい。次の 2.1.2 項でより詳しく説明するが，①発電効率（発電量÷投入原料熱量）或いは④発電原単位（発電量÷原材料量）の最大となる様な発電装置の選択が発電ビジネス上から最も有利となる。中型ガス化発電装置（単体発電能力 500 KWhe～2 MWhe 程度の規模，例は 1 MWhe）の発電効率値は，比較的高発電効率の例でも，28％前後と通常想定される。片や同じ発電規模の蒸気タービン発電機では大幅に低い。仮に 15％程度とするなら，表1の数値からも解る様に，ガス化効率 28％の原料量を基準（100％）値とすると，1.87 倍（187％）も

表1　ガス化発電効率の変化に対するバイオマス原料（量，費用）の関係

ガス化発電効率	原料使用熱量料	発電量	原料量(費)削減比	発電原単位	
(%)	(KWhth)	(KWhe)	(%)	(KWhe/Kg@40%)	(KWhe/Kg@5%)
15	6,667	1,000	187	0.424	0.736
20	5,000	1,000	140	0.565	0.981
25	4,000	1,000	112	0.706	1.226
28	3,571	1,000	100	0.791	1.373
30	3,333	1,000	93	0.847	1.471
35	2,857	1,000	80	0.988	1.716
40	2,500	1,000	70	1.130	1.962
45	2,222	1,000	62	1.271	2.207

Note:バイオマスチップ熱量(LHV):10.166MJ/Kg(@水分40%)、17.653MJ/Kg(@水分5%)

＊　Akira HIRAI　合同会社バイオ燃料　代表社員

のバイオマス原材料量（或いは原料費）が必要となる（効率値20％でも1.4倍）。同様に40％の高ガス化発電効率の装置が仮に存在するなら，ガス化発電効率28％のケースに対し，原材料量は70％で同じ発電量（1 MWhe）が確保できることが解る。35％の例でも，原材料量は20％少ない80％で同じ発電量が発電できる計算となる。これらの数字からも発電効率（或いは発電原単位）値が如何に発電ビジネスに於いて重要な要因となるかが解り，この様な高効率発電を確実に実現出来るガス化発電設備を選定できるのか否か，少なくとも選択可能な候補機種の範囲内で最高の発電効率の設備を選定できるのかが，発電ビジネスの成功の第一条件となる。売電単価や原料単価も勿論重要な要因であるが，設備選択とは別要因であり，別途それぞれ単価について採算上の検討と考察が必要となる。

2.1.2　発電効率（発電原単位）の最大化が実現出来る装置とは？

先ず①ガス化発電効率は，②ガス化効率（冷ガス化効率）と③ガスエンジン発電効率との積（②冷ガス化効率×③エンジン発電効率）で決まり，更に④発電原単位は，①ガス化発電効率とバイオマス原材料の③保有熱量（MJ/kg）との積から決まる。表1から発電効率40％なら④発電原単位は1.13 KWhe/kg @ 40％水分となり，水分5％なら1.96 KWhe/kgとなる。（未）乾燥原料の⑤投入総保有熱量（原料投入量×保有熱量@ LHV）に対するガス化炉出口に於ける（エンジン投入前の）⑥合成ガス総熱量との比率（⑥÷⑤）が②冷ガス効率（60～90％）となる。同様にエンジンに投入される⑥合成ガス熱量に対するエンジン⑦発電量との比率（⑦÷⑥）が③ガスエンジン発電効率（25～39％程度）となる。②冷ガス化効率，及び③エンジン発電効率の夫々の比率が最大となる様なガス化装置，及びガスエンジン発電機の選択が重要となる。最終的な全体ガス化発電設備の①ガス化発電効率値は，両者の積（②冷ガス化効率×③エンジン発電効率）の最大化を図ることで実現出来る。この①発電効率値が最大値なら，比例し④発電原単位も最大値となる。ここで，特に効率値の差が顕著に生じる可能性が大であるガス化装置側の選定がより重要となる（国内用途例は少ないが，発電目的ではなく合成ガス燃料の製造目的でも同様）。ガス化方式の選択・選定に加え，排熱回収による乾燥装置との一体化，ガス化装置のガス冷却（ガス化用空気予熱）等の排熱の有効利用を図ることで，更に発電効率の向上が可能となる。同様にガスエンジン発電機側でも，エンジン発電効率（発電原単位）の最大化は必要であり，いろいろ工夫が重要となる。特にガス化装置によって製造された低熱量ガス（1000～1500 Kcal/m^{3}程度）に対し，可能な限り如何に発電効率の良いエンジンの選択と附帯する高効率発電機との組み合わせ方が重要となる。殆ど全てのガスエンジン発電機は元々天然ガス仕様であり，ガス化による合成ガスは特殊ガス扱いとなる。加えて同じ合成ガスでもガス化方式，ガス化装置の特性によって，或いはその操作条件によって生産される合成ガスの品質・組成，発熱量等は変動し，天然ガスの様に安定した組成，発熱量値ではない。ガスエンジン・メーカーにとり合成ガス向け発電機市場は微々たる市場規模でもあり，個別のガス化装置ケース毎の検討は，彼らの手間も掛かりビジネス上の価値，プライオリティも比較的低い。この様な状況からも合成ガス燃料をサポートし承認しているメーカー数は，極めて少ないのが実情である。ガス化装置メーカー側でエンジンの一部を改造したり（例，合成ガスと空気の予備混合設置等），自己チューニングを施す例も時に存在するが，性能・技術的には限界がある。ガス化装置メーカーはガス化装置のプロでも，ガスエンジン発電機のプロではないし，彼らの殆どは小規模企業でもあり人的資源も限定的である。従ってガスエンジン・メーカーと相互に協力し，当該ガス化装置の合成ガスを正規に保証し運転条件の最適化を伴に追及してくれることが理想的である。当然であるが同じガスエンジンでも天然ガスの発電効率値と合成ガスの発電効率値は可成り異なりバイオマスの合成ガスでは，天然ガスの発電効率値の5〜10％程度迄低下することは避けられないのが現実である。

2.1.3　発電効率の最大化の為，排熱回収・ORC 複合発電方式を採用する

複合発電方式は，排熱蒸気タービン複合発電方式が多く採用されるが，主に（超）大型機向け（50〜80 MWhe 程度以上）限定となる。大中型規模の発電（10 MWhe 以下）で使うなら，ガスエンジン発電に加え，ORC（Organic Rankine Cycle）発電装置の追加が発電効率も比較的高く，導入，操作性の容易さ等の諸理由からも最適である（両者の差は蒸気化媒体の差，純水か低沸点有機媒体かの差）。追加原料を一切使わず，通常なら単純に大気中に放出される余剰排熱の有効回収利用だけでエンジン発電機の発電効率値を更に4〜5％増（発電量なら最大12〜13％前後増）が可能である。ORC を使う場合，加えて排熱温度の違い（中高温〜低温）による最適な ORC タイプ（異なる沸点温度差の有機媒体）の最適な選定が発電効率向上と言う観点からも重要となる。最も発電規模 500 KWhe 以下程度の中小型機では，ORC 追加の設備費増と発電量増とを併せて考慮すると採算上から多少疑問が生じるが，中大型（1 MWhe〜30 MWhe）装置では ORC 発電の導入は発電量アップ（ガス化原料量減）に確実に効果を発揮する。多くの場合，ORC 設備の採用は，採算上も極めて有効であり，ほぼ不可欠である。

2.1.4　ガス化装置は Tar-Free（無タール）ガス化方式の装置選定が有利である

ガス化装置の最大トラブル要因はタール問題だと良く言われる。通常大多数のガス化[1)]方式はアップドラフト，ダウンドラフト，流動床方式等となる。何れのガス化方式も，高分子（油）状のタール留分がガス化炉内で，少なからず副生しガス化炉（ガス化反応器）出口からガス化炉下流部のガス精製（冷却）工程に（ガス化方式による量的な差はあるものの）タール分は排出される。従って，後続の下流ガス精製部門に於いて，適正なレベル迄タール分を必ず除去しクリーン化（タール分許容値は 20〜30 mg/Nm^3 以下）する必要がある。一部大型装置ではタール分解装置（再熱分解，触媒分解方式等）付や酸素を使い炉内でタール分を充分高温で熱分解する高温ガス化方式（1,100℃程度以上），或いは更に超高温プラズマ熱分解ガス化等の方式もあるが，設備的に中小型ガス化装置では課題が多々あり，この高温タイプ例は殆ど存在しない。通常のガス化方式では，水，油，静電装置等によるスクラバー洗浄を行う方式が殆どであり，それ以外のタール除去法は殆ど実在しない。ガス化発電装置は定められた運転指針，或いは適正な保守，運転操作を行う前提の諸条件を通常守れば，タール分は無事に合成ガス中から除去出来て，クリーンな合成ガスがガスエンジン部に供給され，トラブル等は起きない筈である。最も実運転操作上から常時継続維持することは不可能に近い。加えてタール分が存在するとスクラバーの排水・廃油処

理問題，並びに環境面で多くの課題が残る。それではガス化炉内でのタール副生を防ぐガス化方式は世の中に存在しないのであろうか？一例は前述の高温ガス化法である。高温を常時維持する為に，燃料自体をより多く燃焼し高温状態を炉内部で発生させ運転することで可能である。

この様な運転条件なら，タール油分は殆ど低分子ガスに高温熱分解され，タール除去の課題は解消される。一方，課題は同時に水素濃度も極めて高くなり（40～60 vol%）設備費も高価，水素の漏れによる火災による危険性（水素は引火速度最大）もより増加する（国内でもガス化爆発事故実例もあり）。水素製造が目的なら優れたガス化手法でも，発電用途では余り好ましくないガス組成の合成ガスが製造されてしまう。合成ガス中の水素濃度は，通常～30%程度以下でないと多くの場合，ガス燃料としてエンジン発電機側で燃焼し駆動動力を得て効率的な発電利用が出来ない状況である。勿論，水素濃度が50%以上でも対応出来る（特殊）ガスエンジン発電機も無い訳では無いが，これらの殆どは低エンジン発電効率（30～32%程度以下）であり発電ビジネスの採算性低下要因として懸念される。

一方，Tar-Free（無タール，No-Tar）方式は，エンジンの許容タール分以下の極く微量のタールしか，或いはタール分を副生しない方式である。加えてガスエンジン発電機に最適な合成燃料ガス（ガス熱量，水素濃度を含む合成ガス組成）を安定して製造しエンジン側に供給出来る。更に多くの場合，（タール分もガス燃料に分解されるので）極めて高冷ガス化効率のガス化装置でもある。中大型発電用途なら正に最適・理想的なタイプのガス化装置となるが，何れのTar-Free ガス化装置も夫々のメーカーの特許製品である。このTar-Free 化を実現する為には，通常のガス化法の様な縦型の単純な筒状ガス化炉を使うガス化法ではなく，より工夫された多段（2～3段）ガス化法を通常は採用し注意深く各ガス化工程部（熱分解部，ガス化部，還元部）内で物理的に独立した炉内構造とタール分を発生させない様に精密にガス化温度（Twin-Fire）等を個別に操作し制御できる機構を採用している。この方式を採用している装置は数多くは存在しないが，A-Tec の他に幾つかのガス化装置が実在する。尚，これらの装置の課題は，単一の大型ガス化炉の実現が極めて困難，不可能に近いことである。ガス化規模の目安はガス化発電なら単体の最大規模は1 MWhe 程度（以下）迄となる。これは合成ガス発生熱量基準なら2.5～3.0 MWhth 程度（以下）となる。A-Tec ガス化装置は，ほぼ最大能力規模のTar-Free ガス化装置例である。小規模ならLiPRO（50 KWe，新製品の85 KWhe），或いは中小規模のEEE ガス化[5]（50，120，190 KWhe）等も実在する。最もこの様な装置で小規模（50～200 KWhe 程度）発電ビジネスを計画しても，例え間伐材による電力高価格（FIT 適用[7]，40円/KWhe）の売電事業プランでも，他のコスト要因もあり，売電ビジネスの採算性は通常極めて苦しい。具体化に際し注意深い考察が不可欠となる。Tar-Free ガス化方式は，他に主に大型ガス化装置に採用されている2筒化（Twin-Towers）ガス化方式等もあるが，設備費の高さ等から単純な発電用途向けではなく，より高付加価値用途向け，主に化学品合成用，合成燃料用，或いは大型廃棄物（MSW）ガス化向け等となる。

2.1.5 ガス化発電は装置選定に加え，原材料仕様が重要である

特に重要なのは原材料水分と原材料形態（チップ，ペレット，粉体），原料寸法とその分布，バーク材混入（灰分）の有無，木質種等である。ガス化装置には，農業・廃プラ廃棄物，廃油等の産業廃棄物，或いはスラッジ類等を扱う前提の（大型）ガス化装置も実在するが，ここでは木質系バイオマス原料を扱う（主に中大型）ガス化装置，或いは発電装置を前提としている。何れにしてもチップ材が使えるガス化装置が原料費を考えると最善な選択であるが，後段で何回も述べる様に乾燥機は不可欠である。乾燥機付で有れば，別途乾燥用として追加熱量を使わず自己排熱だけで乾燥処理を行いガス化炉に最適な水分量（以下）に確実に低下・乾燥処理が出来る（多くのガス化炉の最適な水分は5～10%）。高温多湿な我が国では，例え乾燥処理済の原材料（チップ材）を第３者から入手可能でも，短時間で水分を再吸収してしまい，その結果として想定外のタール分発生等の不具合がガス化装置内で発生する原因の一つとなっている。チップ材原料に代わって，この様なことを防止する目的からもペレット材専用の装置も多くはないが実在する。水分の乾燥状態及びそのサイズ分布の均一性等から，ペレット材は装置側から大歓迎であるが，特に高価なペレット購入費を考慮するとビジネス利用では，多くの場合，望ましく無いと考える。チップ材原料はサイズ，品質がEU諸国等では規格化され一般化している。加えて装置メーカー仕様に必ず受け入れ可能な原料チップ仕様として記載されているので，出来る限りこの規格に沿ったチップ材を自らチップ機で製造するか，外部より購入することが，ガス化装置のトラブル防止等の観点から重要である。乾燥機によっては，例え寸法規格に合わない様なチップ材も篩設備が乾燥機の付帯設備として備わっている場合，チップ・サイズの上下部を自動的に除去することも出来て便利である。最も規格に多少合わない様なチップ材の受け入れも現実は可能であるが，篩ロスがより多量発生するので経済的ではないし，篩ロス分チップの処分に苦慮する場合もある。従って篩ロスが少ない様なチップ材サイズを供給出来ることがベストである。加えて粉砕タイプのチップ材は出来れば避け，多少高価でも（製紙業向け仕様）切削チップ材が搬送機（コンベアー）の詰まり防止，ガス化炉内のブリッジ現象の防止等の観点からもベストな選択となる。メーカー確認が必要であるが，多くのチップ材用のガス化装置は，プロセス上はペレット材もガス化処理可能である。尚，粉体（鋸屑等）原料は，通常ペレット化するか，粉体専用のガス化装置の選択が必要となる。最後にバーク材混入の可否であるが，バーク材に多く含まれると，主にカリウム成分によって炭・灰の高温溶融による装置内の詰まり，及び装置内部腐食が発生する場合がある。多くのガス化装置ではバーク材含有量は原則禁止，或いは最大10%程度以下迄と指定されている。この為，別途パイロット・ガス化装置試験で確認を行う場合もある。特に間伐材を使ったチップ材なら，チップ材に含まれてしまうバーク含有量も問題とはならない範囲内と考えられる。最後にバイオマス材の種類であるが，我が国では間伐材は杉材チップが殆どとなる。杉材は固有の木材であり，欧米には存在しなく，西欧松材，針葉樹（Conifer）類等が主にガス化用に使われ，多くのガス化装置もこれらの原材料に準拠・前提として製品化されている。不安が有ればメーカーに確認なり，メーカー側にパイロット設備が実在するなら，実ガス化で確認も

あり得ると考える。広葉樹系の樫，オーク・ナラ類のチップ材等なら問題は殆ど発生しないと考える。バーク材を主に扱うガス化設備は，ガス化温度を特別低く（900～950℃以下）したり（ガス化効率は低下），或いは，溶融防止剤の添加等の方策もあるが，特殊な例でもあり説明は省くことにする。

2.1.6　ガス化発電装置は稼働実績のあるメーカー，設備能力モデルの選択が重要である

ガス化装置は既に稼働実績のある装置であり，同一か類似の単体設備能力の設備導入がリスク最小化の観点から望ましい。実績が多々有っても，古い設計のガス化発電装置は導入リスクは無いものの，逆に旧式の為に冷ガス化効率が低かったりし，採算上から長期に継続運転が出来ない様な場合も将来あり得るので注意が必要である。その意味でも，導入稼働実績と設計の新しさ，前述 2.1.1 項等で述べた発電効率の高さ等とのバランスが重要となる。ガス化発電装置は殆ど欧米製品であり種類も多く，国内開発の有力なガス化発電装置類は殆ど存在しない。この為，顧客側も自分たちの利用環境に合致したガス化装置であるか，否かを判断する能力が備わっていることが望ましい。これが無理なら，ガス化装置の技術的な見識のある信頼性の高い国内代理店経由の輸入製品を採用することが得策となる。余りにも営業第一の業者，最近ガス化装置の取り扱いを開始した歴史の浅い業者，或いはソーラー発電もガス化発電も扱う様な非専門業者を経由する装置導入は，特に注意が必要であり，特段の理由が無ければ避けたい。それでも未だ心配であれば，有料であるが第３者に装置評価証明を依頼したり，プロジェクト損害保険加入も有効である。

2.2　高発電効率の統合型 A-Tec ガス化発電装置の概要と特徴

次に高発電効率の統合型 A-Tec ガス化発電装置の概要と特徴を説明し紹介する。併せて，前述のガス化発電装置に求められる諸要件との関連も定量的に概説する。

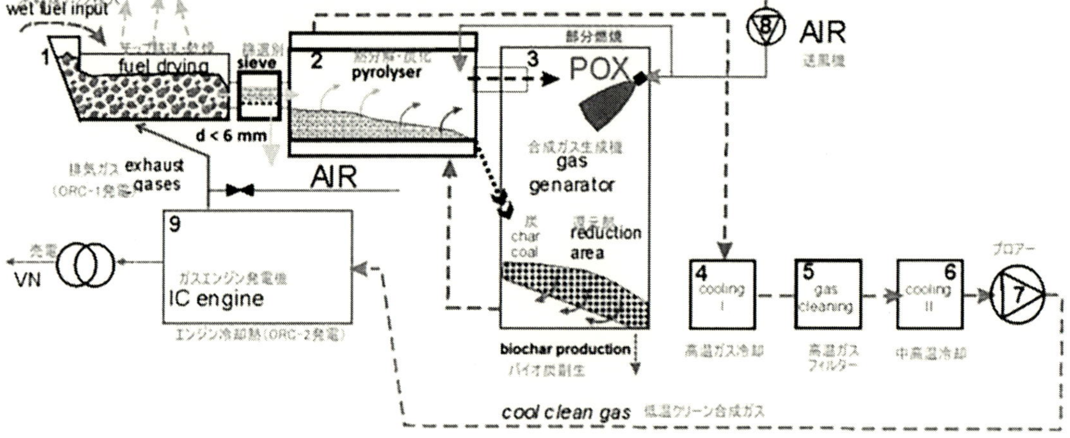

図１　A-Tec ガス化炉 Tar-Free プロセスフロー概略図

2.2.1　木質バイオマス専用の高発電効率 A-Tec 統合型ガス化発電装置

弊社が国内代理店である EU 製 A-Tec ガス化発電装置[4]は，貴重な木質系バイオマス原料（チップ材）を原材料とし最高発電効率（原材料最少化・発電量最大化）を実現できる統合型ガス化エンジン発電装置（ORC タービン発電設備を含む）であり，そのプロセスフロー全体図が図２である。加えて弊社[2]の長年のガス化関連設備の知見・技術・経験を含めた Turn-Key タイプの統合型ガス化発電設備でもある。特に CHP（Combined Heat & Power：排熱の温水・暖房

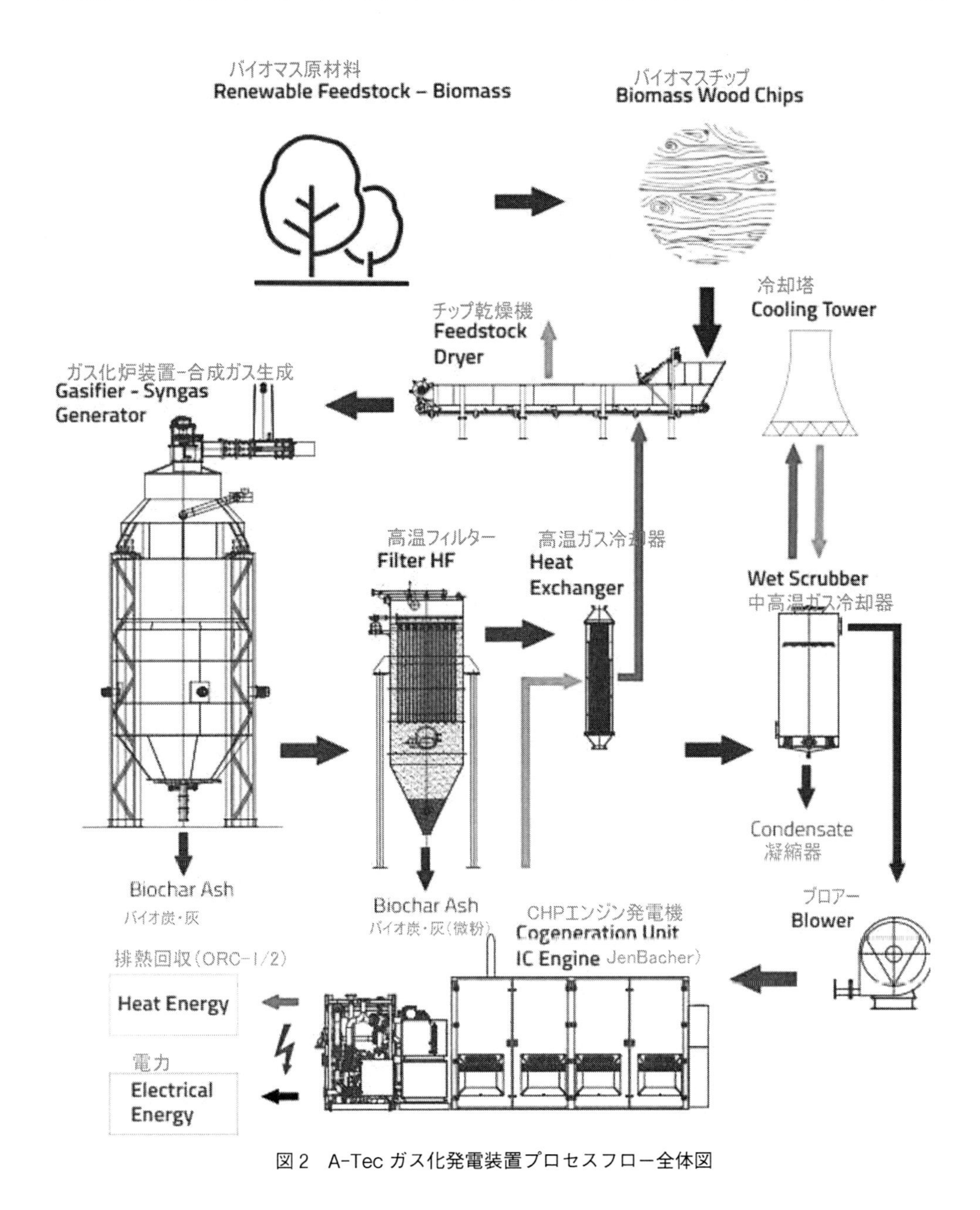

図２　A-Tec ガス化発電装置プロセスフロー全体図

と発電とを併せた利用）機能を，国内仕様向けとして排熱 ORC 発電機の追加により，更に発電効率の高効率化・最適化を図り発電効率の極限レベル迄の最大化（バイオマス原料最少化，熱ロス最少化）を実現している。EU 地域とは異なり，国内では温水・暖房用途向け利用は極めて少ないので，排熱分を発電量アップに振り向けている。加えて低温排熱利用の乾燥処理機も組み込み一体化し，未乾燥木質チップ（入手がより容易・低価格）も標準的に乾燥処理が出来る設備とし提供する。

具体的には，高効率ガス化設備，ガスエンジン発電設備（Jenbacher）と排熱回収発電（高/低温排熱回収 ORC 発電機）との統合化，乾燥設備とガス化設備及びガスエンジン発電機との一体化・排熱回収設計等の諸技術を高度に統合化している。特に中大規模ガス化設備に於いて最高ガス化効率性能を発揮する固定床・多段化法（図 1，特許技術：Fixed-Bed/Multi-Stages/Tar-Free/Twin-Fire 方式）を採用している事が最大の特徴である。この結果，タール（Tar）除去用機器の設置無しでも，クリーンな合成ガスを最高ガス化効率（85％+），かつ安定的に製造出来る様になっているばかりではなく，ORC 設備を追加し最高効率のガス化発電設備が実現出来ている。

表 1 で説明の様に，例えば中小規模の蒸気タービン発電装置の原料熱量に対する発電効率は全てのメーカー製品で凡そ 15〜20％（以下）程度の模様であり，より高効率のバイオマス・ガス化発電装置[1)]（Down-Draft/Up-Draft/Fluidized-Bed 法）でも，ガス化発電効率値は，最高 25〜30％程度（以下）迄となる。発電効率が 30％を超えるガス化発電装置は，極めて少なく殆ど報告されていないと思われる。弊社の取り扱う他の高ガス化発電効率の例でも，中小型・最高発電効率機と思われる VEE 社（350 KWhe モデル）でも 30％程度迄が上限となる。

一方，木質チップ材を使った A-Tec ガス化発電装置は，これらに比べ遥かに高ガス化発電効率のバイオマス・ガス化発電設備である。具体的には，水分 40％の未乾燥チップ材を乾燥設備に直接受け入れ発電する場合，発電効率 40.4％，乾燥済チップ原料の場合（水分 5〜10％）でも，36.8％程度の数値が実現出来る。これは前述の 2.1.1，2.1.2 項で説明の様に，他ガス化発電装置（例，発電効率 28％程度）に比べ，原料チップ量（及び原料費）は，凡そ 76％で同じ発電量（1 MWhe）が確保できる。勿論，エンジン発電機に加え，高温・高効率タイプの ORC 発電機（エンジン排煙等との直接熱交換）及び低温タイプの ORC 発電（エンジンの冷却水排熱との熱交換）との最適な組み合わせを行い，排熱回収の最大化・最適化を図った結果でもある。更に排熱 ORC 発電機の排熱分を再利用しチップ乾燥用の熱源として徹底的に排熱有効利用を行っている結果である。ORC 設備を設置しないケースでも発電効率は前述の夫々のケースで 35.9％/32.8％と言う高発電効率値である。その他の各種効率値，仕様等は 2.4 項に技術指標（表 2，表 3）として添付してあるので，必要なら参照確認出来る。特に本ガス化炉は Tar-Free プロセスの為，ガス化装置の最重要課題，問題点のタール除去処理も全く不要であり，Tar 留分に起因する装置故障・操業率低下，保守不備による装置停止等のトラブルも起き得ないし稼働実績値から年間 8,160 時間（程度）以上が稼働できるガス化発電設備となっている。

2.2.2　最適化されたA-Tec用ガスエンジン発電機は豊富な実績，高効率・高信頼性である

一流ブランドの高効率合成ガス・エンジン発電機（写真1，Jenbacher社JMS420モデル/20気筒/900 KWhe）を標準として採用し，ガス化装置による低熱量合成ガス燃料でも高発電効率の～38.55%＋を実現している。加えて高信頼性（オーバー・ホール60,000時間）が実現出来る。

特にA-Tecガス化装置によって製造される低熱量合成ガスに於けるエンジン圧縮圧アップの最適化（高圧縮比/BMEP：Brake Mean Effective Pressure）がこの様な高発電効率化実現の鍵となる。当然，顧客側の要望次第でエンジン発電機は，他のJMS416（～750 KWhe）へのサイズ・ダウンも，或いはJMS616（～1,600 KWhe）等へのサイズ・アップも適宜変更可能である。加えて高温・高効率ORC（Type-1，Triogen社製～190 KWhe）発電機（写真5）は排ガス（Flue-Gas）と直接熱交換方式（有機揮発媒体：トルエン）を採用し高効率熱交換を実現している。その結果，排熱回収・複合（Combined-Cycle）発電を高効率で実現出来ると伴に，全体として発電効率の高効率化，最適化を図っている。通常の方式は温水媒体等を介した間接熱交換法を採用する結果，どうしても間接的な熱交換により熱交換効率の低下，排熱ロス増が発生し，その結果，発電効率低下が起きてしまう。更にエンジン冷却水（クーラント）も単純に冷却塔で冷却する代わりに，低温（90℃）排熱利用ORC（Type-2，ElectraTherm社製～20 KWhe）発電（写真6）も行い（同時にエンジン冷却も行う），発電量の最大化，発電効率の最大化を併せて実現している。複数タイプORCを利用したガス化発電装置は極めて稀であると推察される。ORC関連の設備費を一次的に追加投資しても長期的な運用を考えると発電量の最大化を図る方が通常有利であると言う総合判断であるが，例えば，どの様な工夫をしても予算額上限を越える様な場合（予算ネック），エンジン発電機だけの選択と言う設備費削減案も当然可能である。この様な場合，エンジン発電機（JMS420）1基当たりの発電量は890 KWhe（～900 KWhe）程度が全発電量となる。因みに，エンジン発電自体の発電効率は38.55%（エンジン発電量÷エンジン供給ガス熱量）であり，追加ORCを含めた発電効率は43.3%（全発電量÷エンジンガス燃料）迄も向上する。この発電効率差は採算性からもインパクト大となる。

写真1　A-Tecガス化装置用写真（Jenbacherガスエンジン発電機）

2.2.3 A-Tec は乾燥機，ガス化及びエンジン発電機・ORC 発電機を一体化・統合化済標準化製品

未乾燥状態の生チップ材も，装置内で排熱乾燥し理想的な含水率の状態に乾燥させ，直ちにガス化装置で常時継続的に使用可能である。バイオマス・ガス化装置本体の最高ガス化効率は一定の含水量（A-Tec の最適な含水率は水分 5～10％程度）のバイオマス・チップ材が常時確保され供給される状態が常時維持出来る。標準で統合型の乾燥機（写真 2，Moving-Floor 方式）付であり（追加オプション仕様ではない），附帯の統合制御システムにより水分値等は最適値に常時監視・制御・維持継続される。従って，原料チップの水分 30～50％迄の未乾燥生チップ（乾燥不充分チップ，要再乾燥チップ材を含む）でも，排熱利用の温風による含水率（水分）制御により，常時一定の含水率になる様に制御され維持出来る。この結果，直接ガス化炉装置へ最適な状態で常に原料投入が維持可能となる。未乾燥チップの受け入れ・投入時の水分変動に加えて，気象条件の変動等による乾燥効率の変動要因等に対しても，充分な対応が取れる仕組がハード設備面からも備わっている。乾燥処理に必要な温風熱エネルギーは，ガス化装置精製部門の高温合成ガスの冷却用除去熱の他，エンジン排熱（ORC 発電利用後の排熱）等も再度回収し連続的に有効利用している。

エンジン発電機，ORC 発電機が未稼働状態の初期稼働時，或いは原料チップの含水量が設計値を越えて排熱だけでは乾燥に必要な熱量が充分確保できない様な最悪（熱不足）時でも，別途予備燃料を使い乾燥機用熱源が常時確保できる様な機器構成（補助加熱ボイラー付），そして自動制御システムが標準的に組み込まれている。乾燥処理装置からガス化炉へ原料投入工程，その後のガス化工程以降の後工程のガス精製工程も全て連続であり，従って乾燥済チップの水分再吸収等の水分過多によるトラブル類の可能性は全くあり得ない状況である。ガス化装置の最初の稼働時，或いは定検時等の長期ガス化装置停止時後の再稼働時でも別途乾燥済チップの事前準備等は全く不要である。この様に未乾燥チップ原料が常時使え安価（別途自己チップ材製造の場合も乾燥処理が不要であり，乾燥費が省ける）であり，極めて経済的となる。多くの場合，乾燥済チップ（水分 5～10％以下）の外部購入は難しいと思われる。例え可能でも乾燥処理費が加わりチップ購入価格は通常の未乾燥（Wet）チップに比べより高価となる。これらは採算性低下要因の一

写真 2　A-Tec ガス化装置実例写真（乾燥機 Moving-Floor 方式部）

つとなる。例え乾燥チップの手配・購入が可能で有っても，高温多湿の我が国では比較的短期間の貯蔵時でも，水分を再吸収し乾燥状態の常時維持は極めて困難な場合も多く，使用直前の再乾燥処理は通常必要不可欠となる。また水分25～30%程度迄，ガス化炉に直接原料を投入可能とか言うガス化設備も散見するが，この様な状況は例え可能であっても，最適ガス化条件ではなく，非効率運転となる。尚，ガス化発電装置1系列（1 MWhe）から6系列（6 MWhe程度）迄の未乾燥原料に対し，本乾燥設備は1系列の乾燥設備で最大対応できる仕様（設備規模は異なる）であるが，信頼性の維持も考慮し，国内では最大ガス化炉3系列（以内）に対し本乾燥機設備1系列を対応させる仕様を標準として採用している。乾燥設備の工程は，順に未乾燥生チップのホッパー貯槽，排熱回収・熱交換器類，乾燥処理機本体（Moving-Floor方式，写真2），チップ材篩設備，附帯コンベアーによるガス化装置への乾燥チップの自動供給・投入設備等から構成される。各熱交換器の熱容量，ホッパー・サイズ等は標準サイズ，標準仕様の他，必要ならカスタム化も可能である。特にホッパーのチップ貯蔵容量は顧客の要望により変更可能であるが，標準容量は28時間前後毎にチップ追加供給が必要な仕様としている。

2.2.4　A-Tecなら木質生チップを投入から発電迄を連続・自動化プロセスにより運転可能

A-Tecガス化発電プロセスは，添付の概略フロー図（図2）の様なプロセス工程となる。未乾燥生チップ材のバイオマス原材料は，運搬機（例，ホイール・ローダ，コンベアー等で移送）で原料貯槽ホッパーに必要量を一括纏め投入しておけば，後は順次連続し乾燥処理，ガス化処理，ガス冷却・ガス精製処理，そしてガス・エンジン発電（及びORC-1＆2排熱複合発電）へと自動で連続し運転可能である。

A-Tecはペレット材（/ブリケット材）も使用可能（プロセス上は，原料品質が均一となり，寧ろチップ材より好ましい）も受け入れ可能であるが，ペレット材は，通常チップ材の粉砕・乾燥処理・ペレット/ブリケット化処理等の費用も別途必要となる為，特に製造費原価も高価となり採算性の低下が予想される為，通常はこの様なことは行わない。尚，特例としてペレット材の輸入の場合，又は国内でも長距離輸送の場合，ペレット材なら，より高密度化が図られ輸送費削減，取り扱いの容易性等の諸効果により，ペレット材の方が有利な場合もあり得るが，特別な例となる。本ガス化装置はTar-Free方式の為，固形物除去フィルター，或いは高温ガス1次冷却熱交換器，中低温2次冷却熱交換器等の機器類はあるが，添付の概略フロー図からも明らかな様にTar除去用設備類は一切存在しない。図2のフロー図ではWet Scrubberとも記されているが，合成ガスと水との直接接触・熱交換冷却法による固形物除去法ではなく，非接触・間接熱交換器方式により合成ガスの最終冷却を行う方式となる。従って冷却水の汚染・廃棄上の問題も発生し得ない方式である。当然，タール（Tar）油類の外部処分（費），或いは別途タール燃焼設備等も不要である。

2.2.5　A-Tecは導入実績，高ガス化発電効率・高信頼性に加え，最新技術及び知見に基き今後も益々装置は進化中

A-Tecは最新（超）高効率のガス化発電装置であり，これ迄も順次発電能力アップ（JMS320,

JMS416：750 KWhe～JMS420：900 KWhe），プロセス改良（効率，信頼性等）も適宜実施され（現状，第4世代版プロセス），高信頼性（稼働時間8,160時間/年）のバイオマス・ガス化発電装置である。導入実績も，ガス化発電（及び合成ガスの熱利用）の5例の他，現在（令和7年初旬）建設中1案件，許可申請中案件（国内9 MWhe，他）等幾つか存在する。単純な発電案件に加え，最近は合成ガスを利用する次世代合成燃料（軽油，ジェット燃料油）プロジェクトも北米で進行中である（国内対応も可能），更に化学合成アプリケーションのメタノール合成や合成メタン（天然ガス代替）生産も対応可能である。これらの場合は酸化剤として空気に代えて，純水素，水蒸気を通常使うガス化方式となる。

2.2.6　A-Tec ガス化発電装置は統合型 Turn-Key システムとして提供中

A-Tec は自動遠隔監視・制御機能（SCADA），安全設備付の高信頼性・高効率の統合化バイオマス発電装置一式を提供する。現状及び今後は，我が国では主に2基並列構成（ORC 付 2.0 MWhe），最小構成の単一構成（ORC 付 1.0 MWhe），或いは ORC 無しのガス化装置及びエンジン発電機，各単独1基の最小構成（890 KWhe）等の組み合わせが主となると思われるが，その他多くの組み合わせ例が可能である。現在，国内に於いて9基並列構成（9 MWhe）の大型プロジェクトも進行中である。A-Tec ガス化発電装置を3基並列構成 ORC 付の3 MWhe ガス化発電装置ユニットを，更に Cluster 化構成した大型プロジェクト計画を FIP 制度[7]（Feed-in Premium）適応・進行中である。クリーンなバイオマス材（チップ）を使うこの様な大規模なガス化発電装置例は，他に恐らく存在しないと思われる。発電規模に応じ必要な Cluster 化を行い，単一ガス化装置のスケール・アップに伴う性能面，設備単価増，工程面の課題，他の関連リスク要因を完全に除外出来る方式として，A-Tec はユニット化・クラスター化方式の採用を推進している。勿論，より大型の単一ユニット（～10 MWhe）のガス化発電効率と比べても A-Tec ガス化発電装置のガス化発電効率は大幅に優れていることが確認されているので，大型ガス化発電装置の採用による発電効率アップを態々狙う必要性も少ないと思われる。更に A-Tec はガス化装置単体の高信頼性と安全性を確保する為，乾式高温フィルターの自動再生操作機能の目的等から窒素ガス製造設備も標準で備わっている。窒素ガスは，この他に装置内の保守点検時の窒素置換（防爆）用，バルブ駆動用の高圧ガス等の用途でも使われ，特に装置の安全性の向上に努めている。

2.3　A-Tec ガス化発電装置の実例写真

①導入済の A-Tec ガス化発電装置（並列設置）と ORC 発電機（ORC-1 & -2）の参考イメージ写真を以下に幾つか添付する。

A-Tec ガス化装置の6基並列ガス化装置導入例（5基発電，1基合成ガス燃料の熱利用）の添付写真はガス化炉反応部（写真3），及び高温フィルター部（6基，写真4）の実例写真を添付する。更に，ORC 発電機の ORC-1（写真5，Triogen 社製 e-Box，エンジン発電機の排ガス熱2基分を併せ ORC 1基で ORC 排熱発電を行う例）並びに ORC-2（写真6，ElectraTherm 社製

写真3　A-Tec ガス化装置実例写真（ガス化炉部）

写真4　A-Tec ガス化装置実例写真（高温フィルター部）

写真5　A-Tec ガス化装置用写真（Triogen 製 ORC）

写真6　A-Tec ガス化装置用写真（ElectraTherm 製 ORC）

Table-Cooler の例，各エンジンの冷却水クーラントの排熱分を使い ORC 発電及び必要な温度迄の冷却を行う）の写真も併せて添付する。

② A-Tec（2 MWhe）ガス化発電装置の側面図，平面図の実例を添付する。

A-Tec ガス化装置及びガスエンジン発電機の並列２基構成（2 MWhe）のプロット側面図（図３），及び平面図（図４）の実例を添付する（図面上，ORC 機器類は未記載）。

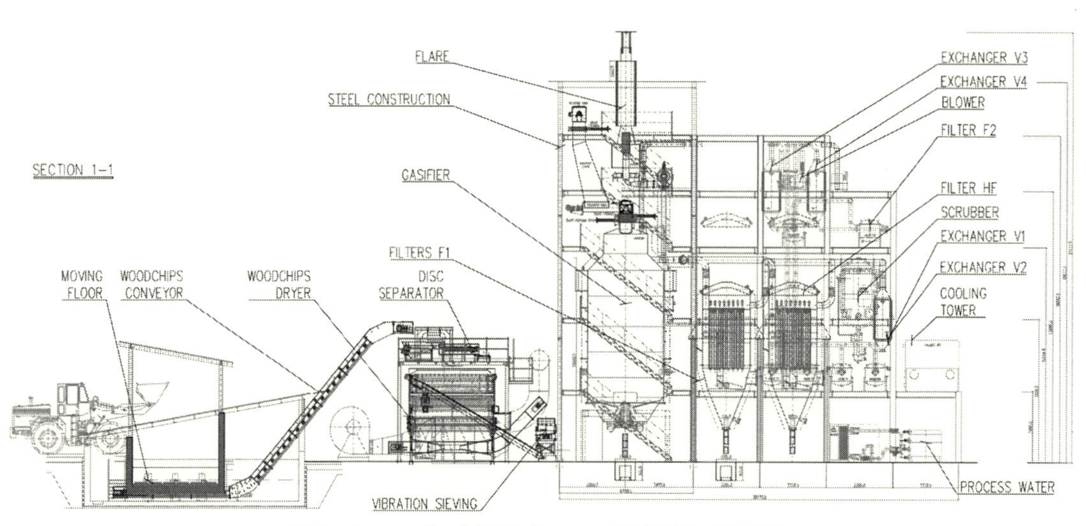

図３　A-Tec ガス化装置（2 MWh 実計画例，側面図）

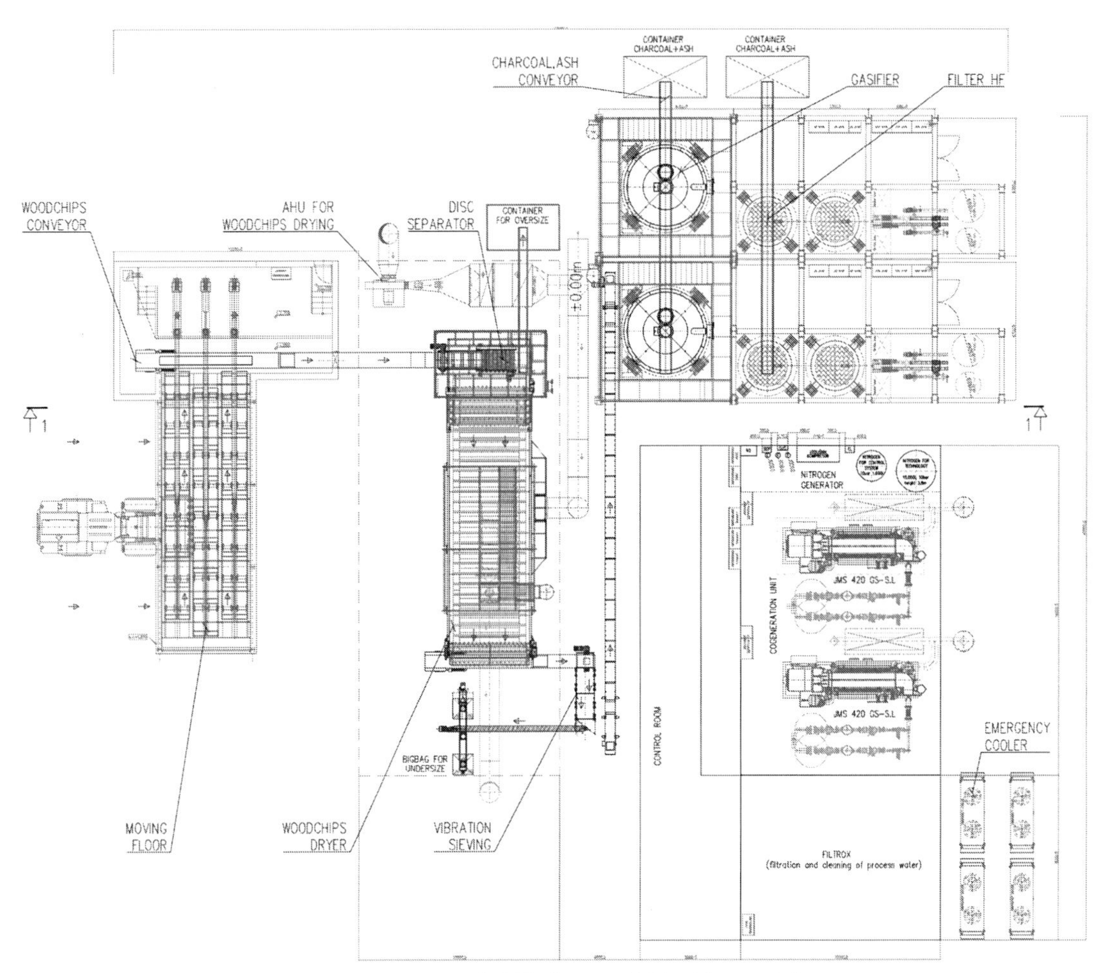

図4　A-Tec ガス化装置（2 MWh 実計画例，平面図）

2.4　A-Tec の主要な技術仕様

A-Tec ガス化発電装置の技術仕様は，ガス化発電装置の構成例毎に存在する。第一の技術仕様（表2）はガス化装置1基，及び Jenbacher ガスエンジン発電機1基構成，更に ORC 排熱回収発電機（Type-1/-2）付の基本モデル構成例（発電規模 1 MWhe）である。令和7年度より，間伐材による売電（40円/KWe）が適用される FIT（Feed-in Tariff）制度[7]の発電規模上限の装置（1 MWhe 未満，エンジン発電機単独なら 890 KWhe）の技術仕様の概要である。

発電規模 1 MWhe 以上の A-Tec ガス化発電設備の構築は全て並列構成となる。次の仕様（表3）は，より高発電規模・高信頼モデル例として発電能力 2 MWhe の技術仕様があり，この場合，A-Tec ガス化装置2基，Jenbacher ガスエンジン発電機2基（ORC 付）の並列構成の仕様である。高圧接続の上限値迄（2 MWhe 未満）の発電量（売電量）規模が可能な例となる（エンジン発電機単独なら 1.78 MWhe）。更にクラスター化により 3 MWhe，6 MWhe，9 MWhe の技術仕

表2　A-Tec ガス化発電装置技術仕様（1.0 MWhe）

ガス化・精製装置	(多段・No-Tar方式)	エンジン部	(合成ガス用Jenbacher)
設置数(一)	1	設置数(一)	1
バイオマス原料	チップ材、ペレット	エンジン出力(KWhm)	779<916x1
ガス化原料(Kg/h)	554	合成ガス熱量(KWhth/h)	2,309
: (ﾄﾝ/y)	4,520	エンジン・発電効率(%)	<38.55
含水率(%)	5<10	回転数(rpm@50/60Hz)	1,500/1,800
		電圧(V)	400V@50Hz/480V@60Hz
稼働時間(h/y)	8,160	排ガス温度(℃)	475
原料熱量(KWhm@LHV)	7,156	排ガス熱量(KWhth@LHV)	627
冷ガス化効率(%)	85.0<91.0	発電機部	
合成ガス熱量(MJ/Nm3)	5.5<6.5	発電量(KWhe@端子)	757<890x1
: (KWhtm/h)	2,309	単体効率(%)	97.2
: 組成 /H2:20-25/CO:15-30/CH4:1-3			
/CO2:5-15/N2:40-50/		排熱ORC-1発電機(標準)	(排ガスDirect方式)
炭残量(Kg/h)	14<18	設置数(一)	1
		発電量(KWhe@発電端子)	100x1<190
原料ホッパ・乾燥機	(温風乾燥方式)	排ガス量(Kg/h@Wet)	5,794
設置数(一)	1	: 温度(℃@Inlet)	465
受入原料(Kg/h@水分40%)	877	: 温度(℃@Outlet)	180
: (ﾄﾝ/y)	7,156	ORC-2冷却水発電(標準)	(クーラント排熱)
:含水率(%@Max)	40<50	設置数(一)	1
:貯蔵量(m3/時間)	<125/28hr(特注)	発電量(KWhe@端子)	10x1<30
:原料チップサイズ	8mm-80mm	温水量(ﾄﾝ/h)	50
Min.8mm<10%,Max.100mm<10%		:温度(℃@Inlet)	80
:熱量(MJ/Kg@水分40%)	10.17	:温度(℃@Outlet)	70
:熱量(KWhm/h@LHV)	2,477		
		発電量合計(KWhe@端子)	1,000
乾燥済原料(Kg/h)	554	:発電効率(%,w/ ORC)	40.38
:(ﾄﾝ/y)	4,520	:内部消費(KWhe)	116
:水分(%)	10>5	:売電量(KWhe@Net)	884
:熱量(MJ/Kg)	16.58<17.65	:電圧・周波数(V,Hz)	400(50)/480(60)
:熱量(KWhth/h@LHV)	2,716		
総受入原料(ﾄﾝ/y@水分40%)	7,156	標準設置面積(㎡)	≒1,200

Note:ガス化発電装置構成はガス化装置1系列単独運転、ガスエンジン発電機1系列単独運転の最小高発電効率(ORC付,高圧接続上限)モデル例(ORC無しモデルも可、グロス発電量890KWhe)

様（特別高圧接続）もあるが，省略する。

この様に顧客の発電規模，予算等の諸条件に応じ並列化・クラスター化対応が可能である。弊社取扱中の各種ガス化発電装置[3]に於いては，本 A-Tec は比較的高価格帯に属するが，他社との価格比較では，ほぼ中（高）価格程度と思われる。A-Tec は高ガス化効率のバイオマス・ガス化装置に加え，最もガス化装置用として有名かつ多数の導入実績と高品質ガスエンジン発電機（Jenbacher 社製）の採用，一体型乾燥設備，及び排熱回収 ORC 発電機（Type-1 & 2），更に稼働開始時用の乾燥機用の熱源確保の補助ボイラー設備，安全対策としての窒素ガス製造設備迄も全てを含む統合型タイプのバイオマス・ガス化発電装置として，全て含めた Turn-Key 設備として提供される。特に発電効率（発電量の最大化/原料使用量の最小化）による採算性向上を徹底的に追求し，ガスエンジン発電機の大型化・高効率化（JMS420），更に排熱 ORC 発電機

表3　A-Tec ガス化発電装置技術仕様（2.0 MWhe）

ガス化・精製装置	（多段・No-Tar方式）	エンジン部	（合成ガス用Jenbacher）
設置数(－)	2	設置数(－)	2
バイオマス原料	チップ材、ペレット	エンジン出力(KWhm)	779<916x3
ガス化原料(Kg/h)	1,108	合成ガス熱量(KWhth/h)	2,309
：　(㌧/y)	9,040	エンジン・発電効率(%)	<38.55
含水率(%)	5<10	回転数(rpm@50/60Hz)	1,500/1,800
		電圧(V)	400V@50Hz/480V@60Hz
稼働時間(h/y)	8,160	排ガス温度(℃)	475
原料熱量(KWhm@LHV)	14,313	排ガス熱量(KWhtm@LHV)	627
冷ガス化効率(%)	85.0<91.0	発電機部	
合成ガス熱量(MJ/Nm3)	5.5<6.5	発電量(KWhe@端子)	757<890x3
：　(KWhtm/h)	2,309	単体効率(%)	97.2
：組成　/H2:20-25/CO:15-30/CH4:1-3			
/CO2:5-15/N2:40-50/		排熱ORC-1発電機(標準)	(排ガスDirect方式)
炭残量(Kg/h)	14<18x2	設置数(－)	2
		発電量(KWhe@発電端子)	100x2<190
原料ホッパ・乾燥機	（温風乾燥方式）	排ガス量(Kg/h@Wet)	5,794
設置数(－)	1	：温度(℃@Inlet)	465
受入原料(Kg/h@水分40%)	1,754	：温度(℃@Outlet)	180
：　(㌧/y)	14,313	ORC-2冷却水発電(標準)	(クーラント排熱)
：含水率(%@Max)	40<50	設置数(－)	1
：貯蔵量(m3/時間)	<250/28hr(特注)	発電量(KWhe@端子)	10x3<30
：原料チップサイズ	8mm~80mm	温水量(㌧/h)	50
Min.8mm<10%,Max.100mm<10%		：温度(℃@Inlet)	80
：熱量(MJ/Kg@水分40%)	10.17	：温度(℃@Outlet)	70
：熱量(KWhm/h@LHV)	4,953		
		発電量合計(KWhe@端子)	2,000
乾燥済原料(Kg/h)	1,108	：発電効率(%,w/ ORC)	40.38
：(㌧/y)	9,040	：内部消費(KWhe)	233
：水分(%)	10>5	：売電量(KWhe@Net)	1,767
：熱量(MJ/Kg)	16.58<17.65	：電圧・周波数(V,Hz)	400(50)/480(60)
：熱量(KWhth/h@LHV)	5,432		
総受入原料(㌧/y@水分40%)	14,313	標準設置面積(㎡)	≒2,200

Note:ガス化発電装置構成はガス化装置2系列並列運転、ガスエンジン発電機2系列並列運転の高信頼性(ORC付)大型モデル例(ORC無しモデルも可、グロス発電量1,780KWhe)

(Type-1 & 2) 付加，並びに高信頼性対策としてガス化装置の並列2重化法による高信頼性の追及，クラスター化による大型化対応等を標準化 A-Tec 仕様に付加し統合化している。この様な高発電効率値の統合型バイオマス・ガス化発電装置・製品は，その価格帯に拘わらず，国内市場で他に存在しないと推察される。勿論，顧客の求める諸条件により常に A-Tec ガス化装置が最適とは限らない。例えば，中小型 500 KWe 以下の発電規模，廃棄物（RPF/MSW 等）ガス化発電の用途であれば，木質バイオマス専用 A-Tec の採用は不向きとなる。この様な場合を含め，別途ガス化（発電）規模（小型，超大型），各種原料対応，或いは他のガス化用途向け対応（合成燃料，合成化学）に応じた各種・最適なガス化装置も併せて提供している。必要性に応じ弊社 H. P. 等を参照され[2]，更に必要なら直接問い合わせ[6]も可能である。

文　献

1) ガス化装置の主要なタイプ
(https://commons.wikimedia.org/wiki/File:Gasifier_types.svg?Uselang=ja)
2) 合同会社バイオ燃料ホームページ (https://www.biofuels.co.jp)
3) 同ホームページ, ガス化発電装置 (https://www.biofuels.co.jp/page2.html)
4) 同ホームページ, A-Tec ガス化発電装置 (https://www.biofuels.co.jp/page20-3.html)
5) 同ホームページ, LiPRO & EEE & VEE ガス化発電装置
(https://www.biofuels.co.jp/page20-7.html)
6) お問い合わせ先 (https://www.biofuels.co.jp/page7.html)
7) FIT 制度と FIP 制度の違い (https://www.kokusen.go.jp/wko/pdf/wko-202303_06.pdf)

3 木質ガス化発電装置「リプロ（LiPRO）」と乾式メタン発酵プラント「ビーコン（BEKON）」

中村　茂*

地球温暖化対策に対する脱炭素の取組みは，世界的な喫緊の課題であるが，日本は，エネルギー資源が乏しいことから，エネルギーの安定供給との両立が不可欠である。この制約の下，日本のエネルギー政策では，エネルギーミックスにおける再生可能エネルギーの自給率は，2030年度までに22～24％程度（現在17％程度）に高める目標が掲げられている。

再生可能エネルギーには，自然界から無償で得られるエネルギー源を利用した太陽光，風力，地熱に加えて，唯一日本国内で原料供給可能な「バイオマス燃料」を利用した熱電併給が期待されている。前者は，自然エネルギーであることから，不安定要素が高い一方，後者は，経済的かつ社会構造的観点から，安定的かつ恒久的な必須エネルギー源と成り得る。弊社では，こうした長期的な日本のエネルギー目標に貢献するべく，2018年から木質および廃棄物系バイオマス原料から得られるガスエネルギーを利用した，木質ガス化発電装置「リプロ」と乾式メタン発酵プラント「ビーコン」を取り扱ってきた。これらはいずれも，日本に先立ち，数十年も前から実用導入実績のある環境先進国であるドイツ製である。

ここでは，両製品のガス化技術の最新動向をご紹介する。

3.1 木質ガス化発電装置「リプロ」

リプロ（LiPRO Energy GmbH & Co. KG）は，2015年に大学で木質ガス化を研究した仲間達が起業した大学発のベンチャーである。木質ガス化で最大の課題であったタールの発生を，「2段ガス化法」と呼ぶ高機能ガス化技術にて，クリーンな合成ガスの生成を実現した。同技術は，2016年度のEnergy & Environment Bestlist™の全エネルギー・環境分野にて，ドイツ政府から表彰を受けている。

従来の“標準的な”ガス化プロセス（ダウンドラフト式）では，投入した原料は，次の“連続した”3ステップで合成ガスが生成される（図1）。

①熱分解⇒②酸化（燃焼）⇒③還元

一方，リプロの「2段ガス化法」では，各ステップはそれぞれ“独立”しており，必要とされる温度帯が自動制御される。各ステップは，次の特長を有する（図2）。

①熱分解：合成ガスの余熱（550～700℃）を用いて次の木質チップの「炭化」を促進

②酸化（燃焼）：熱分解ガスを用いて，高温で安定した燃焼（1,000～1,100℃）を実現

③還元：水蒸気（H_2O）を投入し，700～800℃にてクリーンな合成ガス（H_2 + CO）を生成

* Shigeru NAKAMURA　㈱KSバイオマスエナジー　COO

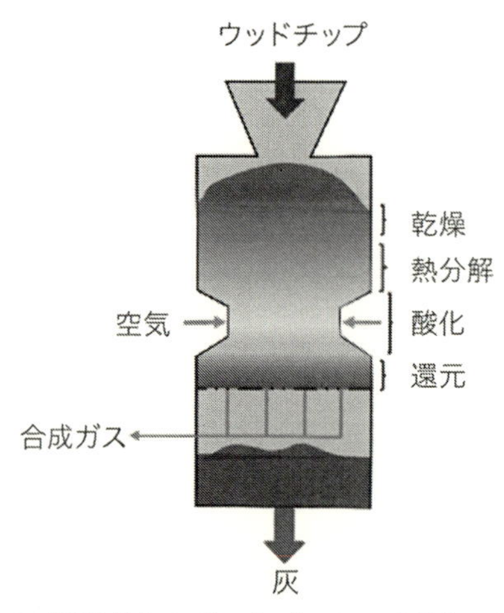

図１　従来の“標準的”なガス化プロセス（ダウンドラフト式）

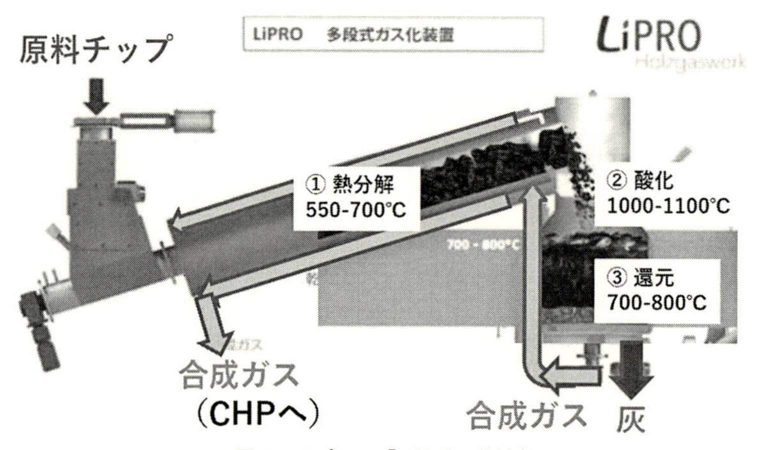

図２　リプロの「２段ガス化法」

この特異な技術により，合成ガスに含まれるタール成分を確実に抑制でき，機器故障やフィルターの目詰まりといった保守費低減が可能となる。

さらに，タール発生のもう１つの要因となる原料チップの乾燥の実現のため，自社製のチップ乾燥機を提供する（図３）。

図３　リプロ製チップ乾燥機（イメージ）

リプロ製チップ乾燥機（40 ft コンテナ大）は，屋外に設置が可能で，生チップをバンカー（容量約 22 m^3）に投入すると，CHP からの熱エネルギーを用いて含水率を ≦ WB10%にすることができる。乾燥チップは，オーガコンベアにて外部環境の影響なく自動搬送され，スクリーニング機能にて，ガス化に適さない大きさの材（微細材，オーバー材）を自動排出した後，ガス化装置へ適宜自動投入される。このチップ乾燥～搬送～投入までの一連のプロセスは，ガス化炉の運転状況に合わせて，リプロ制御盤にて一元管理される（図４）。

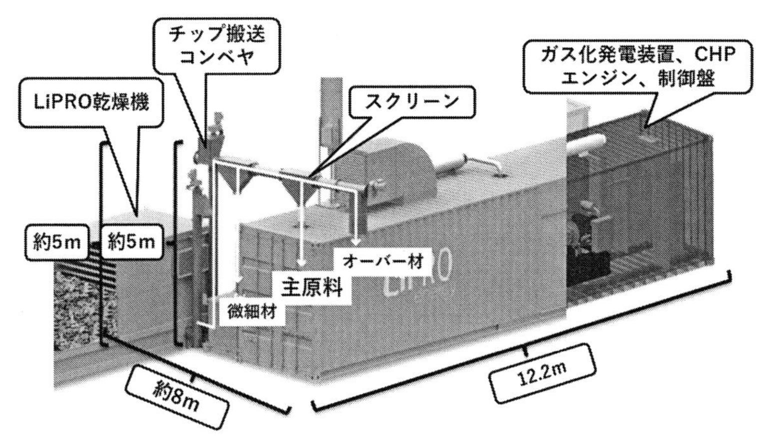

図４　乾燥～搬送～投入までのプロセス

深良地区木質バイオマス発電所

住所：　静岡県裾野市
発電設備出力：　165kW（FIT）
発電事業：　2022年4月22日開始
原料：　地域の未利用材2,100t/年（WB50%）
余熱利用：　2台目のLiPRO乾燥機にて、販売用乾燥チップ製造に利用

23年1月~2月　既存のお客様オペレータ(3名)へ実地研修をご提供

ご視察も可能です。
弊社HPより
お問い合わせください。

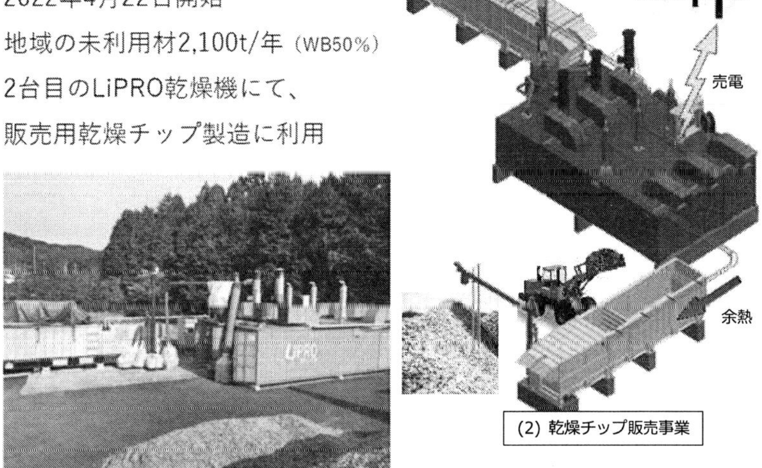

図５　深良地区木質バイオマス発電所の概要

図6　85 kW 出力の新型ガス化装置（イメージ）

リプロは，日本での需要に応えるため，弊社との技術協力にて，特に針葉樹（スギ，ヒノキ）を用いたガス化熱電併給技術の革新を進めてきた。その結果，2022 年 4 月に稼働開始した静岡県裾野市の発電所にて，年間 97.5%（2023 年 1 月～12 月，8,000 時間/年換算）という稼働率を達成することができた（図 5）。

また，お客様の大型化へのご要望に対しては，80 kW 出力（定格 85 kW）の新型ガス化装置を新たに開発し，欧州域内にて提供を開始した（図 6）。24 年 9 月より，日本のお客様へのご提供も解禁した。

3.2　“乾式”メタン発酵プラント「ビーコン」

ビーコン（Bekon GmbH）は，2001 年に先駆的なバイオガス発電プラント開発を開始し，2003 年に「ミュンヘン廃棄物サービス（AWM）」のプラント稼働を開始した。2016 年には，乾式発酵バイオガスおよび堆肥化の世界的な技術会社エガースマン（Eggersmann）グループの一員となった。

ビーコンの最大の特長は，真の“乾式”施設であることに尽きる。すなわち，従来，日本で多く用いられてきた“湿式”プラントとは異なり，消化液の排出が無いため，排水による環境負荷問題が回避できる。また，排水処理自体が不要なため，有機物原料の前処理施設（破砕，選別・異物除去，スラリー調整，等），および発酵残渣の処理施設（脱水・固液分離，放流前水処理，等）は一切必要ないシンプルで堅牢なプラントが建設できる（図 7）。さらに，発酵残渣も固形であることから，既存の堆肥化施設の前処理施設として追加導入することが可能であることに加え，残渣のエネルギー利用や焼却等の後処理が容易となる（図 8）。

他にも，ビーコンの発酵プロセスは，複数の発酵槽を用いたバッチ式であるため，プラント全停止に至るリスクは限りなく低く，発酵槽内には稼働部品が無いため，高稼働・低保守が実現でき，ビーコンシステムのエネルギー消費量は，同等の湿式発酵システムのエネルギー消費量をはるかに下回る。また，床暖房仕様の好熱性プロセス（約 55℃）による高メタンガス収率・病原

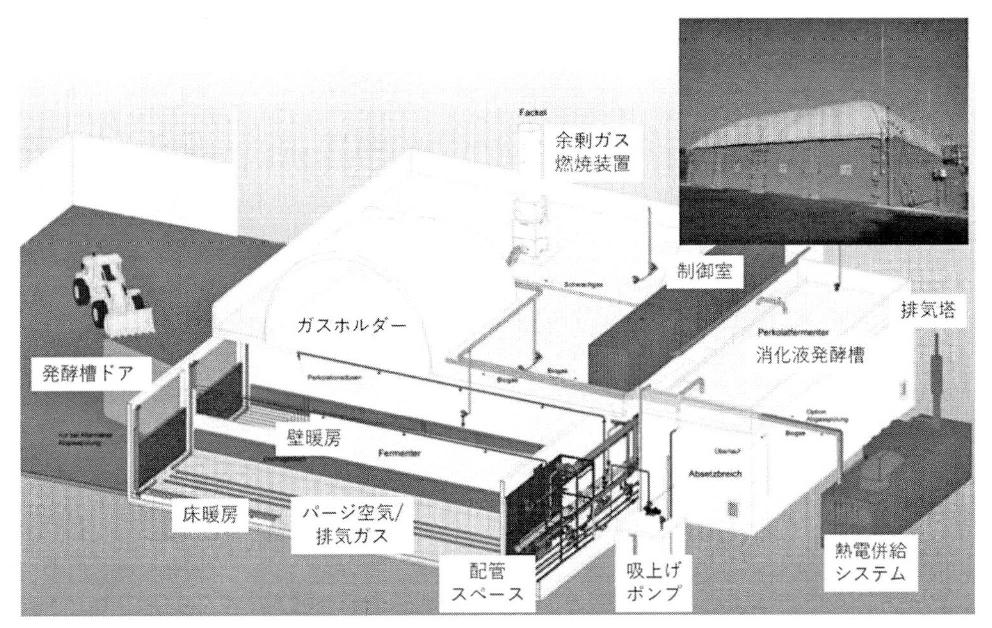

図7　ビーコン乾式発酵プラント（イメージ）

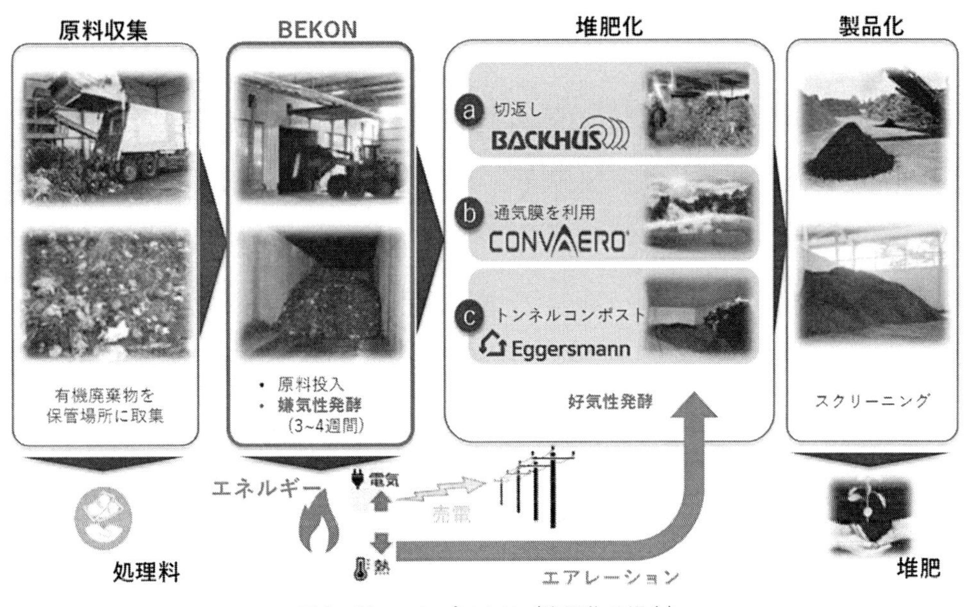

図8　ビーコンプロセス（堆肥化の場合）

菌破壊の実現や，中央制御システムでのガス発生量等稼働状況の常時監視・制御によるリモート監視・運用，等の利点がある。

ビーコン“乾式”メタン発酵プロセス（図9）のバッチ処理は，次の手順となる。なお，本プロセスは，発酵期間を4週間，発酵槽数を4槽とした例にて記載する。

(1) 発酵槽1のドアを開け，ホイールローダーで新たな有機物原料を投入する（図10）。

(2) 発酵槽1の発酵槽ドアを閉め，槽内を脱酸素化した後，適宜消化液を上部から散布させ，4週間の嫌気性発酵を行う。得られたバイオガスは，消化液槽を経由した後，ガスホルダーに蓄えられる。

(3) 4週間の嫌気性発酵が終了後，発酵槽1の槽内を外気で置換した後，発酵槽ドアを開け，ホイールローダーで発酵残渣を運び出す。

(4) 発酵槽壁や床，シャワーヘッドの洗浄等，定められた通常作業を実施し，手順(1)に戻る。

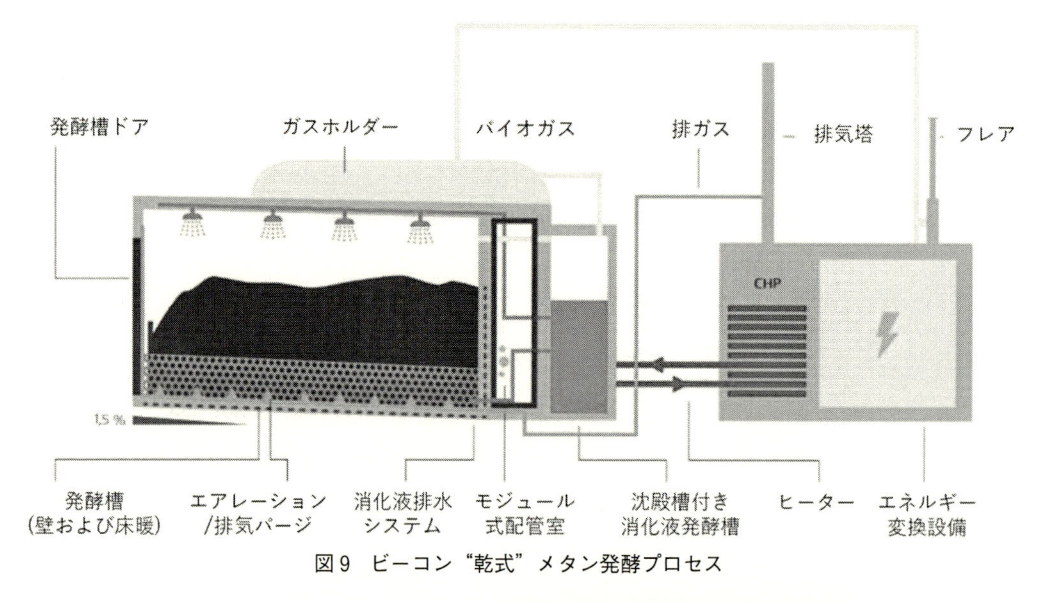

図9 ビーコン“乾式”メタン発酵プロセス

図10 発酵槽への原料投入例

(5)　発酵槽２～４にて，１週間／槽の間隔を置いて，手順(1)～(4)を実施する。

なお，(3)⇒(4)⇒(1)の一連の作業は，通常１日で実施可能である。

複数の発酵槽の有機物原料の投入を１週間／槽の間隔を置いて実施し，プラントにて生産されるメタンガスは一時的に消化液槽およびガスホルダーにて混合されることから，発生量および品質が均一化したメタンガスを，熱電併給システム（CHP）へ送ることが可能となる（図11）。

ビーコン“乾式”メタン発酵プラントは，全てカスタム設計となる。したがって，先ずは長期間，安定的に収集して投入できる有機物原料の量と，それぞれ個別の有機物原料の外部機関での分析結果をビーコンに提供することで，発酵槽数，長さ，想定発電量，等の簡易設計を実施する。なお，有機物原料として，家畜糞尿，食品残渣，下水汚泥，剪定枝や刈草，バーク，紙などが投入可能であるが，これらを一定比で混合した投入原料ミックスは，ホイールローダーで持ち運び可能で，発酵槽内に積み上げられる程度の含水率（＜60％）で，C/N 比が 20～30（目安）であることに注意が必要である。

ビーコン“乾式”メタン発酵プラントは，欧米にて，既に 50 か所以上が稼働している。内，ドイツ国内の５か所の堆肥化およびバイオガスプラントは，エガースマングループ傘下のコンポテック（KOMPOTEC GmbH）にて数十年に渡って自ら運営に携わってきた実績を持つ。エガースマンは，自らの堆肥化プラント経営の経験とそれを通じて得た知見をビーコン乾式発酵システムに積極的にフィードバックさせることで，システム技術とプラント経営効率の改善に活用し続けてきている。

ビーコン“乾式”メタン発酵プラントは，20 年余りの導入実績がありながら，残念なことに，これまで日本を含めたアジアに建設されたプラントは皆無であった。しかし，2024 年２月，株式会社鴻池組（大阪府大阪市）は，富士バイオテック株式会社（静岡県富士宮市）および弊社と合同会社を設立し，アジア初のビーコン“乾式”メタン発酵プラントによるバイオガス発電事業に着手すると発表した（表１）。2025 年内の運用開始を予定する。本事業により，バイオマス活用による地域自立型エネルギー事業を通じた地域への貢献を図ることが可能である。また，堆肥

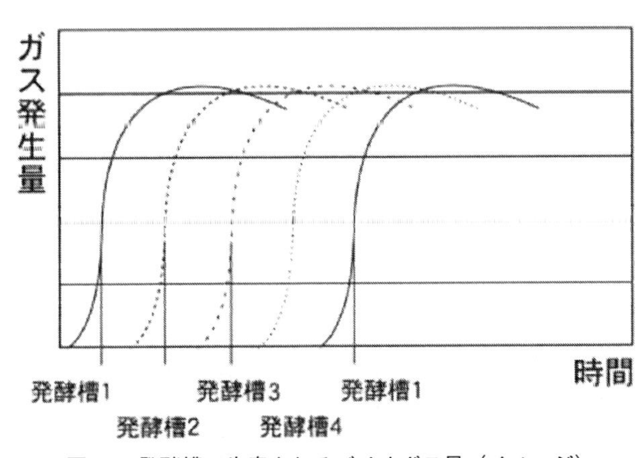

図 11　発酵槽で生産されるバイオガス量（イメージ）

表1　ビーコン発電所の施設概要

施設名称	（仮称）朝霧高原バイオガス発電所
事業者名	朝霧バイオガス合同会社，朝霧バイオパワー合同会社
合同会社構成	株式会社鴻池組，株式会社九電工※，富士バイオテック株式会社，株式会社 KS バイオマスエナジー
事業予定地	静岡県富士宮市根原（富士バイオテック株式会社敷地内）
事業内容	農産物処理加工施設（牛糞・食品残渣）およびバイオガス発電設備
年間処理能力	牛糞：14,200 トン，食品残渣：13,600 トン
発電能力	546 kW
年間発電量	4,560 MWh（一般家庭年間平均消費電力量の約 1,000 世帯分）

※株式会社九電工は 2024 年 9 月より参画

製造業は，元来地産地消型産業で地域の農林業を支えているため，この成果により全国の同様な堆肥製造業への展開が期待できる。

4　Volter 社製，SynCraft 社製，Cortus 社製熱電併給設備

フォレストエナジー㈱*

Volter 社製，SynCraft 社製，Cortus 社製熱電併給設備について紹介する。

4.1　Volter シリーズの紹介

フィンランド Volter OY が開発した木質バイオマスの CHP（熱電併給）設備 Volter シリーズは，ガス化炉，フィルター，ガスエンジン，発電機，灰排出装置まで，木質バイオマス発電に必要な機能をマイクロバスより小さいコンパクトでスタイリッシュなパッケージに収めていることが特徴である。2024 年 12 月現在，全世界で 150 基以上，日本国内にも 60 基以上導入されている。

4.1.1　Volter シリーズの特徴

Volter シリーズの特徴は高エネルギー効率である。Volter 40 では電気と熱の総合効率 78％を達成し，新型モデルの Volter 50 は更なる効率向上を実現している。また，オプションのオフグリッドユニットを利用することにより，蓄電池への対応や停電時の非常用電源としての利用も可能である。

Volter ユニットは 1 台でも稼働可能であるが，複数台を同時に利用することで発電量を増大可能である。そのため，近隣で調達可能な燃料量やエネルギー需要に応じたプラントサイズの開発が可能である。

パッケージとして Volter シリーズに最適な乾燥機シリーズ Woodtek も用意されており，必要なチップ量や，設置場所のサイズに合わせて選定可能である。

4.1.2　モデルラインナップ

最初の量産モデル Volter 40 は 2014 年に導入され，日本では 2016 年に導入された。2023 年初めに Volter 50（本国では「Walter」）が導入され，現在のラインナップは以下となっている。

Volter 40：発電出力 40 kW，熱回収量 100 kW，燃料投入量約 500 トン/年（含水率 50％）
Volter 50：発電出力 50 kW，熱回収量 120 kW，燃料投入量約 617 トン/年（含水率 50％）

また Volter 40，Volter 50 それぞれインドアモデルとアウトドアモデルが用意されている。インドアモデルは別途用意した建屋内に設置するが，アウトドアモデルは主要設備から灰出し装置，コンプレッサーまでを内蔵したパッケージが 40 フィートコンテナに収められており，屋外設置可能である。

＊　Forest Energy Inc.

4.1.3　ガス化炉およびガスエンジン

Volter のガス化炉は小型木質バイオマス CHP では最も一般的な，固定床ダウンドラフト式である。適切な温度でガス化炉の運転を維持するために，使用する原料には注意が必要である。推奨されている原料は含水率 15％以下の極力バークを除外した切削チップ（チップサイズ 16～63 mm）で，竹は使用不可である。十分に乾燥された原料，1,000～1,100℃の高い運転温度，適切なガス化炉設計により有害なタール成分をガス化炉内で分解することで，タールの問題を回避している。

ガス化炉で生成されるガスの組成は H_2：17％，CO：25％，CH_4：2.5％，CO_2：8％，N_2：47.5％となっている。

使用しているガスエンジンは 6 気筒 8.4 リットルの AGCO 社製で，Volter 40 は自然吸気であるが，Volter 50 では過給機を追加することで 20％の出力向上を実現している。

4.1.4　自動運転への対応

燃料供給から発電まで全自動で運転可能である。運転状況は常にインターネットでモニタリングしており，異常発生時はショートメッセージで通知すると共に，Volter 本体が軽微なトラブルについては自動的に復旧シーケンスを実行する。遠隔監視と操作が可能な TOSI BOX Key と遠隔監視に特化した Volter SPACE の 2 種類のシステムが用意されている。

図 1　Volter 50，乾燥チップサイロ，乾燥機設置例

図 2　Volter 50 複数台設置例

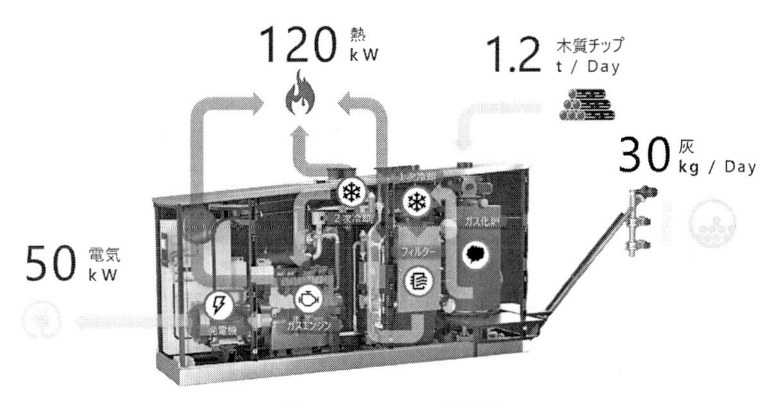

図3　Volter 50 内面図

4.2　SynCraft の CraftWERK の紹介

オーストリアの SynCraft GmbH が開発した CraftWERK テクノロジーは，木質バイオマスのガス化プロセスの「熱分解」と「酸化およびガス化」製造工程を分離し，各工程を理想的な運転条件で制御する独自の段階的ガス化プロセスである。またガス化炉は浮遊固定層式と呼ばれる他に類を見ない方式である。

これにより，他のシステムと比較して生成ガス中のタール含有量を非常に低く抑えることができ，ガス洗浄を最小限に抑えることができる。また，原料への枝やバーク（樹皮）の混入可としている。

CraftWERK は，700～1,800 kW 規模の電力および熱供給（100～300 世帯）の分散型電力範囲向けに開発された。高い発電効率，原材料の柔軟性，および低い運用コストが可能である。

4.2.1　CraftWERK のプロセス概要

(1)　乾燥

バイオマスをガス化プロセスで利用する前に，水分含有量が 10% 未満まで乾燥させる。乾燥に必要なエネルギーは，生成ガスの排熱や地域暖房ネットワーク等から取得できる。乾燥機自体は通常付属していないが，オプションとして提供も可能である。

(2)　炭化（熱分解炉）

熱分解炉は円筒形の保温された垂直容器で，バイオマスを下から上に移動させる内部スパイラルコンベアを備えている。熱分解工程では，乾燥バイオマスの一部を燃焼（約 500℃）させたエネルギーを使用する。バイオマスの一部を酸化し，吸熱熱分解反応に必要な熱を発生させるために，圧縮空気が熱分解炉に注入される。高温によりバイオマスは固体成分と気体成分に熱分解される。この工程で生成されるガスには依然としてタールが多く含まれている。

(3)　酸化（ガス化炉）

熱分解生成物はガス化炉に投入され，酸化はガス化炉入口である底部で発生する。酸化ゾーンでは，熱分解で得られた成分に空気を注入することにより部分的に燃焼する。

この燃焼により最大900℃まで加熱されるため，タールのほぼ全量が熱分解し除去される。従って，ガス浄化のかなりの部分は酸化ゾーンで行われる。円錐形セクション（酸化ゾーン）では熱分解プロセスで得られた固定炭素が，上向きの空気流の作用によって浮遊した固定床を形成する。

(4) 還元（ガス化炉）

還元ゾーンでは，バイオマスの実際のガス化が行われる。熱分解工程から送られた固定炭素は，還元反応器内に浮遊する固定床を形成し，ガスはこの固定床を通過する。生成ガスは，ガス化炉を通過する間に吸熱ガス化反応によって約750℃まで冷却され，ガス化炉の上部から排出される。

生成されるガスの概略組成はH_2：20%，CO：20%，CH_4：2.5%，CO_2：12.5%，N_2：45%である。

(5) フィルター

ガスフィルターでは，高温の生成ガスから塵が除去される。これはCraftWERKsの特徴である高品質で貴重な副産物のバイオ炭である。バイオ炭はフィルターから排出され，必要に応じて加水された後，フレコンバッグ等に詰めて販売可能である。

(6) 冷却器

生成ガス冷却器は2段となっており，生成ガスは750℃から100℃まで冷却される。ガス冷却によって生成された熱エネルギーは，熱供給ネットワークに供給されるか，バイオマスの乾燥に直接使用可能である。

(7) ガススクラバー

ガススクラバーでは，生成ガスを高効率ガスエンジンの要件である25～30℃の温度まで冷却する。ガスを冷却することによって得られた凝縮水は，同時に洗浄剤としても機能するため，処理を行わずに排出可能である。水または凝縮液をスクラビング媒体として使用すると，生成ガス中に存在するアンモニアのほとんどが分離される。

(8) ガスエンジン

発電は，Jenbacher社製高効率の過給機付き火花点火エンジンを介して，熱電併給装置で行われる。発生した熱は熱供給ネットワークに供給される。

起動時と停止時，およびCHPを使用しない運転時は，生成ガスはフレアを介して燃焼させる。

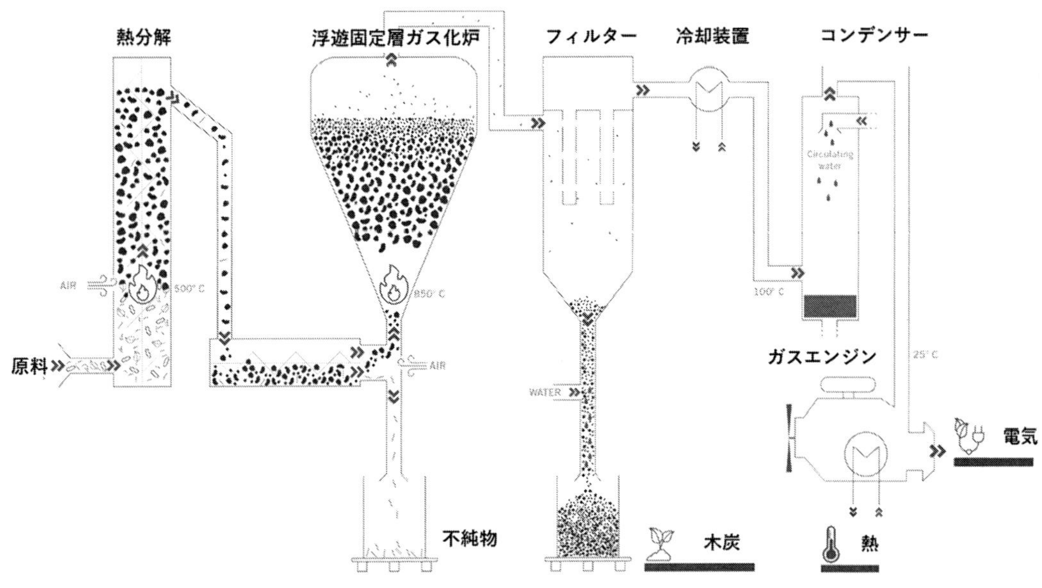

図 4　CraftWERK システムフロー

4.3　Cortus の WoodRoll® の紹介

スウェーデンの Cortus Energy AB が開発した WoodRoll® テクノロジーを紹介する。これは約 60％の水素（H_2），30％の一酸化炭素（CO），1％のメタン（CH_4）の組成を持ち，かつ二酸化炭素（CO_2）組成が最小限の非常に純度の高い合成ガス（Syngas）を効率的に生成する革新的なバイオマスガス化プロセスである。

WoodRoll® テクノロジーは効率的なバイオマス処理を行うため乾燥，熱分解，ガス化のそれぞれの工程を分離することで，熱効率の最大化を実現している。また，輻射熱を利用した間接加熱を採用することで，生成される合成ガス中の水素濃度が非常に高い特徴を持つ。

4.3.1　プロセス概要

WoodRoll® プロセスの各工程について解説する。

(1)　バイオマスの乾燥

後続工程の効率を高めるために，ガス化工程の前処理として，バイオマスを所定の含水量まで乾燥させる。乾燥工程を分離したことにより，バイオマスは熱分解による高温雰囲気の影響を受けることが無くなるため，適切な水分除去の制御が可能となる。WoodRoll® ではガス化工程で生成される燃焼ガスの廃熱を利用した向流熱交換システムを採用している。これにより，高温の燃焼ガスが効率的に乾燥機を通過し，熱エネルギーの損失を最小限に抑えながらバイオマスからの効果的な水分除去を実現している。乾燥工程は約 100℃の温度で運転される。

(2)　バイオマスの炭化

熱分解工程は，酸素の不在下で有機材料を熱分解し，バイオ炭，バイオオイル，および熱分解ガスを生成する。WoodRoll® は２段階の間接加熱技術を利用しており，熱分解炉で生成された熱分解ガスおよびタール分はプロセスから分離され，ガス化プロセスとは別系統で燃焼される。

乾燥バイオマスは熱分解炉内において輻射熱で間接的に加熱される。炉内で燃焼が発生せず，空気が導入されないため，下流のガス化炉に窒素が送られない。

また，間接加熱により，均一な温度分布が促進され，熱分解効率が最大化される。本工程ではバイオ炭（固体炭素生成物），揮発性有機化合物（バイオオイル），および主に H_2，CO，CH_4 からなる熱分解ガスが生成される。

⑶　バイオ炭の粉砕

熱分解工程後，バイオ炭を微粉末に粉砕することで表面積を増加させる。これによりガス化反応の速度が向上し，合成ガスの生成が最適化されると同時に，反応炉内での熱伝達がより均一となる。

⑷　1100℃でのガス化

WoodRoll® ガス化工程は，約 1100℃の高温の蒸気雰囲気の反応炉内で行われる。反応に必要な熱は輻射熱により間接的に供給されるため，ガス化炉内で酸化（部分燃焼）は発生しない。そのため熱分解工程で発生するタール分がガス化炉に入ることを防ぎ，合成ガス中のタール分を非常に低く抑えることに成功している。ガス化炉に投入されるのはバイオ炭と水蒸気のみで，吸熱反応により最適な組成の合成ガスを生成する。

$$C + H_2O > CO + H_2$$

この反応は主に水素と一酸化炭素を生成し，望ましくない副生成物の生成を最小限に抑える。

4.3.2　向流熱回収システム

革新的な向流熱回収システムにより，ガス化プロセス全体で熱が効率的に利用される。ガス化炉からの高温燃焼ガスは熱分解炉に熱を提供し，次に乾燥器に熱を供給し，最終的に煙突から排出される。熱回収により，全体のエネルギー消費が削減され，システム持続可能性を高めている。また，プロセスが合理化され，設備のコンパクト化に寄与している。

4.3.3　合成ガスの組成と用途

WoodRoll® の高度なガス化技術の最終製品は，約 60％の水素，30％の一酸化炭素，１％のメタン，および微量 CO_2 という他に類を見ない独特な組成を特徴とする非常に純度の高い合成ガスである。このような混合ガスはさまざまな用途に適している。

・　燃料電池：水素含有量が高いため，燃料電池での効率的な発電が可能となる。
・　化学合成：合成ガスは，化学物質の製造における合成や先端材料の原料として使用できる。
・　電気および熱の生成：合成ガスを燃焼させてコージェネレーションシステムで熱と電力を生成することが可能である。

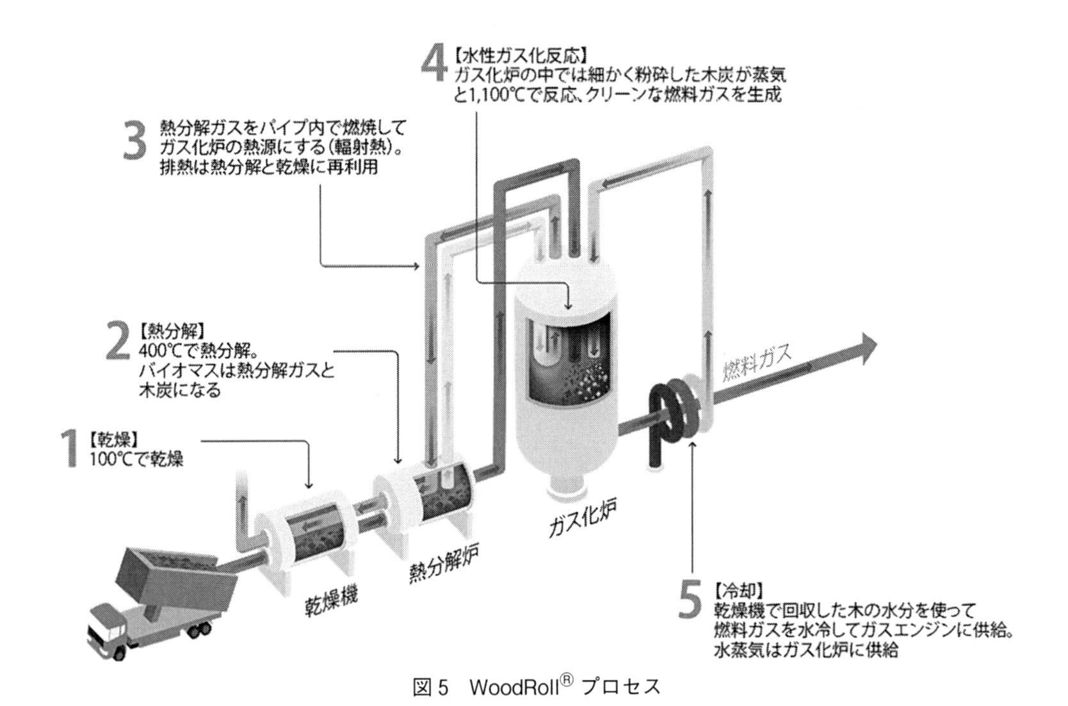

図5　WoodRoll® プロセス

	6 MW WoodRoll	20 MW WoodRoll	備考
合成ガス出力	6MW	20MW	生成される合成ガスに含まれる単位時間あたりの熱量
バイオマス原料	1.5トン/h（乾燥）［～2.5トン/h（含水率30%）］	5トン/h（乾燥）［~8トン/h（含水率30%）］	バイオマスの使用量は含水率38%でのバイオマスから合成ガスへの熱収支80%で計算。
所内消費電力	250 kW	750 kW	最大稼働時の電力消費。最大消費は燃焼用エアーブロアーと炭粉砕機
用水	1 m3/h	3 m3/h	必要な用水量は合成ガスの冷却および乾燥機からの水分をリサイクルすることで削減可能
窒素（不活性ガス）	30 kg/h	60 kg/h	窒素の一部または全てをCO2で代替可能
都市ガス/LPG	50 kW	50 kW	フレアーのパイロット用。
設置面積	30x40m	50x60m	原料の貯蔵やハンドリングに必要な面積が別途必要
熱回収	<1 MW	>3 MW	WoodRollから供給可能な熱量。原料の乾燥にも利用可能。

図6　WoodRoll® モデルラインナップ

図7　Höganäs の WoodRoll® 6 MW 合成ガスプラント（スウェーデン）

第5章　バイオマス発電の概況と採算性

1　バイオマス発電の現状と課題

松村幸彦*[1]，張　孟莉*[2]

1.1　緒言

バイオマス発電は，バイオマスをエネルギー源として捉え，そのエネルギーを電力として取り出す操作である。そのための技術には各種あるが，化学エネルギーであるバイオマスから直接電気エネルギーを取り出すことは容易ではない。生物燃料電池という手法を用いて，微生物などの有する化学エネルギーを直接電力として取り出す研究はなされているが，実用化まではまだ困難が多い。このため，燃焼によって熱エネルギーに変換したり，熱分解や生物化学的な分解によって可燃性気体を得たりして，これらの熱や可燃性気体を用いて発電することが一般的に行われている。本稿ではこれらを概説し，その位置づけを踏まえて今後の展望を述べる。

1.2　バイオマス発電の種類とその課題

実用化技術としてのバイオマス発電には，専焼，混焼，ガス化発電，メタン発酵発電が挙げられる。これ以外にも，上述の生物燃料電池や，含水性のバイオマスを高温高圧水中でガス化して発電に使う超臨界水ガス化発電なども研究が進められているが，まだ実用化に至っていない。以下，順にこれら4つの技術を紹介する。

専焼は，バイオマスのみを燃焼し，高温の熱を得て，この熱を用いて水蒸気を発生させて水蒸気タービンを回し，発電を行う技術である。100 kW 程度の小型のものから10万 kW の大型のものまで広く用いられている。小型のものでは，沖縄などで製糖目的でサトウキビの茎を搾った搾りかすであるバガスを燃焼，製糖工場で必要な電力を得る技術が用いられている。大規模なものでは，建設発生木材などの廃木材や，森林から発生する未利用木材を収集，これを燃焼して発電し，得られた電力を売電することが行われている。導入は，大型製材工場が早く，端材やおがくず，プレーナダストなどを用いた発電が行われた。特殊なところでは，製紙工業で紙を生産するためのセルロースを得るために，木材からリグニンを薬品で溶かし出した黒液を燃焼して発電がおこなわれている。黒液にはリグニンを溶解する薬品が含まれており，これを回収する目的もある。ヘドロなどの問題に対応するために導入された技術であるが，以前は製紙工場で必要な電

＊1　Yukihiko MATSUMURA　広島大学　大学院先進理工系科学研究科　教授
＊2　Mengli ZHANG　広島大学　大学院先進理工系科学研究科　助教

力をすべてこれで賄えていた。しかしながら，再生紙の需要が高まり，リグニンを含まない古紙パルプが用いられるようになると，十分な量のリグニンが得られず，現在では工場の電力を全部賄うことは困難である。

混焼は，すでにある石炭焚きなどの火力発電所でバイオマスを一緒に燃焼する技術である[1]。同じ発電量に対して二酸化炭素の排出量を下げることができるが，もちろん化石燃料の使用量が全くゼロになるわけではない。しかしながら，バイオマス導入の初期の発電事業において単位バイオマス量当たりの二酸化炭素削減量を増やすには最も有効な技術である。これは，バイオマスのみを燃焼する専焼においては規模が小さいために発電効率が高くできないのに対して，混焼では大規模高効率で燃焼することが可能となるため，単位バイオマスから得られる電力量も大きくできるためである。混合するバイオマスの有する発熱量の全体の発熱量に対する比を混焼率というが，この値を上げることが進められている。また，SOx や NOx の生成量も減少させることができる[2]。この時，問題となる点が 2 つある。1 つ目は，粉砕の問題である。特に石炭ボイラでは石炭を粉砕して微粉炭とし，これをバーナを介して供給，燃焼することが多いが，バイオマスを混合すると粉砕機（ミル）がうまく稼働しなくなるためである。バイオマスは石炭と比べて柔らかいため，粉砕性に劣り，混焼率を上げすぎると粉砕機がうまく動かなくなってしまう。通常，3 %が従来の粉砕機をそのまま用いる限界と言われる。これに対しては，バイオマスをあらかじめ加熱処理して部分炭化した燃料を用いることが検討されている。この部分炭化は半炭化あるいはトレファクションと呼ばれる 300～400℃程度で行うもので，完全な炭化とは異なるが，バイオマスの水分を除去し，粉砕性を高めることができる。しかしながら，コストなどの点から広く導入されるには至っていない。バイオマスの粉砕性を高めたり，バイオマスを別に粉砕したりしてボイラに供給することによって混焼率を高めると，今度は 30%程度の混焼率で灰の溶融性の問題が発生する。バイオマスの灰は石炭の灰と異なって，アルカリ金属などが多く，このために比較的低温でスラグ化する。結果として炉壁の伝熱特性が悪化し，メンテナンスに手間とコストがかかる。ガス化，液化してからボイラに供給する方法も検討されている[3,4]。

ガス化発電は，バイオマスを高温ガス化して可燃性のガスを得，これを主としてガスエンジンで燃焼し，エンジン出力で発電を行うものである。ガスエンジンは小型でも高効率な運転が可能なため，ガス化効率が 100%でないことを考慮しても全体の発電効率を高めることができる。国内のバイオマスの収集量には限界があり，特に一か所に集めることのできるバイオマス量に制限があることが多い。その場合でも高効率に発電することができる技術として導入されている。ガス化してからの発電技術にはガスエンジンの他にマイクロガスタービンや燃料電池を使うことも検討されているが，安定運転やコストの観点から，ガスエンジンを用いることが一般的である[5]。燃料電池ほどではないが，ガスエンジンも比較的高価であり，直接燃焼発電よりもコストがかかることが問題で，排熱の利用も行う熱電併給によって経済性を向上させることなどが行われる。従来，高温ガス化はタールが副生することによって後段の装置に悪影響があったり，タールの除去に大きな手間とコストがかかるために実用化が困難であった[6]。一方，1000℃以上の十分に高温にすればタールは完全に分解することも知られていた。欧州で，高価格でバイオマス発電電力を購入する対象を小規模の発電設備に制限したことがきっかけで，各社が高温部分を作ってタールの問題を解決した小型ガス化発電技術を開発，広く用いられるようになった。日本では，バイオマスの収集可能量が小さいこともあって，この技術導入が行われた。しかしながら，高温ガス化は燃焼発電に比べて高コストで，経済性を出すことが困難であることが多い。また，欧州では問題なく動くガス化炉を日本に持って来たところ，すぐにクリンカが生成して連続運転できなくなる問題も発生した。さまざまな検討が行われた結果，日本のバイオマスの灰にはアルカリ金属などが多く含まれることが問題であることが確認された。これについては添加物などで対応がなされるようになってきている。

メタン発酵発電は含水性のバイオマスを用いて発電するための技術である[7]。含水性のバイオマスを空気に触れない嫌気性条件下に置くと，嫌気性微生物が主として活動し，有機物を分解，メタンと二酸化炭素を主成分とする可燃性のガスを生成する[8]。このガスを後処理した後，ガスエンジンで燃焼，発電を行うものである[9]。メタン発酵そのものは確立した技術であり，日本でも第二次世界大戦の頃には広く用いられていた。しかしながら，家庭で家畜を飼うことが少なくなり，原料となる家畜排せつ物が得られなくなったことから，見ることもなくなった。唯一残ったのが，下水処理場とビール工場であった。下水処理場では，活性汚泥法で排水処理をした時に生成する余剰汚泥の処理が問題となっており，その量を減らすことが求められた。余剰汚泥をメタン発酵するとその体積が大きく減少するので，発電目的というよりも汚泥の減容化として行われたものであったが，再生可能電力の導入が進められると，これを用いて発電することが多くなり，特に下水処理場では活性汚泥法の曝気のために多くの電力を消費することもあってよく用いられる。ビール工場は有機物を含んだ排水の処理が求められており，比較的有機物濃度が低いために処理が容易で，UASB 法という微生物の粒状になったものを用いる高効率な技術が用いられた。その後，再生可能エネルギーとしてのバイオマス利用が求められるようになり，新エネルギー促進法の改正やバイオマスニッポン総合戦略の推進の中で，家畜排せつ物や生ごみなどのメタン発酵発電が導入されるようになった。メタン発酵の問題点は，微生物反応であるために反応速度が遅く，さらに微生物が分解できる有機物しか分解できないために発酵残渣と有機物を含んだ排水が発生することで，この処理が困難で導入が限定的であった。発行残渣はコンポスト化して畑に施肥することが最も望ましい解決策であったが，特に家畜排せつ物を原料とした時には，発酵残渣に含まれる窒素含有量が大きいため，施肥可能量に上限があり，広い畑のある北海道程度でないと導入が困難であった。排水については液肥としての利用も行われるが，排水が出ないように含水率を下げて行う乾式メタン発酵も開発された。ただし，乾式メタン発酵ではアンモニアなどの阻害を受けやすい問題がある。反応が遅く発酵が終わるまでに２週間から１か月かかるため，それだけの原料を保持する反応器が大きくなり，高コストとなることも問題である。

1.3 バイオマス発電の経緯と現状

我が国のバイオマス発電は，製紙会社の黒液による発電を除けば製材会社が製材残材の有効利用として個別に始めたものが始まりで，ガス化発電を自社で開発して導入した新栄木材や直接燃焼発電を入れた銘建工業などが挙げられる。その後，日本政府は新エネルギー促進法の改正でバイオマスを新エネルギーとして位置づけ，電力の脱炭素化を進めるために各電力の発電量の一定割合を再生可能電力とすることを義務づけるRPS法を導入した。電力各社はこれに対応して混焼を進めるとともに，木質バイオマス発電の電力を購入することも行った。しかしながら，その導入目標は毎年電力会社の意見を聞きながら決定したためにやがて頭打ちとなった。その後，東日本大震災の後に固定価格買い取り制度（FIT）が導入され，バイオマス発電の導入量は大きく増えることとなった。

FITでは，再生可能エネルギーから発電した電力を一定の期間，市場価格よりも高い価格で電力会社が買い取ることが決められており，再生可能エネルギーを用いた発電の事業性を高めることによって，その導入を促す。その買取価格は政府の調達価格等算定委員会で，一般的な再生可能エネルギーからの発電のコストを推算し，これが市場で競争力を持つように決定される。バイオマスからの発電電力の買取価格は，バイオマスの種類と発電規模によってきめられており，一部は入札で価格を決めるFIPも導入されている。

現在，バイオマス発電については，FIT制度開始前の導入量と2021年6月時点のFIT認定量を合わせた容量は，バイオマス発電全体で1,036万kWとなっている[10)]。特に高い買取価格が設定されているのは2,000kW未満の間伐材等由来の木質バイオマスによるもので，1kWhあたり40円の買取価格となっている。メタン発酵がこれに続き，35円の買取価格である。また，バイオマスの場合，その買取期間は20年となっている。電力会社は，高い金額で再生可能電力を購入することになるが，その差額は，賦課金として，電力の消費者から購入する電力価格に上乗せされる。2024年現在，その賦課金は3.49円/kWhとなっている[11)]。2024年度の電力の目安単価は31円/kWhであり[12)]，11.3%を賦課金が占めることになる。

FITは，一定の期間だけ補助を行うことによって再生可能電力の導入を促進するものであるため，そのままでは補助が終わると経済性が成り立たなくなる。FITの本来の目的は，このようにして事例を増やし，ノウハウを蓄積し，このことによって対象の再生可能電力の発電コストを下げることである。実際，太陽光発電や風力発電については，発電コストの大幅な低減が実現され，買取価格は年を追って低下してきた[13)]。ところが，バイオマス発電については価格は毎年据え置かれ，一部FIPが導入されたにとどまっている。これはバイオマス発電の大きな課題である。太陽光発電や風力発電は，一度設備を設置すれば，ほとんど手間もかからず発電が行われる。このため，設備コストが低下すれば全体の発電コストも大きく低下させることができる。これに対し，バイオマスは継続的に原料を購入しなくてはならず，発電にも運転員が必要で，設備費に加えて原料費，人件費が大きな割合を占める。さらに保守も比較的コストがかかる。バイオマス原料費や人件費は技術開発で下がるものではなく，林業の形態や関連する制度，物価などに依存するためにバイオマス発電のコストを下げることは難しい。このため，買取期間が終了すれば，多くのバイオマス発電は立ち行かなくなり，バイオマス発電の新設もなく，一気に低下することが懸念されている。

このポストFIT問題は，しかしながら，最初の買取期間終了が10年近く先であることもあって，十分な対応がとられている状況にはない。ただし，太陽光と風力は変動性があるために，系統が対応できる以上の電力については蓄電池が必要である。すでに九州や北海道で系統の対応できる量を超えた発電量が太陽光や風力から提供され，買取停止が起きていることを考えれば，太陽光や風力の導入は頭打ちとなることが考えられる。蓄電池を導入すれがさらに発電量を増やすことも可能だが，蓄電池はまだ価格が高い状況にあることは理解しておく必要がある。

さらにバイオマスには，原料収集の課題がある。バイオマス直接発電の効率は，規模が大きいほど高くなる。100万kWの石炭火力発電であれば発電効率が40％程度は得られ，混焼であればバイオマスもこの効率で発電に用いることができるが，タイのもみ殻発電のように10万kW程度の規模となると発電効率は30％程度に落ち，100kW程度の規模では10％も出せないことが多い。このため，大規模収集が求められ，国内の未利用バイオマスについては争奪戦の様相を呈しているところも多い。国内で経済的に得られるバイオマス量に限界があることから，海外から安価なバイオマスを入手することも進められている。特にマレーシアやインドネシアから油やし副産物などを輸入して発電する例もあり，これらについては大規模発電所が沿岸部に設置されている。

一方，持続可能性に関する議論もある。特に問題なのが土地利用変化で，バイオマスを生産する土地が森林を切り開いて畑にしたところだと，土地利用が森林から畑になるときに大量の温室効果ガスが発生してしまい，バイオマスによる二酸化炭素削減を100年行ってもその分が回収できないことがある。土地利用変化のないバイオマス利用と，バイオマスがこのような観点で問題がないことを示す認証が求められている。また，遠距離から輸送することによって輸送に伴う二酸化炭素の排出も検討する必要がある。これらの検討には，ライフサイクル分析（LCA）を用いた評価が求められる。

1.4　バイオマス発電の展望

上記の知見から将来を展望すると，FITが終了した後のバイオマス利用には困難が予想される。太陽光発電や風力発電のように基本的には設備コストだけで運転が継続できる再生可能エネルギーと比較して，バイオマスは設備コスト以外に，原料コストと人件費がかかる。このため，どれだけ発電技術を安価にしても，発電コストはなかなか下げられない。無人運転を可能として，バイオマスが安価に供給できるしくみを同時に立ち上げることが求められるが，これには技術だけではなく，法律や社会システムにも大きく依存する。FITの買取期間が終了すると，ほとんどすべてのバイオマス発電は停止するというのがもっともあり得るシナリオと考えられる。

これに加えて，バイオマス資源量の限界も問題となる。世界的には１次エネルギー供給量に匹敵するという推算もあるが，日本では多く見積もっても1次エネルギー供給の10%程度のバイオマスしか存在しない。このことは，バイオマス発電所の件数に限界があることを示し，事例が増えないために発電コストの低下も限定的となることが予想される。

一方で，再生可能電力として期待される太陽光発電と風力発電には，たとえ蓄電池が安価となっても対応できないエネルギー利用がある。具体的には，製鉄用コークス，飛行機用燃料，プラスチックであり，これらは，形のない電気からは得ることができない。製鉄は鉄鉱石を還元する還元反応なので，水を電気分解して得られる水素を使えば鉄鉱石の還元ができるように思えるが，実際には鋼としての強度を得るためには0.3%程度の炭素を添加する必要がある。飛行機も，動力源に電気を使えば良さそうに思えるが，電気をためておく蓄電池が重いため，これを積んで空を飛ぶことは現実的ではない。重量物を運ぶトラックや，船なども同様に重い蓄電池を積んで運ぶことは難しい。プラスチックも炭素骨格があるから形状を保つことができ，電気だけから各種のプラスチックを得ることはできない。これらはいずれも炭素を利用している点に特徴があり，化石燃料が炭素を含む有機物であることからその有効利用として用いられている。これらの利用は1次エネルギーの10%程度であり，炭素量から考えると，ちょうど日本国内のバイオマス資源量と釣り合う程度となる。

これらの状況を考えれば，バイオマスは発電よりも炭素源として利用し，製鉄，航空燃料，プラスチックに利用することが，他の再生可能電力との位置づけや社会ニーズからも望ましい。むろん，蓄電池の開発と価格低下の状況によっては，バイオマス発電の方が安価で送電の安定に寄与する可能性もあり，また，化石燃料を利用しながら，バイオマスを発電した後に炭素回収貯留するBECCS（バイオエネルギー炭素回収貯留）[14]や炭化貯留のような形で炭素固定に利用する可能性もある。しかしながら，将来を見る時には発電にこだわらず広い視野で利用可能性を検討することは重要と考えられる。

1.5 結言

以上，本稿ではバイオマス発電の現状として主として用いられる専焼，混焼，ガス化発電，メタン発酵発電の4つの技術とそれぞれの課題，さらにFITにおけるバイオマス発電の位置づけと課題，他の再生可能エネルギーと比較に基づいた炭素源としての可能性を紹介した。バイオマス発電は，技術的にも改善の余地が残されているが，システムとして考えた時にも人件費と原料費がかかり，持続可能性が疑問視されることもある。蓄電池の開発状況にもよるが，他の再生可能エネルギーが発電コストを大きく低下させていることを考慮して，製鉄用コークス，飛行機用燃料，プラスチックなどを再生可能化するための炭素源として用いることがひとつの可能性として考えられる。発電にこだわることなく，広く可能性を議論していくことが，FITの買取期間終了を見据えて重要であろう。

文　　献

1) Demirbas, A., *Progress in Energy and Combustion Science*, **30**(2), 219-230 (2004)
2) Zhang, L., Xu, C. C., & Champagne, P., *Energy conversion and management*, **51**(5), 969-982 (2010)
3) Tillman, D. A., *Biomass and bioenergy*, **19**(6), 365-384 (2000)
4) Czernik, S., French, R., Feik, C., & Chornet, E., *Industrial & Engineering Chemistry Research*, **41**(17), 4209-4215 (2002)
5) Sikarwar, V. S., Zhao, M., Clough, P., Yao, J., Zhong, X., Memon, M. Z., ... & Fennell, P. S., *Energy & Environmental Science*, **9**(10), 2939-2977 (2016)
6) Bridgwater, A. V., *Fuel*, **74**(5), 631-653 (1995)
7) Weiland, P., *Applied Microbiology and Biotechnology*, **85**, 849-860 (2010)
8) Chandra, R., Takeuchi, H., & Hasegawa, T., *Renewable and Sustainable Energy Reviews*, **16**(3), 1462-1476 (2012)
9) Angelidaki, I., Treu, L., Tsapekos, P., Luo, G., Campanaro, S., Wenzel, H., & Kougias, P. G., *Biotechnology Advances*, **36**(2), 452-466 (2018)
10) 資源エネルギー庁，バイオマス発電について，
https://www.meti.go.jp/shingikai/santeii/pdf/074_02_00.pdf (Last access: Dec. 15, 2024)
11) 経済産業省，再生可能エネルギーの FIT 制度・FIP 制度における 2024 年度以降の買取価格等と 2024 年度の賦課金単価を設定します，
https://www.meti.go.jp/press/2023/03/20240319003/20240319003.html (Last access: Dec. 15, 2024)
12) 全国家庭電気製品公正取引協議会，よくある質問 Q & A，
https://www.eftc.or.jp/qa/ (Last access: Dec. 15, 2024)
13) 資源エネルギー庁，買取価格・期間等（2012 年度〜2023 年度），
https://www.enecho.meti.go.jp/category/saving_and_new/saiene/kaitori/kakaku.html (Last access: Dec. 15, 2024)
14) M. Bui *et al.*, M., Adjiman, C. S., Bardow, A., Anthony, E. J., Boston, A., Brown, S., ... & Mac Dowell, N., *Energy & Environmental Science*, **11**(5), 1062-1176 (2018)

2　FIT・FIPに頼らぬバイオマス発電・熱利用の新たなビジネスモデル動向

菅野明芳*

2.1　はじめに

2021年時点の推計では，世界のエネルギー消費量のうち電気が占める割合は23%であるのに対し，熱の消費量が48%であり，電力の占める割合よりも熱の方がはるかに大きな割合を占めている（図1）[1)]。脱炭素化の手段としては太陽光，風力発電といった発電分野に期待が寄せられる一方で，最終エネルギー消費の約半分を占める熱利用については国内で話題にあがることが少なく，再エネを熱の形で活用する再エネ熱の促進，効率化が望まれている[2)]。一方で，世界の最終エネルギー消費量に占めるバイオマスエネルギーの割合は，調理用の薪利用など古くからのバイオマス利用方法が6.4%，近代的なバイオマス利用方法が5.7%となっている。その中で最多は産業用途の2.7%，続いて建築物での1.3%となっている（図2）[1)]。

本稿では，国内を中心とした木質バイオマスのエネルギー利用について，FITやFIP制度を活用していない事業を含めて動向や事例を紹介し，今後のガス化発電の新たな技術開発やビジネスモデルの方向性を示唆する。

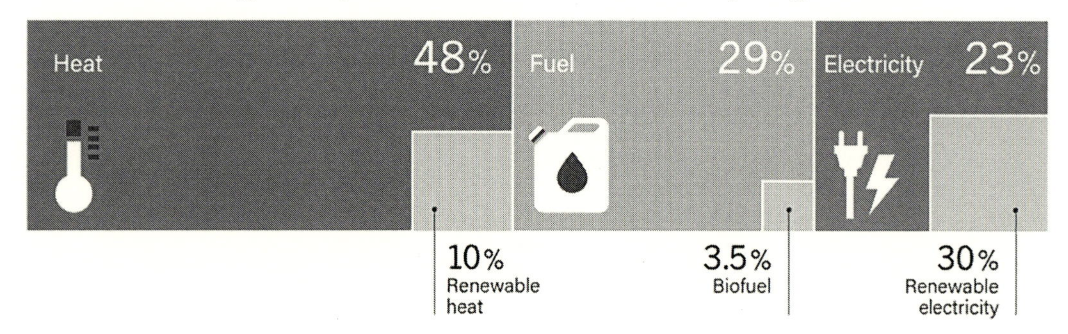

図1　世界の最終エネルギー消費量に占める熱・輸送用燃料・電力の割合推計（2021年）

---

*　Akiyoshi KANNO　㈱森のエネルギー研究所　取締役

FIGURE 15.
Share of Bioenergy in Total Final Energy Consumption (TFEC), by End-Use Sector, 2021

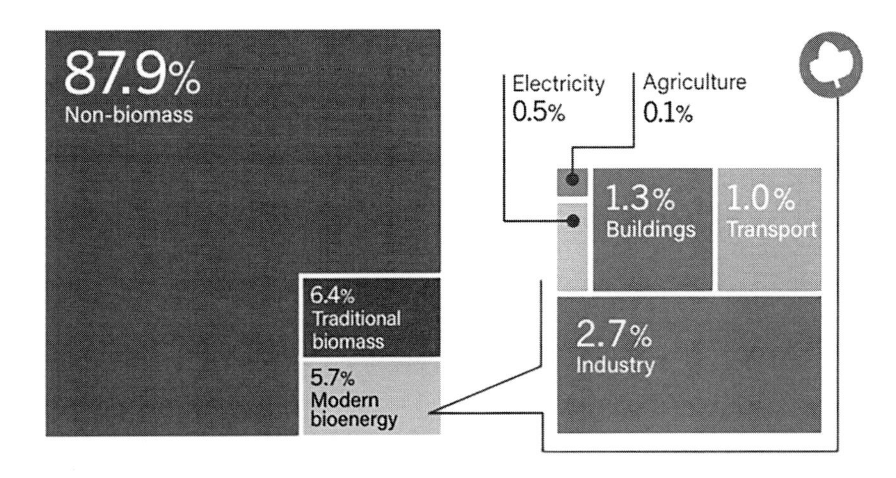

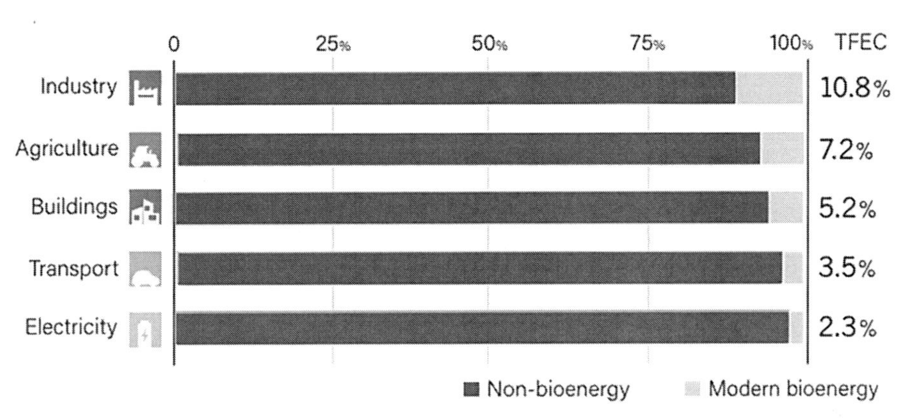

Source: See endnote 3 for this section.

図 2　世界の最終エネルギー消費量に占めるバイオマスエネルギーの割合　分野別推計（2021 年）

2.2　国内の木質バイオマス発電事業，熱利用を伴う発電（熱電併給），熱利用の現状

2.2.1　木質バイオマス発電の現状と課題認識

2024 年 11 月に資源エネルギー庁が提示した資料[3]において，バイオマス発電の課題として「近年では燃料の需給が逼迫しており，事業の安定継続が課題となっていること」「発電コストの大半を燃料費が占めるというコスト構造，他の電源と比べても調達期間／交付期間終了後の再エネ電源としての自立が相対的に難しいことを背景として，調達期間／交付期間終了後の稼働停止や，化石燃料の火力発電への移行が懸念されている」ことが挙げられている。また，同資料ではバイオマス発電所からの定期報告データをもとに現状分析を行っているが，木質等バイオマス発電の設備利用率を分析すると，未利用材（2,000 kW 以上）の中央値が 77.7％と当初想定に近い

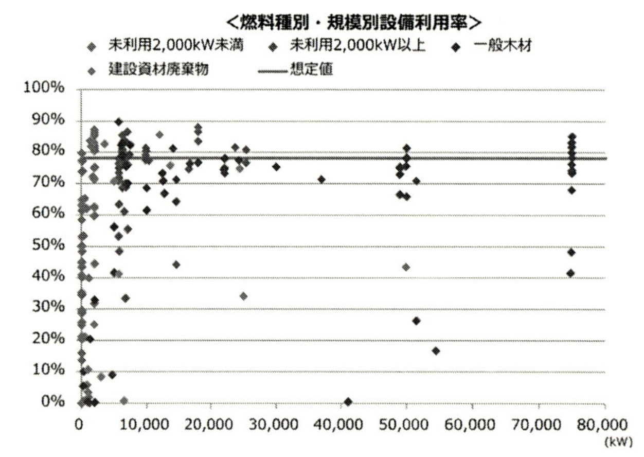

①一般木材等・②未利用材（2,000kW以上）想定値（78.1%）
③未利用材（2,000kW未満）想定値（76.5%）
④建設資材廃棄物 想定値（80.9%）

※グラフ中の青線は78.1%のラインを示している。

	件数	平均値（%）	中央値（%）
①一般木材等	65	63.1	73.3
②未利用材（2,000kW以上）	48	72.9	77.7
③未利用材（2,000kW未満）	60	50.9	53.2
④建設資材廃棄物	13	48.9	43.4

図3　木質バイオマス発電の設備利用率　出力規模ごとの分布（2023年5月〜2024年4月）

高い水準となっているものの，未利用材（2,000 kW 未満）の設備利用率が中央値53.2%と低い水準にありばらつきも大きい状況となっている（図3）。2,000 kW 未満のバイオマス発電所で稼働率が低迷している箇所も多くなっている原因としては，小規模な木質バイオマス発電所では燃料価格が高騰すると採算性に影響が大きく安定調達が難しくなることだけでなく，1,000 kW 以下のバイオマス発電形式で主流となっているガス化熱電併給設備において，蒸気タービン発電に比べてトラブルが起こりやすく発電量が計画より低下するといったことが各地で発生していることが推察される。

2.2.2　木質バイオマスのエネルギー利用の現況

日本国内での薪炭材（広葉樹及び針葉樹）消費量は昭和35年には1,490.8万 m^3 にのぼったが，薪・炭から灯油・ガス等への燃料革命が進んだ結果急激に消費量が減少し，昭和45年には234.7万 m^3，平成20年には99.4万 m^3 まで落ち込んだ。しかし，FIT制度の開始に伴いバイオマス発電所が各地に新設・稼働開始したことでチップ・ペレット等の燃料消費量が急増し，令和5年には燃料材の供給量の統計値は国産材が1,113.7万 m^3，輸入材が915.6万 m^3，合計2,029.3万 m^3 と昭和30年代の薪炭材需要に匹敵するまで増加している[4)]。チップ・ペレット・薪それぞれの消費内訳の詳細は，林野庁が毎年行っている木質バイオマスエネルギー利用動向調査[5)]に記載されており，令和5年度の年間消費量推計としてはチップが1,158万絶乾t，薪が4.5万t，ペレットが394万t，となっている（なお，林野庁木材貿易対策室の資料では，令和5年度のペレットの輸入量は580万tまで増加したと推計しており，上記の利用動向調査では把握しきれていない大型のバイオマス発電所も含めた消費量が存在すると思われる[18)]）。令和5年度森林・林業白書においては，この統計をもとに「エネルギー利用されている木質バイオマスの利用先をみると，国内製造によるものは発電機のみ所有する事業所，ボイラーのみ所有する事業所及び発電機・ボイラーの両方を所有する事業所で利用されているのに対し，輸入によるものはほとんどが発電機のみ所有する事業所で利用されている」との記載がある（図4）[6)]。

資料III－22　事業所が所有する利用機器別木質バイオマス利用量

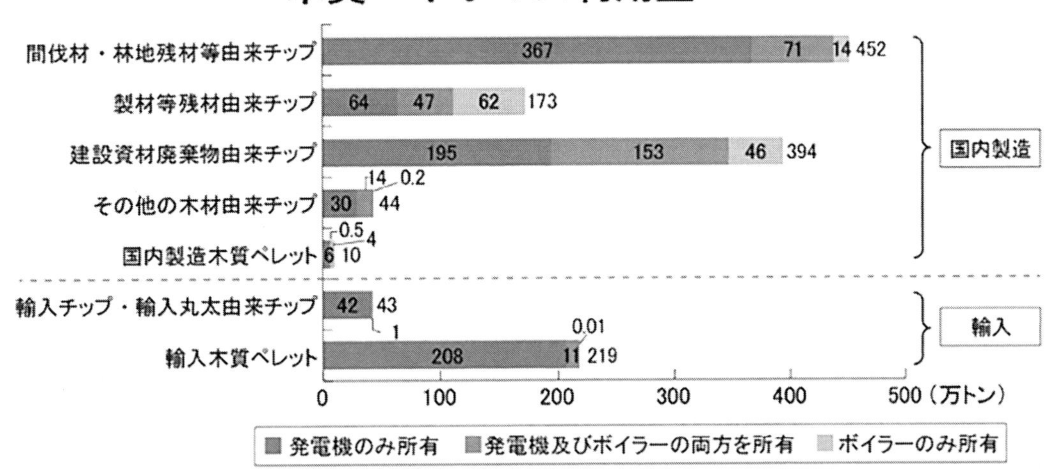

注1：木材チップの重量は絶乾重量。
　2：計の不一致は四捨五入による。
資料：農林水産省「令和4年木質バイオマスエネルギー利用動向調査」

図4　国内の事業所が所有する利用機器別木質バイオマス利用量（2022年）

ただし，国内のチップ・ペレット消費量はほぼ正確であるが，薪の消費量についてはこの統計値に含まれない消費量が数十倍存在しており，国内のバイオマスボイラーの累計導入台数についても木質バイオマスエネルギー利用動向調査に記載されている1,834基（2023年度）以外に，家庭用や小規模事業所向けの薪ボイラーを含めれば，1桁多い数万台単位の熱利用を行う木質バイオマスボイラーが国内で稼働しているというのが実情と考えられる。というのも，上記の林野庁の調査において推計されているのは「事業者が発電機又はボイラーを設置する際に活用した補助金の交付業務を通じて把握した情報，関係機関からの情報等により把握した事業所について行われた全数調査」をもとにしたものであり，林野庁が把握できていない家庭用の小型薪ボイラーや薪ストーブ，銭湯や旅館等に数多く存在する補助金を活用せずに導入されている薪ボイラーといったものが統計から漏れているためである。また，実際には国内の薪ストーブや薪ボイラー使用者の多くを占めている「市場での取引を行わずに自分の所有地の山から自分で薪となる材を取ってくる，もしくは近隣の林業者・造園業者・知人などからほぼ無償で薪の原材料や廃材を仕入れてくる」という数量についても，市場での取引が存在しないため，林野庁の木材統計にも一切カウントされていない状況である。こうした，既存統計に表れない薪消費量のうち，家庭用薪ストーブを中心とした推計例の一例としては，国立環境研究所で2015年に実施された一般家庭・事業者向けのアンケートをもとにした推計[7]がある。この推計では，全国の家庭における木質燃焼機器の利用率や，世帯当たりの木質燃料の平均消費量から，薪は材積で2,755千m^3（薪棚に積んだ状態の層積に換算すると4,600千m^3)，ペレットは87千tの家庭での年間木材消費が行われていると推定している。そして，推定した家庭の燃料消費量と，生産量の統計値との比較からは，薪の生産の多くが把握されていない可能性を示すとともに，家庭での木質燃料の需要は，発電など他の木材需要と比べても無視できない量であると結論付けている。家庭用薪ストーブの導入量は，日本暖炉・ストーブ協会で把握できている台数に限っても2022年度に年間7,800台と2020年度からは増加傾向にある[8]ことから，年間数百万m^3単位での薪消費が2024年時点でも家庭で行われていると推察される。

一般家庭のストーブ利用以外にも，民間事業者が導入している主に廃材系の薪ボイラー・薪ストーブも同様に年間数十万m^3単位での燃料消費があると想定されるが，推計された資料がほとんど無い。というのも，日本国内でこれまで民間事業者が独自で導入を進めてきた木質バイオマスボイラーは「燃焼効率が低いというデメリットはあるが，初期投資が安価で導入しやすく，タダ同然に近い価格で入手可能な廃材系の燃料を燃焼可能なもの」が多く，導入台数の把握もなされず燃料消費量の推計も困難な為である。統計にあがっていない2つの例を挙げる。1例目は，銭湯で給湯用に活用されている昔ながらの薪ボイラーである。東京都内の銭湯は2023年12月時点で444か所であるが，うち薪を燃料に使用している銭湯が少なくとも45か所存在する[9]。これらの大半は「廃材をタダ同然で入手して燃やしている旧型の薪ボイラー（導入費数百万円）」であり，CO_2削減のためではなく，重油やガスに比べて一番安い燃料であるから薪・廃材を使っているという背景があり，1か所あたりの薪消費量は年間数十～数百m^3にのぼると想定される。2例目は農業用ハウスでの薪ストーブ利用である。農業用ハウスでは室内の加温に重油や灯油の加温機が用いられるが，「停電時でも運転可能な薪ストーブ」の導入実績があるメーカーのヒアリングによれば，価格帯の中心は本体価格が30万円強という程度のものであり，累計出荷台数は2020年時点で600台に達している[10]。この農業ハウス用薪ストーブも林野庁の統計資料には含まれていないが，ここまで導入台数が多い背景としては農家が補助金を活用せず自力で設備投資を行いやすい価格帯であることが大きな要因であると考えられる。

これらも，FITに依存しないバイオマスエネルギー利用の1つの形態であり，一般家庭や民間企業が設備投資を行いやすい初期投資金額かつランニングコストを抑えた小規模な熱利用モデルの周知と普及方策が，再エネ比率が低いままにとどまっている熱の脱炭素化に不可欠となっている。

2.3 近年の特徴ある木質バイオマス熱電併給・熱利用の動向，導入事例について

今後，FIT・FIP制度を活用することを前提に木質バイオマス発電事業を推進していくことは，経済性及び燃料材の安定調達の2つの面でハードルが高くなると想定される。その課題をクリアする方策としては，FITやFIP制度の活用を前提とせずに，エリア内で集荷が可能な燃料消費量を見極めた上で，制度に左右されない「熱」のバイオマス利用でいかに収益を得ていくか，という視点が重要になる。

2020年以降，FITやFIPに頼らない形で，新たに民間事業者主導で試みられつつあるバイオ

マスエネルギー利用の方策を大別すると下記になる。

A：木質バイオマスボイラーのリース導入，もしくは熱エネルギー供給サービス事業（ESCO事業）で熱需要者の初期投資をゼロにする

B：ESG投資の視点で，CO_2削減や地域への貢献というアピールを投資家・消費者に行い，本業の売上増加を目指す

C：非住宅の建築物（事務所，福祉施設，工場等）でCO_2ゼロを目指すZEB（ゼロ・エネルギー・ビルディング）を達成する手段の1つとして，太陽光発電だけでなく薪ストーブやバイオマスボイラー，自給型のガス化熱電併給設備等を導入する

D：非FITのバイオマス発電事業を立ち上げ，オフサイトPPA等で脱炭素電源を特定の事業者等に長期供給する

Aの例としては，ゼロカーボンシティを宣言した北海道紋別市での例が挙げられる。地元でチップ製造事業を営む民間事業者が，市営温水プール「ステア」の敷地内にチップボイラー（150 kW × 4基）を自社で整備し，市の初期投資負担額は0円とする代わりに市はそのエネルギーサービスの対価を15年間支払う契約を締結し，2023年1月より本格稼働が開始された。従来温水プールで消費していたA重油約34万リットルのうち通年で約70～80%のA重油代替が達成されており，CO_2削減だけでなく高騰を続ける化石燃料費の抑制にも役立っている。

Bの例は，産業部門での熱利用，特に食品工場を中心に動きが広まりつつある。例えばサントリー天然水の北アルプス信濃の森工場では1.2 t/hのチップ焚き蒸気ボイラーが2022年に導入された[11)]。太陽光発電設備やCO_2フリー電力の購入といった電力の脱炭素化だけではなく，工場での蒸気利用の脱炭素化の手段としてチップボイラーの導入を決定し，地域の間伐材・松枯れ材・支障木等から製造したチップを地元の北アルプス森林組合から購入する取り組みを行い，化石燃料由来CO_2の排出をオフセットするクレジットの活用と併せサントリーグループで初めて，“CO_2排出量ゼロ工場”を実現している。また，民生部門での熱利用事例としては通年の給湯需要があるホテル・温泉等でのバイオマスボイラー導入事例が大手企業でも表れつつある。例えば東急リゾートタウン蓼科では，2020年3月からエネルギーの地産地消を目指した取り組みの一つとして，蓼科東急ゴルフコースに“森のバイオマスボイラー”を設置，タウン内の間伐材の一部をウッドチップに加工し，チップ焚き温水ボイラーの燃料として活用している。このチップボイラーで得たエネルギーは，蓼科東急ゴルフコースの大浴場の給湯に活用しており，エネルギーの地産地消を実現している[12)]。さらに2024年からは，チップボイラー排煙中のCO_2を金属に吸収・固体化する装置を追加実装し，安定・安全な炭酸金属粉へとリサイクルすることで，循環型素材へのカーボンリサイクルに挑戦している。

Cのうち，自給型の木質バイオマスガス化熱電併給設備としては，DMG森精機㈱伊賀事業所での，発電出力18 kW・熱出力44 kWの小規模木質バイオマスガス化熱電併給設備の導入事例が挙げられる[13)]。同事業所では持続可能な社会の実現を目指す取り組みの一つとして，2022年5

月よりCO_2排出量が実質ゼロとなる木質バイオマスガス化熱電併給設備を導入し，電気と温水を自家消費している。電気は，発電施設に隣接する塗装工場の動力・空調・照明用電力の約25%を賄い，温水は塗装工場の洗浄液の温度管理と，燃料チップの乾燥に使用している。木質チップの原材料は近隣地域の間伐材であり，地域の森林整備と林業振興に寄与することも重要な目的としている。なお，同社では当初のガス化熱電併給設備の稼働率は65%であったが，チップの品質改善・チップ微粉を除去するためのふるい装置の追加・ガスフィルタの目詰まり解消機能の改良など安定稼働に向けた検証と実験を繰り返すことで，ガス化熱電併給設備の年間稼働率を80%以上まで高めることに成功している。

また，民間事業者ではなく，公共施設において木質バイオマスガス化熱電併給設備を太陽光発電や蓄電池設備と併せて自家消費型として導入し，災害などによる停電時にも電力が必要な避難所・病院等でレジリエンス性を高めるという事例も増加している。北海道平取町では，2020年に総工費約2.59億円（うち環境省補助約1.53億円，道補助約0.31億円）を投じて自立型の木質バイオマスセンターを整備している[14]。この事業目的は，平時の熱・電力の低炭素化と災害時における自立型のエネルギー確保，地域経済の循環による地域の活性化の同時実現を図ることであり，災害時の防災拠点施設となる平取町国民健康保険病院及び指定避難所となる平取町中央公民館に，停電時でも電力及び熱の安定供給を行なえるシステムとなっている。チップを燃料にしたガス化熱電併給設備は発電40 kW・熱出力100 kW，併せて蓄電システムと熱供給を補うチップボイラー（熱出力300 kW）が導入されている。ただし，平取町の発表資料において公表されているバイオマス熱電併給設備の年間稼働率は，2022年度の年間総発電実績が合計196,049 kWh/年であったことから196049 ÷ 24 ÷ 365 = 22.38 kWh/hとなる。すなわち，導入した熱電併給設備の定格発電出力40 kWに対して22.38 ÷ 40 = 0.5595より，稼働率は約56%にとどまっている。同資料では「熱電併給機の安定稼働においては燃料品質（形状，含水率）が大きく影響する。現状では町内の製材所より未利用材（端材）を原料とした木質チップを調達しているが，チップの形状にバラつきがあるため安定してガス化が出来ず，発電が一時停止してしまうケースがある」と技術的な課題が考察されている。また，経済性についても「導入計画時はチップ燃料単価をチップ1 m^3あたり2,300円で見込んでいたが，3,300円で現在は購入している。その為，コスト収支において，現状ではマイナスとなっている。周辺地域において大型のバイオマス発電所も複数ありチップ単価が下がる見込みは無く，逆にチップ価格の高騰が懸念される」と，バイオマス熱電併給事業の厳しい実情が記載されている。

バイオマス熱電併給設備の導入ではなく，熱利用のみを行うバイオマスボイラーと太陽光発電・蓄電池設備の導入，建物の省エネ改修を行うことでZEBを達成しようとする取り組みも出てきている。国交省が2021年に公表した「脱炭素社会に向けた住宅・建築物における省エネ対策等のあり方・進め方に関するロードマップ」では，国・地方自治体などの率先取組として公共建築物はZEBを標準化していくことが示されている[15]。ZEBを達成するにあたり，太陽光発電だけでは賄いきれないことが多い給湯熱源や冬季の暖房熱源として木質バイオマスボイラーやストーブのZEBへの導入が2030年までに大きく広がると期待される。

新潟県佐渡市の社会福祉法人佐渡国仲福祉会では，特別養護老人ホームやはたの里において2016年に給湯・暖房用のペレットボイラー（熱出力581 kW）と施設の電力を自給する太陽光発電設備を導入していたが，これに加えて2021年に高断熱ガラス・窓の導入等の省エネ改修，太陽熱設備や蓄電池設備等の追加導入を行うことでZEB Readyを達成した[16)]。そして，停電時対策として空調，給湯，照明を限定したエリアでの利用，非常用コンセントで医療機器，PC，TV等の利用を可能とするシステムを構築し，自然災害時にアクセスが容易でない離島で緊急事態が発生した際に，施設での事業継続（BCP）並びに地域の防災拠点としての役割を果たすことを可能としている。

なお，筆者の勤務する㈱森のエネルギー研究所でも，東京都青梅市に本社事務所を2022年2月に木造2F建ての『ZEB』として竣工している。太陽光発電（11.9 kW）＋鉛蓄電池（26.4 kWh）＋薪ストーブ（熱出力8 kW）で全てのエネルギーを賄うことを目指し，1Fに入居する障がい者雇用を行う福祉施設と林福連携事業を開始している（図５）。

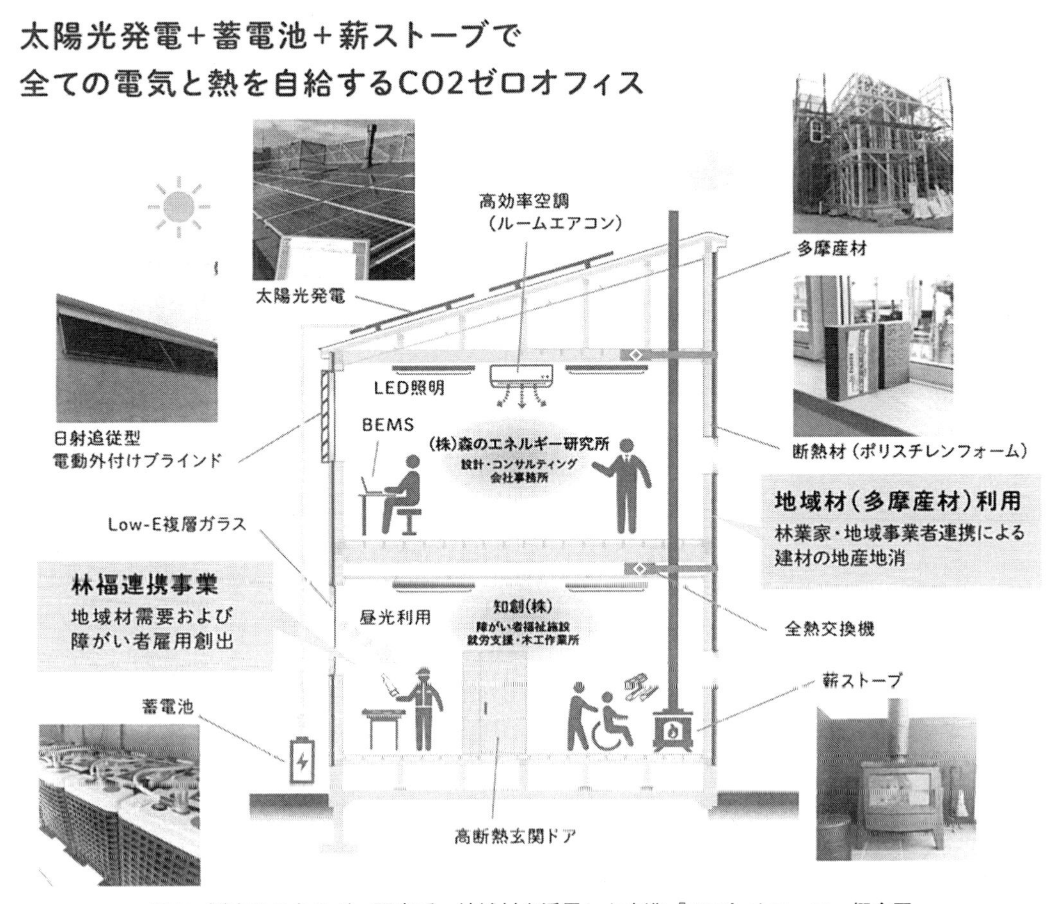

図５　㈱森のエネルギー研究所　地域材を活用した木造『ZEB』オフィス　概念図

Dの例としては，バイオマスパワーテクノロジーズ㈱が2025年3月より本格稼働予定の，完全NON-FIT型エネルギープラント「パワーエイド三重シン・バイオマス松阪発電所」が挙げられる。この発電所では，廃材チップ等の木質燃料に加え，製造業由来の生産副産物（キノコ等の廃菌床），廃プラや廃ゴム・スポンジ製品などから作られたRPFを混合燃焼可能な蒸気タービン発電のシステムとすることで，年間約2.7万tの燃料をもとに1,990 kWのバイオマス発電プラントを稼働させ，年間8,280時間の稼働（年間稼働率94%）を目指している[17]。発電した電力は，廃菌床の提供元であるホクト㈱の三重きのこセンターにオフサイトPPAによる100%脱炭素電源として供給される。こうした安価な燃料の組み合わせにより，バイオマス発電事業においても国民負担に依存することのない，地元経済に根付いた地域裨益型小規模分散電源の創造と展開を目指すとしている。

これまでの「熱」のバイオマス利用は「安いバイオマス燃料で，ボイラーの稼働率を高めて投資回収年数5年以内を目指す」という従来型の方策が，銭湯・民宿や製材工場といった限られた業種にのみ知られていたが，今後は全く異なる分野での熱需要の開拓が脱炭素化への貢献という視点でも望まれる。

文　献

1) RENEWABLES 2024 GLOBAL STATUS REPORT ENERGY SUPPLY, p.13, p.35 (2019), https://www.ren21.net/wp-content/uploads/2019/05/GSR2024_Supply.pdf
2) 国立研究開発法人新エネルギー・産業技術総合開発機構（NEDO）サステナブルエネルギーユニット技術戦略研究センター　再生可能エネルギー熱利用への期待と課題（2023），https://www.nedo.go.jp/content/100970132.pdf
3) 資源エネルギー庁　第98回 調達価格等算定委員会　資料3　バイオマス発電について（2024年11月），https://www.meti.go.jp/shingikai/santeii/098.html
4) 林野庁　令和5年木材需給表（2024），https://www.rinya.maff.go.jp/j/press/kikaku/240927.html
5) 林野庁　令和5年度　木質バイオマスエネルギー利用動向調査　確報（2024），https://www.maff.go.jp/j/tokei/kouhyou/mokusitu_biomass/index.html#r
6) 林野庁　令和5年度森林・林業白書　第1部 第3章 第2節 木材利用の動向（3）木質バイオマスの利用，https://www.rinya.maff.go.jp/j/kikaku/hakusyo/r5hakusyo_h/all/index.html
7) 根本和宜，中村省吾，森保文，林業経済研究，**63**(3)，82-91（2017）
8) 一般社団法人　暖炉ストーブ協会HP　2022年 暖炉・薪ストーブ販売台数，

https://www.jfsa.gr.jp/source/
9) 東京都浴場組合HP　東京銭湯マップ　2024年12月26日閲覧，
https://www.1010.or.jp/map/
10) マイナビ農業HP　燃料コストを大幅削減！　電気を使わない暖房機『ゴロン太』ってなんだ？？（2020年9月記事），
https://agri.mynavi.jp/2020_09_28_131446/
11) サントリー天然水　信濃の森工場 ホームページ（2024年12月25日閲覧），
https://www.suntory.co.jp/factory/kitaalps/introduction/
12) 東急不動産㈱　プレスリリース　東急リゾートタウン蓼科“森のバイオマスボイラー”において　カーボンニュートラルを超えた「カーボンマイナス※」を実現　プレスリリース（2024年7月25日付），
https://www.tokyu-rs.co.jp/wp/wp-content/uploads/2024/07/FIX%E3%80%90%E6%9C%80%E7%B5%82%E7%89%88%E3%80%91%E3%83%AA%E3%83%AA%E3%83%BC%E3%82%B9_%E6%9D%B1%E6%80%A5%E3%83%AA%E3%82%BE%E3%83%BC%E3%83%88%E3%82%BF%E3%82%A6%E3%83%B3%E8%93%BC%E7%A7%91CO2%E5%9B%BA%E4%BD%93%E5%8C%96.pdf
13) DMG森精機プレスリリース　伊賀事業所 木質バイオマス発電のガス化炉メンテナンスフリー 2,000時間連続稼働達成（2024年2月27日付），
https://www.dmgmori.co.jp/corporate/news/pdf/20240227_biomass.pdf
14) 2024年2月1日開催　バイオマス産業都市推進シンポジウムにおける北海道平取町発表資料　災害時に熱電併給可能な木質バイオマスセンターの取組
15) 国土交通省HP　脱炭素社会に向けた住宅・建築物の省エネ対策等のあり方検討会　とりまとめ（2021年8月公表），
https://www.mlit.go.jp/jutakukentiku/house/jutakukentiku_house_tk4_000188.html
16) 社会福祉法人　佐渡国仲福祉会HP ZEB化事業完了（2024年12月25日閲覧），
https://yahatanosato.com/project/zeb%E5%8C%96%E4%BA%8B%E6%A5%AD%E5%AE%8C%E4%BA%86/
17) バイオマスパワーテクノロジーズ㈱　プレスリリース　完全NON-FIT型　エネルギープラント「パワーエイド三重シン・バイオマス®松阪発電所」試運転調整開始について（2024年12月25日付），
https://prtimes.jp/main/html/rd/p/000000012.000114663.html
18) 林野庁木材貿易対策室　2023年の木材輸入実績，
https://www.rinya.maff.go.jp/j/boutai/attach/pdf/mokuzai_yunyuu_genjou 31.pdf

3　熱分解ガス化方式による熱電併給事業の採算性評価

古俣寛隆*

3.1　はじめに

木質バイオマス発電は，風力や太陽光発電と異なり，天候の影響を受けずに電気の供給を行える一方，必要となる量の木材を確保できるかどうかが，安定稼働を左右するリスクとなる。発電所の規模が大きくなるほどリスクは増大し，国産木材を主な燃料とする大型発電所において特に問題となる。実際に，後発の発電所との競合によって計画した量の燃料が調達できずに稼働休止に至った発電所が存在する[1]。

近年，熱分解ガス化方式による熱電併給（Combined Heat and Power）が注目されている（以下，ガス化CHPという）。ガス化CHPの導入件数は，蒸気タービン方式による発電（以下，蒸気タービン発電という）と比較して増加しており，2015年に対する2019年の導入件数は，蒸気タービン発電が2.2倍であるのに対して，ガス化CHPは6.0倍となっている（図1）[2]。

ガス化CHPは，蒸気タービン発電にはない利点を有することから，エネルギーの小規模・分散利用に適していると考えられている。すなわち，①稼働に際してオペレーターの人数が少なく，常駐が不要，②発電効率が高く，廃熱利用によって発電効率の低下を伴わずに熱利用が可能，③単位ユニットあたりの発電出力が，最小規模で40～50 kW/ユニット程度と小さく，熱の需要量に合わせてユニットの導入数が選択可能，という利点である。さらに，発電出力50 kW未満

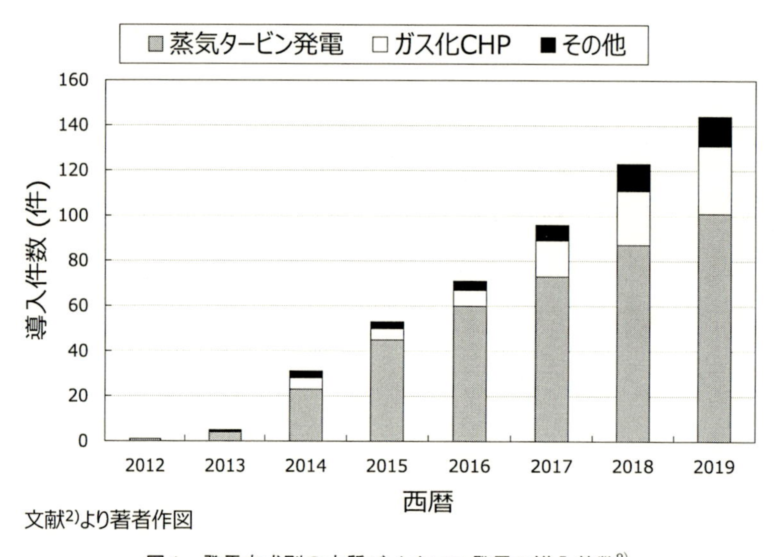

図1　発電方式別の木質バイオマス発電の導入件数[2]

＊　Hirotaka KOMATA　札幌市立大学　デザイン学部　准教授

の発電施設は，系統連系の制約を受けず，一般の電力柱に低圧連系を行えることも強みとなる。中山間地域における小規模なガス化CHPの普及は，脱炭素，災害・停電時等に対するレジリエンス向上と同時に，地域で生じる未利用木材の活用も期待される。

以上のように，ガス化CHPは，蒸気タービン発電のように必ずしも設備の規模拡大を目指さなくてもよく，前述の木材確保リスクの軽減に寄与できる。しかし，蒸気タービン発電と比較してガス化CHPは，燃料品質に対する制約条件が厳しい。燃料としては，チップやペレットが一般的であるが，それらの大きさ，含水率等が使用する設備の燃料規格の範囲内にあることが求められる。仮に，その規格に適合しない場合には，トラブルが生じて設備の稼働率が減少し，採算性や経済性の悪化を招く。

本節では，国内の学術論文および学協会発表の中から，ガス化CHPの採算性評価に関する報告を紹介する。

3.2　採算性や経済性の評価指標，評価ツール

採算性や経済性の評価指標ならびに評価ツールについて述べる。採算性指標には，再生可能エネルギーの固定価格買取制度（Feed-in Tarrif，以下，FITという）における買い取り価格の設計にも用いられた内部収益率（Internal Rate of Return，以下，IRRという）がある。FITにおける木質バイオマス発電所の税引前IRRの目標は，未利用木材が8％，一般木材が4％に設定され[3]，これらは発電方式に関わらず，FIT認定を受ける際の木質バイオマス発電事業における採算性の目安として認識されてきた。他の採算性指標としては，NPV，投資回収年数等がある。NPVとはNet Present Valueの略で，正味現在価値と呼ばれる。NPV＝0となる割引率がIRRであり，投資額と将来受け取るお金の価値が同じであることを示す。設定した投資額，各年度の利益額，割引率，評価期間においてNPVがプラス側に大きいプロジェクトが優れた投資案件となる。なお，IRR，NPVはMicrosoft Excelで関数を用いて簡単に計算することができる。投資回収年数は，以下の式[4]により算出される。

$$\text{投資回収年数} = \frac{\text{建設費} \times (1 - \text{補助率})}{\text{年間収入キャッシュフロー} - \text{年間支出キャッシュフロー}}$$

ここで，FIT等による売電や他社への売熱を行う事業の場合には売上が生じ，前述のIRR，NPV，投資回収年数の計算が可能である。しかし，自ら電気や熱を利用する場合には，売上が生じないため，厳密に言えば採算性という考え方を適用することはできない。この場合にはコストメリットを評価するため，同じ出力規模の化石燃料システムあるいは商用電源＋化石燃料ボイラーを組み合わせたシステムとの累積コストを比較することにより経済性の有無を判断することになる。この評価の概念は図2のようにまとめられる。

木質バイオマスシステムは，比較する代替システムとのイニシャルコストの差額を，燃料費以外の費目も含めたランニングコストの差額で回収することができ，かつ，その回収が目標とする期間（目標回収期間）で行えるかどうかで導入の判断を行う。投資やコストの回収期間の目標に

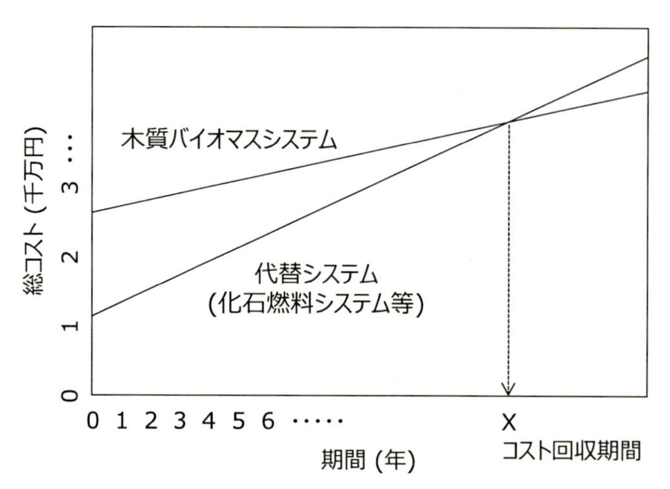

図2　自ら電気や熱を利用する場合における経済性評価の概念

ついて，例えば，発電設備の法定耐用年数である15年が考えられ，図2においては，15年以内に交点がある場合には，経済的なメリットがあると判断することができる。法定耐用年数を15年，事業期間を20年とするのであれば，8～10年程度を回収期間の目安とする考え方もあるが[4]，実際に民間企業が想定する目標回収期間はこれよりも短いと言われており，2016年に広島市が市内500の事業者に対して実施した新エネ設備等の導入可能な投資回収年数のアンケート結果（有効回答数177）では，約半数の事業所が5年以内の投資回収を望んだ[5]との報告がある。

採算性や経済性に関する評価ツールについては，国立研究開発法人 森林整備・研究機構 森林総合研究所と北海道立総合研究機構 森林研究本部 林産試験場が，3種類の木質バイオマス利用事業に対応した経済性評価ツールを開発し，公開している。具体的には，①蒸気タービン発電，②ガス化CHP，③温水ボイラーを利用した事業である。これまでのダウンロード数は延べ800件以上で，コンサルタントや企業の方に，実際の業務で活用されている。これらは，森林総合研究所のホームページ[6,7]から問い合わせることで誰でも無償で入手可能となっている。

3.3　採算性の評価例

ガス化CHPの採算性評価の報告には，燃料がチップの場合とペレットの場合の2つがある。チップは，ペレットと比較すると，製造にかかる設備投資が安価で，工程も単純である一方，大きさや含水率のコントロールが難しい。これに対して，ペレットは，製造のために大きな設備投資が必要となり，発熱量あたりの製造コストは高くなるが，チップと比較して燃料品質のコントロールがしやすいという特徴がある。

各報告が共通して示唆することとして，最初に述べたいことは，ガス化CHPの採算性確保のためには，熱利用により付加価値を生み出すことが非常に重要であるということである。報告の詳細については，以下の通りである。

3.3.1　燃料にチップを用いる場合

(1)　40 kW（40 kW × 1 ユニット）のガス化 CHP で行う FIT 事業[8)]

評価の前提条件を表1に示した。総事業費を8,000万円とした場合，年間稼働時間7,800時間，熱販売率90%，チップ購入単価18,500円/t（湿量基準含水率14.5%）の条件で事業が成立すると評価された。しかし，チップが安く調達できない場合，熱の販売ができない場合，装置の年間稼働時間が不十分な場合は，採算性を確保することが困難であることも同時に示した。

表1　評価の前提条件

燃料	含水率 (湿量基準)		14.5	%
	購入単価		18,500	円/t (上記含水率時)
	灰・燃え殻発生率		3.0	% (対燃料消費量)
CHPユニット	電気	発電端出力	40	kW
		内部消費率	2	kW
		発電端発電効率	22	%
	熱	熱出力	100	kW
運用	総事業費		8,000	万円
	各種比率 (対総事業費)	保守点検費率	3.0	%/年
		ユーティリティ費率	0.5	%/年
		保険費率	0.05	%/年
	借入	借入割合	100	%
		金利	1.4	%
		借入期間	15	年
	運転要員	人数	0.2	人
		賃金	25	万円/人・月
		賞与	2	月数/年
	灰・燃え殻処理単価		20,000	円/t
	売電単価		40	円/kW
	売熱単価		7.4	円/kW

(2)　499 kW（49.9 kW × 10 ユニット）のガス化 CHP で行う FIT 事業ならびに乾燥チップ生産事業[9)]

50 kW 未満の極小規模のガス化 CHP 事業が成立する価格で燃料供給を行うガス化 CHP の廃熱を利用した規模の大きな乾燥チップ生産拠点についての評価例を紹介する。拠点のガス化 CHP の出力は，発電出力が 499 kW，熱出力が 1200 kW，乾燥チップを販売する極小規模のガス化 CHP（サテライト CHP 事業）の出力は，発電出力が 49.9 kW，熱出力が 120 kW である。事業の概念図を図3に示した。結論は以下の通りである。①拠点 CHP 事業は，売電のみで14年での投資回収が可能である。サテライト CHP 事業に対して準乾燥チップを販売する場合，拠点 CHP 事業の採算性は悪化するが，投資回収の遅れは3年に留まる。②採算性悪化の原因は，準乾燥チップの輸送単価が高額であるためで，この主な要因は輸送車両のリース費である。③準乾

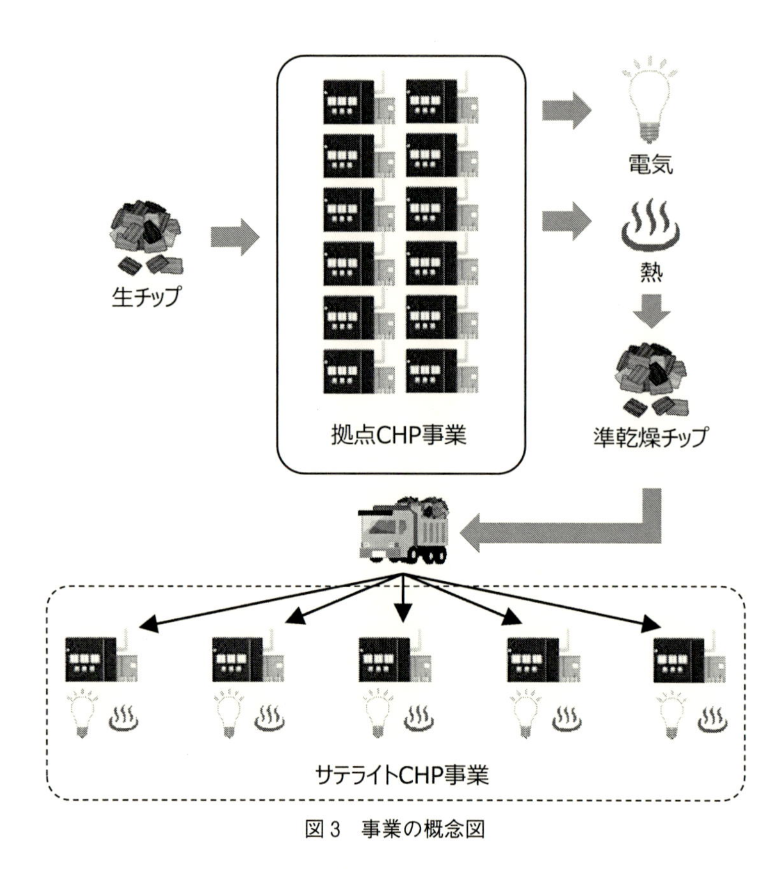

図3　事業の概念図

燥チップを販売する拠点CHP事業は，原料チップに対して，大型木質バイオマス発電所と同程度の金額を支払うことが困難である。以上のように，ガス化CHP事業の普及のためには，チップの輸送コストの削減も重要であることが示唆された。

(3)　FITの認定を受けない49.9kW（49.9kW×1ユニット）ガス化CHP事業[10)]

FITの認定を受けないガス化CHP事業の場合，設備導入補助金を活用することができ，未利用区分の木材でない原料を積極的に活用することもできるため，固定費と原材料費の削減が期待できる。しかし，売電価格は，商用電源からの購入単価並みに低く見積もられる。評価例は，発電端出力49.9kWのチップを用いたガス化CHPである。熱と電気の価格変動を考慮するとNPVが正となる確率は50%強となり，実施については電気と熱の価格が強く影響するとされ，熱利用による化石燃料代替を前提とし，チップを安価に調達できない限り，FITの認定を受けない極小規模なガス化CHP事業で経済性を確保することは難しいと示唆された。ただし，前述の通り，ガス化CHP事業に対しては，脱炭素，レジリエンス向上，地域未利用木材の活用（地域経済波及効果）等に対する利点も期待されており，これらを志向したものであればその限りではない。

3.3.2　燃料にペレットを用いる場合

（1）1,815 kW（165 kW × 11 ユニット）のガス化 CHP で行う FIT 事業[11)]

FIT の認定を受けた発電出力：1,815 kW，熱出力：2,860 kW のペレットガス化 CHP の採算性評価において，モンテカルロシミュレーションが実施された。変動パラメーターは，①年間稼働時間，②ペレット単価，③労務単価，④保守費・点検費率，⑤ユーティリティ費率，⑥保険費率，⑦クリンカ処理単価の７つ，各パラメーターは，ベースライン条件の値から一様分布に従って ± 10％変動するものとして最大値と最小値を仮定している。投資回収期間に対する寄与率は，ペレット単価が 66％，年間稼働時間が 32％となり，両者の影響力が支配的であった。それらと採算性指標の関係は，マトリクス表に整理され，ガス化 CHP プラントの稼働の目安を確認することができる。また，熱を販売することによる効果も具体的に示されており，例えば，最も採算性が高い条件（稼働時間 7800 時間/年，ペレット単価 24 円/kg）において，熱販売率０％（表２）と熱販売率 50％（表３）の結果を比較すると，投資回収期間は 11 年から９年に短くなり，税引前 IRR は 10.1％から 14.4％に向上していることが分かる。また，熱販売率 50％では，すべての条件において 20 年以内の投資回収が可能となっている（表３）。

表２　売電のみにおける原料価格と稼働時間の関係

上段：投資回収期間 (年)、下段：税引前IRR (%)

売電のみ		ペレット単価 (円/kg)					
		24	26	28	30	32	34
稼働時間 (時間/年)	7,800	11	12	13	14	16	19
		10.1	**8.8**	7.3	5.8	4.3	2.5
	7,600	11	12	13	15	17	20
		9.6	**8.2**	6.8	5.4	3.8	2.1
	7,400	12	13	14	15	17	UC[a)]
		9.1	7.7	6.3	4.9	3.3	1.6
	7,200	12	13	14	16	18	UC[a)]
		8.5	7.2	5.8	4.4	2.8	1.1
	7,000	12	13	15	16	19	UC[a)]
		8.0	6.7	5.3	3.8	2.3	0.6
	6,800	13	14	15	17	UC[a)]	UC[a)]
		7.4	6.1	4.8	3.3	1.7	0.0

a) Uncollectible: 20年以内の投資回収が不可能

表3　売電と熱販売率50%における原料価格と稼働時間の関係

上段：投資回収期間 (年)、下段：税引前IRR (%)

売電売熱		ペレット単価 (円/kg)					
		24	26	28	30	32	34
稼働時間 (時間/年)	7,800	9	9	10	11	12	13
		14.4	**13.2**	**11.9**	**10.6**	**9.3**	7.9
	7,600	9	10	10	11	12	13
		13.8	**12.6**	**11.4**	**10.1**	**8.8**	7.4
	7,400	9	10	11	11	12	13
		13.2	**12.0**	**10.8**	**9.5**	**8.2**	6.9
	7,200	9	10	11	12	13	14
		12.6	**11.5**	**10.3**	**9.0**	7.7	6.4
	7,000	10	10	11	12	13	14
		12.0	**10.9**	**9.7**	**8.4**	7.2	5.8
	6,800	10	11	12	12	14	15
		11.4	**10.3**	**9.1**	7.9	6.6	5.3

3.3.3　熱利用方法の現状

ガス化CHPの熱利用については，様々な取り組みが行われているが，最も一般的な利用方法は，自ら消費する燃料の乾燥，すなわち，チップやペレットの原料である，おが粉の乾燥に利用するというものである。自ら消費する燃料の全てを乾燥するためには，ガス化CHPユニットの熱出力のおおむね半分程度が消費されると言われている。他の用途としては，温浴施設への給湯，公共施設等の暖房・給湯，農業ハウスの暖房，食品加工における乾燥，他社販売用チップ・薪の乾燥等がある。季節性がなく，年間を通して安定した需要があること，また直接的，間接的に多くの付加価値を生み出せるかどうかが熱利用における重要な視点である。

3.4　おわりに

ガス化CHPの課題について挙げたい。採算性や経済性においては，チップ等原料価格の影響が大きいことを示したが，2021年のウッドショックを契機に上昇した国産木材の価格は，2024年12月現在においても2020年より高い水準で推移している。このことは，ガス化CHPのみならず温水ボイラー熱利用等の小規模なエネルギー事業者にとって大きな痛手となっている。有識者からは，世界の情勢を鑑みると今後の木材価格の見通しを立てることは難しいが，木材価格がウッドショック前の価格に戻ることは予想しにくいとの声が聞かれる。また，物価高による建設工事費や消耗部品等メンテナンスコストの高騰も相まって，ガス化CHP事業の採算性や経済性の確保に対するハードルは高くなっていると思われる。

また，燃料に起因するトラブルによって設備の稼働率を下げることはあってはならないものの，残念ながら関連のトラブルが完全に回避されているとは言えない。この点については，機械メーカー側と導入者側の十分な意思疎通が必要であると思われる。さらに，本来であれば，熱利用を起点としたガス化CHP事業が検討されるべきであり，事業実施については，計画時における入念な検討が必要となる。これらについては，バイオマスエネルギー地域自立システムの導入要件・技術指針[12,13]に詳しい。

さいごに，バイオマス発電・CHPおよびバイオマス熱利用事業の経営環境は大きく変化している。本節で紹介した評価事例は発表当時のものであるため，最新のコスト情報で評価を行う必要があることを申し添える。

文　　献

1) 総務省行政評価局，木質バイオマス発電をめぐる木材の需給状況に関する実態調査 結果報告書 令和3年7月，https://www.soumu.go.jp/main_content/000761074.pdf
2) 柳田高志，森林と林業 2020年8月号，12-13（2020）
3) 経済産業省 調達価格等算定委員会「平成24年度調達価格及び調達期間に関する意見」について，https://www.meti.go.jp/shingikai/santeii/pdf/report_001_01_00.pdf
4) 財団法人新エネルギー財団・社団法人日本エネルギー学会，バイオマス技術ハンドブック 導入と事業化のノウハウ，p. 167，オーム社（2008）
5) 広島市，広島市地球温暖化対策実行計画（令和5年3月改定）参考資料 地球温暖化に関する市民・事業所アンケートの実施結果，
https://www.city.hiroshima.lg.jp/uploaded/life/355849_759179_misc.pdf
6) 森林総合研究所，木質バイオマスを用いた発電・熱電併給事業の採算性評価ツールを開発―簡単な入力で熱利用を考慮した事業評価が可能に―，
https://www.ffpri.affrc.go.jp/press/2017/20171206/index.html
7) 森林総合研究所，小規模な木質バイオマスエネルギー利用の採算性評価ツール（ガス化CHPおよびバイオマスボイラー評価ツール），
https://www.ffpri.affrc.go.jp/database/evaluationtool/index.html
8) 柳田高志ほか，木材工業，**76**(5)，170-177（2021）
9) 古俣寛隆ほか，日本エネルギー学会誌，**103**(5)，34-43（2024）
10) 柳田高志ほか，バイオマス科学会議発表論文集，105-106（2023）
11) 古俣寛隆ほか，日本エネルギー学会誌，**101**(2)，24-35（2022）
12) 国立研究開発法人新エネルギー・産業技術総合開発機構，NEDOバイオマスエネルギーの地域自立システム化実証事業 バイオマスエネルギー地域自立システムの導入要件・技術指針 第6版 基礎編，https://www.nedo.go.jp/content/100932083.pdf
13) 国立研究開発法人新エネルギー・産業技術総合開発機構，NEDOバイオマスエネルギーの地域自立システム化実証事業 バイオマスエネルギー地域自立システムの導入要件・技術指針 第6版 実践編（木質系バイオマス），https://www.nedo.go.jp/content/100932084.pdf

第6章　バイオマス発電の火災対策

1　木質バイオマスの爆発・火災事故例と再発防止策

成瀬一郎*

1.1　はじめに

カーボンニュートラルな燃料として期待されているバイオマスによる発電量は年々増加の一途を辿っている。その背景には，再生エネルギー発電事業者の発電所の建設計画が国に承認されれば，発電した電気を電力会社が買い取るという固定価格買い取り制度（FIT：Feed-in Tariff, 2012年導入）の施行がその一因になっている。また，バイオマス発電の場合は，同じくFITの対象になっている太陽光発電や風力発電と異なり，天候に左右されることなく，燃料が確保さえできれば安定的に発電できる点でも有利である。加えて，2022年からフィードインプレミアム制度（FIP：Feed-in Premium，再生エネルギー発電事業者が卸市場等で売電したときその売電価格に対して一定のプレミアム（補助額）を上乗せすることで再生エネルギーの導入を促進させる制度）の導入が決まり，さらに建設ラッシュを迎えている。しかしその一方で，近年，表1[1)]

表1　これまで発生したバイオマスを利用した発電所関連の火災・爆発事故

時期	発電所	事業者	バイオマス燃料	事故発生設備	原因（推定）
2019年2月6日	山形バイオマスエネルー発電所 （山形県）	山形バイオマスエネルギー	バイオガス	ガス化ガス燃料タンク	試運転中にガスシールタンク爆発 配管内残存酸素と貯蔵タンク内ガス化ガスが反応 エンジンから漏出した炎が伝播・引火・爆発 （1名負傷）
2020年10月13日	ひびき灘石炭・バイオマス発電所 （福岡県）	響灘エネルギーパーク オリックスグループ	木質ペレット・石炭	ベルトコンベア	火災事故 摩擦発熱・着火の可能性
2020年2月12日	CEPO半田バイオマス発電所 （愛知県）	CEPO半田バイオマス発電	木質チップ	ベルトコンベア	火災事故 木質粉塵付着による電気配線短絡・発火 摩擦発熱
2022年9月10日	常陸那珂火力発電所 （茨城県）	JERA	木質ペレット・石炭	バケットコンベア	粉塵爆発事故 発酵発熱・自然着火の可能性
2022年9月29日	武豊火力発電所 （愛知県）	JERA	木質ペレット・石炭	ベルトコンベア	火災事故 ベルトコンベヤ駆動装置ブレーキ作動時のパットにおける摩擦による火花発生.
2023年1月1日	袖ケ浦バイオマス発電所 （千葉県）	袖ケ浦バイオマス発電 大阪ガスグループ	木質ペレット	サイロ	火災事故 発酵発熱の可能性
2023年1月21日	下関バイオマス発電所 （山口県）	下関バイオマスエナジー	木質ペレット PKS	バンカー	火災事故 ボイラ火炎の飛火によるバンカー内ペレットへの引火（ボイラ立ち上げ時）
2023年1月23日	武豊火力発電所 （愛知県）	JERA	木質ペレット・石炭	揚炭桟橋の ベルトコンベア	火災事故 ベルトコンベヤ下部キャリアローラへ異物が噛み込みローラとの摩擦により火花発生
2023年3月14日	舞鶴発電所 （京都府）	関西電力	木質ペレット・石炭	サイロ・ベルトコンベア	火災事故 発酵発熱　可燃ガス発生　自然着火
2023年9月9日	米子バイオマス発電所 （鳥取県）	米子バイオマス発電 中部電力等	木質ペレット PKS	サイロ	火災事故 発酵発熱
2023年5月17日	米子バイオマス発電所 （鳥取県）	米子バイオマス発電 中部電力等	木質ペレット PKS	バケットコンベア下部 受け入れホッパー	粉塵爆発・火災事故 異物衝突着火
2024年1月31日	武豊火力発電所 （愛知県）	JERA	木質ペレット・石炭	バンカ・ベルトコンベア	粉塵爆発・火災事故 摩擦発熱・着火の可能性
2024年7月19日	石狩新港バイオマス発電所 （北海道）	奥村組等	木質ペレット PKS	バケットコンベア下部 受け入れホッパー	粉塵爆発・火災事故 摩擦発熱・着火の可能性

PKS: Palm Karnel Shell

*　Ichiro NARUSE　名古屋大学　未来材料・システム研究所　教授

に示すように，数多くの火災・爆発事故が発生している。本表より，事故原因を大別すると，バイオマスの発酵発熱，摩擦発熱および粉塵爆発であることがわかる。なお，多くの場合，このような発熱や爆発は発電施設の上流にあたる搬送設備で生じているのであって，燃焼ボイラ内で生じている訳ではない。

そこで本稿では，ごく最近に発生した米子，武豊および石狩の3か所の発電所における爆発・火災事故に関して，まずはそれぞれの事故内容を概説した上で，各々の事故原因について説明する。加えて，提案されている再発防止策に関しても触れることとする。

1.2 爆発・火災事故の概要

1.2.1 米子バイオマス発電所

当該バイオマス発電所の諸元は，定格出力54.5 MWのバイオマス専焼循環流動層ボイラであり，燃料は木質ペレットとパーム椰子殻（PKS：Palm Karnel Shell）である。バイオマス燃料の搬送系は2系統あり，今回の爆発事故は，図1に示す通り，B系統（木質ペレットのみ搬送）のバケットエレベータおよび受入建屋において爆発事故およびそれに伴う火災が発生した。1次爆発はバケットエレベータ下部で生じた可能性が高く，その後，この爆風によってバケットエレベータの上部が爆発，ならびに，バケットエレベータのケーシングが噴破してその爆風が受入建屋Bへ伝播し爆発がそれぞれ生じた。いずれの爆発も粉塵爆発である可能性が高い。

このような状況に鑑み，米子バイオマス発電所では粉塵源と着火源に関して独自に要因分析を行っている。まず，粉塵源について粉塵爆発に強く関与した要因は，ⅰ）集塵した粉塵の排出先がバケットエレベータの上流であったこと，ⅱ）清掃不良およびⅲ）1次爆発によって堆積していた粉塵が舞い上がってしまったこと，としている。一方，着火源に関しては，ⅰ）機器（コン

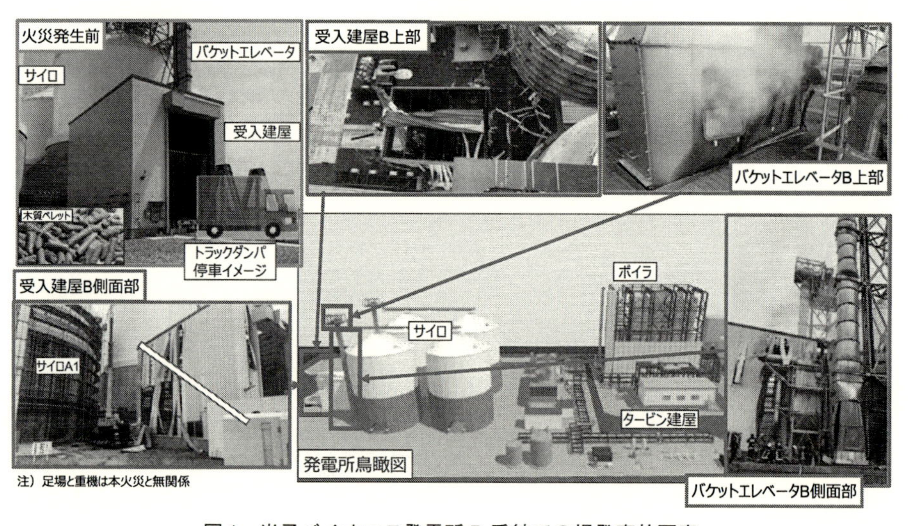

図1 米子バイオマス発電所B系統での爆発事故写真

ベヤ，バケットエレベータ等）と異物あるいは機器と燃料間での摩擦発熱や摩擦着火およびii）金属・岩石等の衝撃や摩擦による着火を挙げている。とりわけ着火源に関しては，爆発後B系のバケットエレベータを解体し最下部をチェックしたところ，約50個に1個の割合で設置されているSUS製のバケット（他のバケットはナイロン製）が最下部に存在していたことが判明している（爆発発生後瞬時にバケットエレベータはトリップ）。その他の事実として，バケットエレベータの内面はポリエチレン製であったこと，最下部にあったSUS製のバケットに打痕があったこと，このSUS製バケットの回転上流（上り）側に向かって5個のナイロンバケットに傷が確認されたこと等が挙げられる。なお，直接的な要因かどうかは不明ではあるものの，過去にボイラの炉底灰に異物（金属製のナット，ボルトやワッシャー）が発見された事実がある。このような分析結果より，着火源は，異物がバケットエレベータの最下部にあったSUS製バケットに衝突し，その際に火花が発生して着火・爆発に繋がったものと推定している。

1.2.2　武豊火力発電所

当該発電所は，微粉炭とバイオマスを混焼しており，その諸元は出力1,070 MW（発電端）で石炭：約240万t/y，木質バイオマス約50万t/y（17 cal%）を消費する大型混焼ボイラである。バイオマス燃料は木質ペレットであり，その搬送は石炭と同一のベルトコンベア（2系統）を利用している。今回の爆発・火災事故は，図2に示す通り，Aバンカ内において爆発が生じ，その爆風によって搬送コンベア後流の送炭コンベアおよびその上流の乗継コンベア（BC9）でも爆発が発生した。さらにその上流の乗継コンベア（BC8）は延焼に留まった。

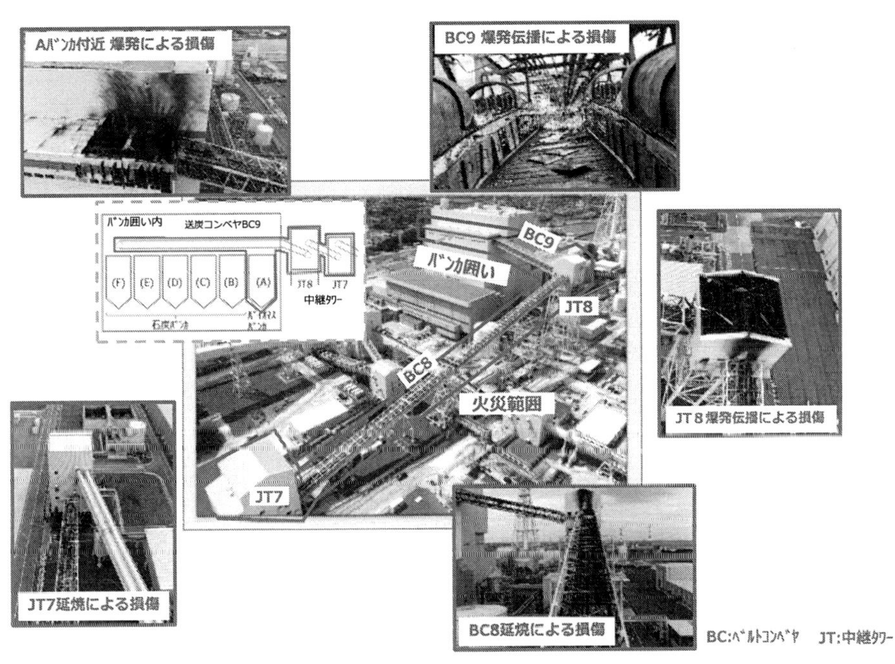

図2　武豊火力発電所搬送系での爆発事故写真

武豊火力発電所においても粉塵源と着火源に関して独自に要因分析を行っており，まず，粉塵源については，ⅰ）多数の乗り継ぎにより常時粉塵量が多くなる可能性があったこと，ⅱ）バンカ内の粉塵濃度が高かったことおよびⅲ）集塵器の能力不足を挙げている。一方，着火源については，ⅰ）バイオマス燃料をＡバンカへ落下させる部分での摩擦発熱・着火が発生およびⅱ）バイオマス燃料が石炭と比較して着火し易い燃料であることの認識不足を挙げている。

具体的な着火源に関しては，図３に示す通り，Ａバンカ上部の投炭装置の構造にあると判断している。この投炭装置は，Ａバンカにバイオマスペレットを供給する場合にベルトコンベアのローラが上へ移動する。上部にはスクレーパと称されるＶ字型の分離版が設置されており，ここでバイオマスペレットが左右へ排出されるような構造になっている。左右に排出されたバイオマスペレットは案内板を介して下部のバンカに供給される。ベルトの移動速度は約４m/sと高速であり，かつ，ベルトと案内板を駆動させる治具の間には金属製の昇降台カバープレートが設置されており，この部分で摩擦発熱が発生したものと推定している。昇降台カバープレートと治具の間の空間にはバイオマス粉塵が蓄積していた可能性が高く，この摩擦熱によって蓄積していたバイオマス粉塵に着火し，着火した火の粉がＡバンカに入り込んで１次爆発に至ったとしている。この摩擦発熱の要因として，通常，スクレーパは上下に移動可であったところ，理由は不明ではあるが，Ａバンカのスクレーパのみナットで固定されていて上下に移動不可であったことが判明している。なお，爆発後，案内板は上部に跳ね上がっており，また，Ａバンカの天板も上部に膨らんでいた。

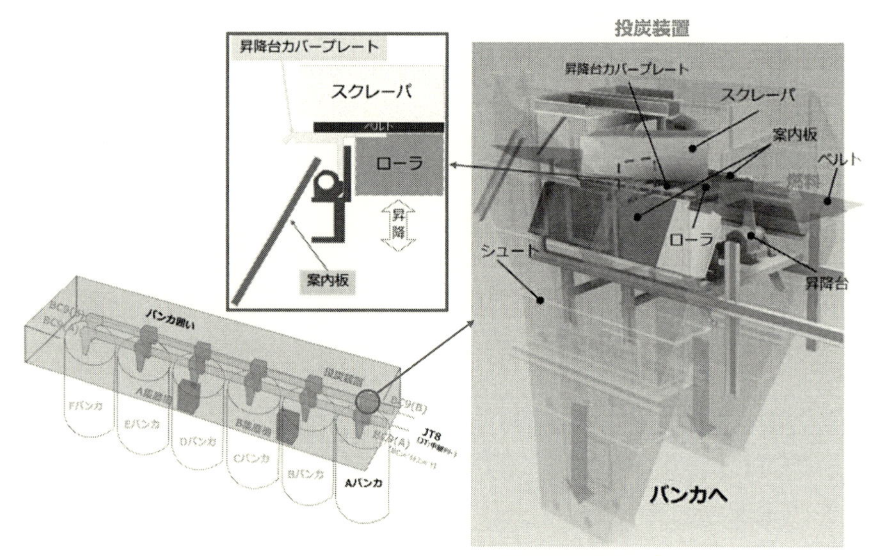

図３　Ａバンカ上部の投炭装置の構造

1.2.3　石狩新港バイオマス発電所

当該バイオマス発電所の諸元は，発電端出力が 51.5 MW の循環流動層ボイラであり，年間の燃料使用量は木質ペレット：13 万トン，PKS：11 万トンである。なお，EPC（設計(Engineering)，調達（Procurement)，建設（Construction)）契約先は先述した米子バイオマス発電所と同一であった。

今回の爆発事故は，図 4 に示す通り，B 系統（木質ペレットあるいは PKS を別々に供給）のバケットエレベータおよび受入設備において爆発事故およびそれに伴う火災が発生した。なお，今回は受入設備前で 1 名の被災者が生じている。1 次爆発は，米子バイオマス発電所と同様，木質ペレットを受け入れ中に，バケットエレベータ下部で生じた可能性が高い。図 4 の右上の写真が示している通り，バケットエレベータの外装版が爆風で膨張しており，その後，この爆風によってバケットエレベータのケーシングが噴破してその爆風が受入建屋 B まで伝播，図 4 右下の写真が示しているように，2 次爆発が生じている。いずれの爆発も粉塵爆発である可能性が高い。

石狩新港バイオマス発電所でも，早速，当該爆発・火災事故の要因分析に着手しており，1 次爆発は受入バケットエレベータ B の地下部にあるベントローラでの摩擦発熱によりバイオマス粉塵が着火したことで発生し，その後，受入設備 B で 1 次爆発の爆風によって粉塵が 2 次爆発したものと判断している。

1 次爆発の着火源に関しては，図 5 に示す通り，ベントローラ部で生じたと推定している。まず，ベントローラのベアリングが破損し，それによりグランドパッキンが破損，シャフトとケーシングが接触したとしている。ケーシングとシャフトの接触部には幅約 10 mm で深さ約 2.3 mm の摩耗が発生しており，この部分で摩擦発熱によって高温部が生じて，ケーシング内壁に付

図 4　石狩新港バイオマス発電所 B 系統での爆発事故写真

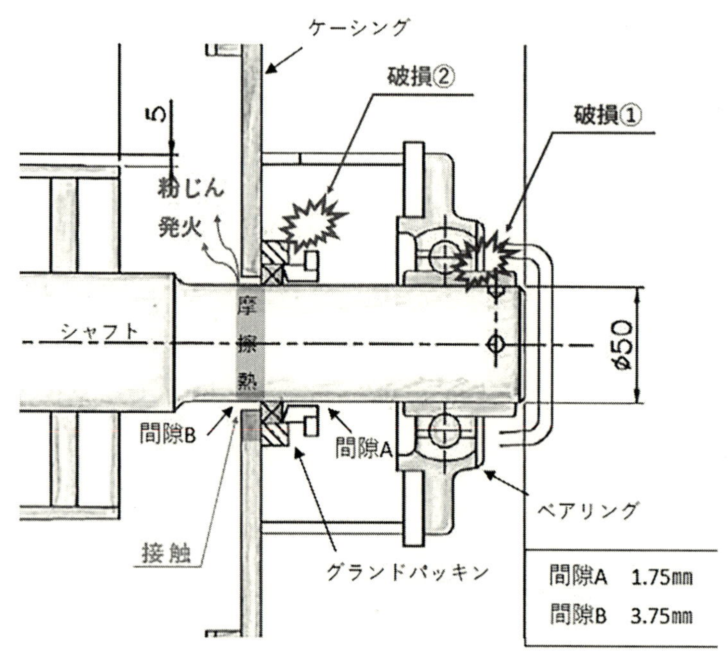

図5 ベントローラ部で生じた摩擦発熱メカニズム

着したバイオマス粉塵に着火，あるいは，シャフト付近に浮遊しているバイオマス粉塵に着火したのではないかと推測している。2次爆発は，受入設備Bの構造に問題があり，受入設備の上屋内に大量の粉塵が堆積するような構造になっていた。この粉塵が1次爆発の爆風によって飛散し2次爆発に至ったものと考えられている。

粉塵源に関しては，米子と同様，集塵した粉塵をバケットエレベータの上流に供給していたことに加え，バケットエレベータBの上部に設置されている集塵用配管がバイオマス粉塵で閉塞しており，これによりバケットエレベータ内の粉塵濃度がより高濃度化したものと推測している。当該発電所では，米子とは異なり，このB系統は木質ペレットとPKSの両方を別々に供給していたことから，水分含有率が高いPKSを供給していたことによって集塵用配管が閉塞したものと考えている。

1.3 再発防止策案

粉塵爆発の5要素[2]は，可燃物（バイオマス燃料），支燃物（空気中の酸素），着火源（摩擦，異物衝突，発酵発熱，静電気放電等），粉塵の分散および場の閉鎖性とされている。爆発を防止するためには，この5要素のリスクを一つでもゼロにすればよいことになるものの，現実的には各要素のリスクを完全にゼロにすることは困難であるので，実質的には可能な限り各要素のリスクをゼロに近づける努力をすることになる。最近のリスク評価においては，各リスクに独立的なものと従属的なもの（あるリスクを低減できれば別のリスクも低減）があるので，独立的なリスクは足し算，従属的なリスクは掛け算としてリスク評価をする場合がある。それぞれの再発防止策の概要を以下に紹介する。

1.3.1　米子バイオマス発電所

上述した爆発・火災要因を受けて，表2に示している通り，当該発電所では，i）着火防止，ii）清掃改善，iii）粉塵飛散低減およびiv）監視強化を実施する予定である。主要な変更点は，SUS製バケットの廃止，バケット速度の低減，清掃ルールの策定，集塵の強化，可燃ガス等の監視強化等である。上述した再発防止対策に基づいて，米子バイオマス発電所では，以下のようなリスク評価をしている。

(1)　着火リスク ＝（バケット素材）×（スピード）×（異物）

(2)　浮遊粉塵リスク ＝（粉塵源）×（飛散）×（清掃不足）

爆発・火災リスク＝（1）×（2）

着火リスクについては，バケット素材に関してSUS製バケットをすべてナイロン製に変更，バケットのスピードは減速ならびに燃料サプライヤに荷役における改善を要請するものである。一方，浮遊粉塵リスクについては，現状の木質バイオマスペレットの利用を前提とすれば粉塵源のリスクを低減することは困難であるので，集塵力の強化によって粉塵の飛散のリスクを低減する。加えて清掃ルールを策定して浮遊粉塵のリスクを下げるものである。最終的に爆発・火災リスクは（1）と（2）の掛け算として評価している。

表2　米子バイオマス発電所における再発防止策内容

目的	主な対策内容
着火防止	バケットエレベータのSUS製バケット廃止
	コンベヤおよびバケットエレベータの速度低減
清掃改善	点検清掃用マンホール改造・増設による作業性改善
	吸引清掃用配管追加による作業性改善
	清掃ルールの策定
粉じん飛散低減	集じん機再投入ラインを廃止して系外排出に変更
	トラックダンパの受入速度低減
	集じん力強化（バケットエレベータ下部への集じん口追設）
監視強化	受入ホッパ湿度計追設
	受入ホッパ・コンベア可燃性ガス検知器追設
	バケットエレベータ底部，マグネットセパレータ内部温度計追設

1.3.2　武豊火力発電所

当該発電所では，事故の発生メカニズムに基づいて，図6のような再発防止対策を纏めている。まず，着火源である摩擦発熱・火花発生に関しては，搬送設備を木質バイオマスペレット専用の空気搬送設備に変更するとしている。しかし，揚炭桟橋や燃料受入工程は引き続きベルトコンベア搬送を行うことから，この部分の粉塵削減対策として，搬送速度を4から2 m/s以下に減速することを計画している。この対策によって，木質ペレットの微粉化率の低減や摩擦発熱による温度上昇の抑制が可能になるとの試験結果も公表している。加えて，安全装置の設置も計画されている。具体的には爆発抑制装置，爆発放散口や消炎ベントである。なお，空気搬送設備に関しては，当然所内動力が増加，配管材料を適切に選択しないと静電気が発生し，それが着火源になる可能性があること，さらには空気搬送によってバンカへ供給される際にコーン放電[2)]が生じる可能性があることに注意を要する。

対策の基本方針

- 「複合的原因で発生した着火源リスク」と「粉じん濃度」の低減を実施
- 万一爆発兆候が発生した際も火災・爆発に至る前に抑制
- 過去発生した発煙事象も含め類似事象の発生を防止

具体的対策

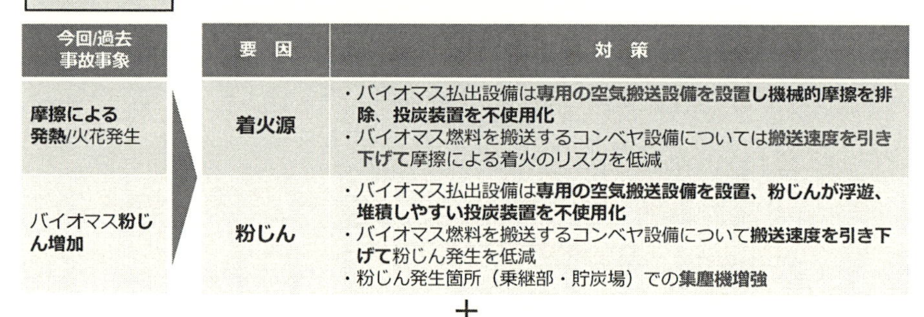

今回/過去事故事象	要因	対策
摩擦による発熱/火花発生	着火源	・バイオマス払出設備は専用の空気搬送設備を設置し機械的摩擦を排除、投炭装置を不使用化 ・バイオマス燃料を搬送するコンベヤ設備については搬送速度を引き下げて摩擦による着火のリスクを低減
バイオマス粉じん増加	粉じん	・バイオマス払出設備は専用の空気搬送設備を設置、粉じんが浮遊、堆積しやすい投炭装置を不使用化 ・バイオマス燃料を搬送するコンベヤ設備について搬送速度を引き下げて粉じん発生を低減 ・粉じん発生箇所（乗継部・貯炭場）での集塵機増強

＋

爆発，火災の伝播や二次爆発を防止するための安全装置をバイオマス搬送設備全体へ設置

図6　武豊火力発電所での再発防止対策

1.3.3　石狩新港バイオマス発電所

当該発電所の再発防止策は，概ね米子バイオマス発電所と類似しているものの，当該発電所では受入設備前で1名の被災者が生じたので，この点に関する再発防止策について図7に紹介する。主要な対策としては，爆発力放散機能の設置，クラウドカメラ設置による無人化，トラックの運転手にはインターネットを利用した情報共有を行い車窓を開けないことを徹底すること等としている。

図7　石狩新港バイオマス発電所での再発防止策

1.4　おわりに

バイオマスは，カーボンニュートラルな燃料として国内外で期待されてはいるものの，多くのバイオマス専焼あるいは石炭との混焼発電所では，大量のバイオマスの取り扱いに関する知見あるいは経験不足により，このような搬送工程での火災ひいては爆発事故が生じてしまった。その一因としては，木質バイオマスを従来の石炭と同等に取り扱いができるものとの思い込みがあったかもしれない。

今回はバイオマスの専焼あるいは石炭との混焼発電所の事例を紹介したが，発電所のみならず，ある程度のバイオマスの量を使用するプラントであれば，同様な事故が生じる可能性を秘めている。今回は発酵発熱に関しては触れてはいないが，適切に燃料の湿分を制御しないと，発酵発熱による温度上昇に起因した火災事例も数多く報告されている。

今回の事故要因は決して単一要因ではない。粉塵爆発の5要素を紹介したが，今回の事例もそれぞれ複合要因で粉塵爆発に至った。ある意味確率論的に少なくとも2つのリスクが同時発生してしまったともいえる。リスクはゼロにはできないものの，様々な防止策を打つことによってゼロに近づけることは可能である。

文　献

1) https://www.meti.go.jp/shingikai/sankoshin/hoan_shohi/denryoku_anzen/denki_setsubi/pdf/020_02_01.pdf（経済産業省　バイオマス発電所における爆発・火災事故及びその対応について）
2) 日本粉体工業技術協会粉じん爆発委員会編，粉じん爆発・粉体火災の安全対策—基礎から実務まで—，オーム社，pp. 28-29，pp. 209-210（2019）

2　バイオマスペレット粉じんの爆発防護技術の動向

那須貴司*

バイオマスペレットは，おがくず，粉砕粉じん，削りくず，樹皮，ストロー，草，エネルギー作物，草本バイオマス，果物バイオマス，またはバイオマスブレンドおよび混合物を含む実質的にあらゆる材料から製造できるクリーン燃焼再生可能燃料源である。

バイオマスペレットは，排出量の少ない石炭よりも効率的に燃焼し，より多くの熱を生成するため，住宅暖房，大型商用ボイラー，さらには石炭との混焼のための暖房，CHP（熱電併給プラント），および地域暖房用木材の代わりに世界中でますます使用されている。

ただし，理想的な運用と燃焼のために，これらのシステムには，均一なサイズ，形状，密度，および含水率のペレットが必要である。これを達成するために，原料バイオマス材料は通常，多くの処理ステップを経由する。これには，チッパー，シュレッダー，ハンマーミルを使用したサイズ縮小；ファン，サイクロン，スクリューコンベアを使用した材料搬送；乾燥；混合；水，蒸気，バインダーによるコンディショニング；形成；フィルタリングが含まれる。

残念ながら，ペレット製造プロセスの各ステップは可燃性粉じんを生成する可能性があり，容易に発生する発火源と相まって，壊滅的な粉じん爆発を引き起こす可能性がある。

バイオマスペレットの生産は，ほぼすべてのプロセスで粉じんを生成する可能性がある。多くの場合，潜在的な発火源と組み合わさることで，粉じん爆発の可能性がそろう。

粉じん爆発の可能性があるプラントを検討する場合，3つの点を検討する必要がある。

1. 爆燃が発生しないようにするにはどうするか？
2. 爆燃から生じる圧力を軽減するにはどうするか？
3. 爆燃が別の機器や機器の周囲の環境に伝播しないようにするにはどうするか？

木質ペレット処理に適用される関連するNFPA（全米防火協会）コードは，爆発放散ベントによる防護に関するNFPA 68；爆発防護システムに関するNFPA 69；可燃性粒子状固体の製造，処理，および取り扱いによる火災および粉じん爆発の防止に関するNFPA 660規格である。

プロセス機器と人員を防護するために，複数種の技術的対策がしばしば必要とされる。オプションの中には，爆発ベントなどのパッシブデバイスと，爆発抑制や火花検知および消火システムなどのアクティブデバイスがある。

さらに，接続された機器や配管に伝播して二次爆発が発生するのを防ぐために，化学的または機械的しゃ断装置が必要である。

＊　Takashi NASU　BS＆Bセイフティ・システムズ㈱　シニアセールスデレクター

2.1 粉じん爆発防護

爆発は，処理，取り扱い，または保管作業中に空気と混合されたときに粉じんが発火することに起因する。貯蔵設備では圧力が急激に上昇し，圧力に耐えるのに十分な強度がない場合，大規模な損傷や人員の負傷が発生する可能性がある。

空気中の粉じんが堆積する可能性のある機器には，機械式コンベヤがある。密閉されたコンベヤが充填，または空になっている場合でも，発火する可能性のある潜在的な粉じん雲が存在する。

バグフィルターなどの集じん装置は，通常，プロセスで最も乾燥した最も細かい粉じんを処理するため，特に爆発の可能性がある。粉じんは，バケットエレベータで搬送されるとき，またはペレットがサイロに投入されるときにも蓄積する可能性がある。

粉じん爆発のリスクを軽減するための最初のステップは，イベントの発生を防ぐことである。エリアに粉じんがないように保ち，建物の構造と人員の両方を保護するため環境管理（ハウスキーピング）は重要な活動である。

潜在的な発火源を特定して制御することも重要である。発火源を完全に排除することはできないが，大幅に減らすことはできる。技術には，温度，ベルトの位置合わせ，滑り，およびモータードライブの過負荷の監視とともに，火花検知が含まれる。

ペレット製造における潜在的な発火源の1つは，含水率を10%未満に減らすために使用される乾燥機であるため，ペレットは最も効率的に燃焼する。ここでは，温度，流量，湿度の監視も発火を防ぐための重要なツールである。ハンマーミルなどのサイズを微細化する装置には，ミルに混入する異物から，または内部故障により，潜在的な発火源が存在する。金属やその他異物の混入は，石分離器や磁気分離器などを使用して除去する必要がある。

2.2 粉じん爆発放散ベント

粉じんやガスの爆発の初期段階では，爆発放散ベントが設定された破裂圧力で瞬時に開き，急速に膨張する燃焼ガスを大気に放出することができ，プロセス機器内で発生する圧力を計算された安全限界に制限できる。

放散ベントは，経済的なソリューションで，多くの場合，設置したら完了というソリューションと見なされるため，最も広く採用されている爆発防護技術である。ただし，放散ベントは米国のNFPA 68，国内の技術基準に従って定期的に検査する必要があることに注意することが重要である。

長年，爆発放散ベントは伝統的に，スリットが切り込まれたステンレス鋼板の間にプラスチックフィルムを挟む「複合」型を使用して設計されてきた。これらの放散ベントは，通常10 kPaG程度の設定圧力で「開く」ように設計されている。

このタイプの技術では，ステンレス鋼板のスリットは，時間の経過とともに粒子や破片が入り込む可能性がある。堆積すると，最終的に放散ベントの機能に影響を与える可能性がある。重量が重くなると放散口は，ゆっくりと開口し効率が悪くなる。

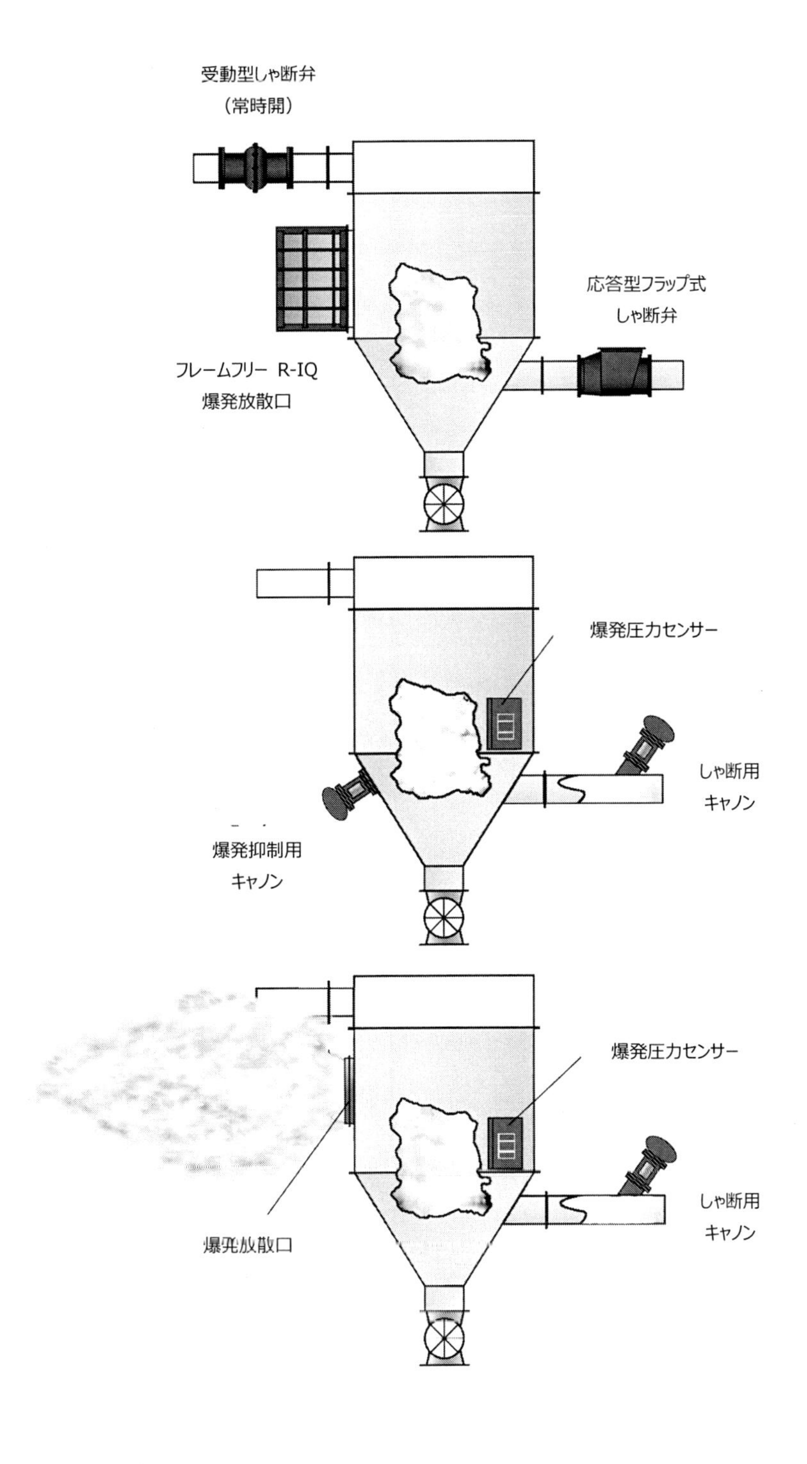

より良い解決策は，ドーム型構造のステンレス鋼の単板で構成される単一セクションの爆発放散ベントである。所定の低設定圧力で作動するように設けられた開口部の周辺ミシン目は，ガスケット材料で保護されている。

単板構造のドーム型設計により，より堅牢で軽量な放散ベントが生成され，粉じんの堆積や汚染の可能性が大幅に排除される。

その汎用性にもかかわらず，爆発放散ベントはすべてのアプリケーションで機能するわけではない。放散ベントを使用すると，燃焼による大きな火炎が大気中に放出される。

これは，サイロなど屋外に設置された装置・機器では許容できるが，建屋内のアプリケーションでは，人員や機器を危険にさらし，二次爆発につながる可能性がある。

火炎放出を避けるには，フレームフリーベント（消炎ベント）を適用できる。消炎ベントは，通常は放散ベントによって放出される圧力波，火炎，および未燃微粒子を吸収するように設計されている。

このニーズに対処するために，フレームアレスターを組み込んだハウジング内に放散ベントを設置して設計されたフレームフリーシステムを提供している。

2.3　爆発抑制システム

爆発を完全に防ぐことが理想的であるプロセスでは，爆発抑制システムが理想的な防護手段である。爆発抑制システムは，爆発の最初の数ミリ秒で粉じん爆発を検知し，次に，重炭酸ナトリウムなどの火炎抑制剤をプロセス装置内に瞬時に放出するよう抑制システムの起動信号を送る。これにより，初期の爆発を効果的に停止し，保護される機器にとって安全なレベルまで爆発圧力が低下する。

24時間/7日稼働のプロセスの場合，クリーンアップとシステム復旧のスピードにより操業に迅速に戻ることができるため，抑制システムが非常に望ましい場合がある。放散ベントまたはフレームフリーベント（消炎ベント）を使用すると，爆発はプロセス機器内で完全に爆発し，クリーンアップ，火災関連の損傷，およびプロセスを稼働に戻すのに時間が必要になる。

標準的な抑制システムは，センサーといくつかの爆発抑制・しゃ断用「キャノン」で構成され，重炭酸ナトリウムなどの消火抑制剤をプロセス機器に噴射する。加圧用窒素はそのための推進力として使用される。

2.4　爆発しゃ断

3番目の手段は，爆発が発生した場合に相互に接続された機器を保護する化学しゃ断システムである。プロセス機器を接続するダクト及び配管は，さらに大きな強度の爆発を伝ぱする可能性があるため，NFPA 654でしゃ断が求められている。防護されていない場合，ダクト，配管，および接続されているすべての容器と機器が危険にさらされる。

要約すると，爆発しゃ断はNFPA 69によりパッシブ（受動式）またはアクティブ（能動式）に分類できる。パッシブアイソレーションの一般的な例は，基本的に集じん機の入口ダクトに取り付けられた一方向バルブであるフラップバルブである。フラップは通常の操業中は開いており，空気の流れの停止と反対方向からの圧力波に応答して，バルブは閉じ，ラッチされる。このバルブは，衝撃圧力に耐えるため，しゃ断する機器の減圧爆発圧力 Pred の2倍の強度を持つダクトに取り付ける必要がある。

パッシブしゃ断装置の別の例は，爆発の際にホッパーをしゃ断するために適切に設計されたエアロックである。これらのデバイスは，適切な分離を提供するために NFPA 69 の要件に準拠している必要がある。この点で，すべてのロータリーエアロックが同じというわけではない。

化学しゃ断システムは，フラップ式バルブの適用制限を克服できる。化学的しゃ断は，通常，消火・抑制剤をトリガーする爆発圧力センサーで構成されるアクティブなしゃ断方法である。化学的しゃ断は，水平ダクトまたは気流の方向に限定されない。さらに，化学的しゃ断は，ドラッグコンベアなどの可動機構を持つ長方形のダクトやケーシングに使用できる。さらに，このしゃ断方法は，大口径のダクトに対してより経済的なソリューションを提供する。

粉じん爆発予防および防護システムは，用途と使用する特定の機器に合わせて調整する必要がある。予防，緩和，しゃ断に細心の注意を払うことで，予防可能な事業中断の可能性を制限しながら，人員とプラントの両方を確実に保護できる。

詳細については，BS＆B セイフティ・システムズ（TEL 045(450)1272）爆発防護担当にお問い合わせください。https://www.bsb-systems.jp

3　バイオマス発電火災における発熱監視

芹田皓朗*

3.1　はじめに

脱炭素社会を目指す動きが加速する中，再生可能エネルギーの普及が注目されている。再生可能エネルギーには，太陽光，水力，風力，バイオマスなどがあり，その中でも自然環境に左右されにくく，安定した供給が可能なバイオマス発電への期待が高まっている。

近年では，国内各所で未利用間伐材や土木・建築端材などから作られる木質バイオマスを燃料として利用する発電所の建設や，石炭と木質バイオマスを混焼して発電する設備の導入も拡大してきている一方で，貯蔵施設内での貯蔵物の自然発火や木材破砕後のベルトコンベア上で搬送物内に混入した異物の発熱が原因となる火災事故も増えており，火災を未然に防ぐ安全対策を講じる必要がある。

そのような安全対策の一つとして放射温度計を使用した発熱監視が重要視されている。広範囲にわたる測定対象の温度分布をリアルタイムに測定することで発熱箇所の早期発見や発熱エリアの面積を測定し，異常温度を警報出力することで上位の散水設備に発熱信号を送り散水し，発火を未然に防ぎ火災事故の対策が可能である。一般的な火災報知器では，煙や炎を検知してからの作動となるため，放射温度計による発熱監視は有効である。

本稿では，放射温度計を使用したバイオマス発電火災における発熱監視のアプリケーション事例の紹介と計測における注意点について説明する。

3.2　放射温度計の概要

3.2.1　測定原理

放射温度計は測定対象から放射される電磁波の強度（熱放射）を検出素子で電気信号として受け取り，温度信号へ変換して出力している。熱放射を利用した非接触測定のため，遠隔からの測定や高速での測定が可能である。

体温計のように熱伝導を利用する接触式の測定方法もあるが，温度計と対象物体の温度が同一になることで温度を求めるため一定の時間が必要となり，検知スピードが重要な発火監視においては放射温度計が最適である。

3.2.2　種類

放射温度計の種類を図1に示す。

図のように1点の温度を計測するスポット放射温度計，1軸方向の温度分布を計測する走査放射温度計，面の温度分布を計測する熱画像計測装置の3種類に分類できるが，熱放射を利用する

---

*　Akio SERITA　㈱チノー　久喜事業所　生産統括部　放射機器部　機器課　技術係　係長

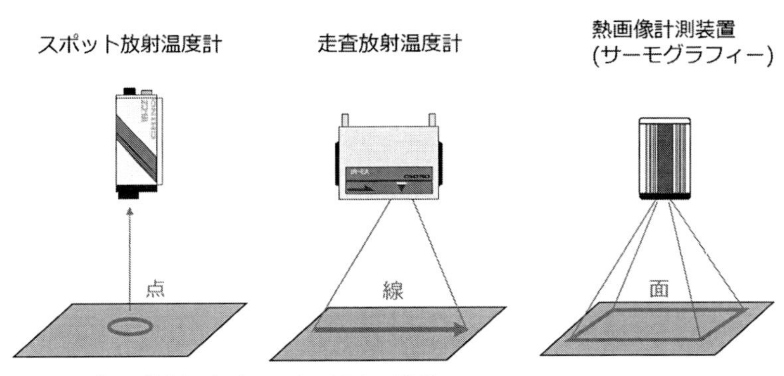

スポット放射温度計：１点の温度を計測
（ファイバ式，ハンディ，小形組込など形状複数）
走査放射温度計：１軸方向の温度分布を計測
熱画像計測装置：面の温度分布を計測

図１　放射温度計の種類

という測定原理が共通のため全て放射温度計である。

この内，貯蔵ピットやヤードなど広範囲の測定対象の温度分布を測定したい場合は熱画像計測装置が，搬送コンベアなど測定対象が移動する場合は走査放射温度計が有効である。次項からは当社ラインナップを紹介する。

3.3　熱画像計測装置 CPA-L シリーズ

3.3.1　小形熱画像計測装置 CPA-L4

CPA-L シリーズは，熱画像カメラとパソコンから構成される常設形の熱画像計測装置である。その中の小形で汎用性の高い CPA-L4（写真１）の主な仕様を表１に示す。

CPA-L4 は標準仕様とコントローラレス仕様をラインナップしており，コントローラレス仕様は直接映像出力と警報出力以外に，熱画像カメラ内部に Web サーバー機能を搭載し，ソフトレスでパソコンのブラウザ上から IP を指定するだけで警報設定や画像表示設定を行うことができる。

Web サーバー機能を利用した各設定値は全てカメラ内部に保存されるため，監視・管理用パ

写真１　CPA-L4 外観写真

表1　CPA-L4主仕様

検出素子	非冷却個体撮像素子（320 × 240 画素）
測定波長	8～14 μm
測定温度範囲	−20～150℃/0～300℃/0～500℃
精度定格	測定値の ± 2 %または ± 2 ℃のどちらか大きい値
視野角	水平 25°×垂直 19° 水平 50°×垂直 37°
測定距離	25°：0.3 m～∞ 50°：0.2 m～∞
フレームレート	60 Hz
シャッター機構	なし
電源	24 V DC（専用電源付属）
重量	25°：1.2 kg 50°：1.3 kg

ソコンを取り外して熱画像カメラの単体運用が可能であり初期投資の大幅な削減が図れるようになった（図2）。

更に，60 Hz の高速処理，切れ目のない連続計測を実現するシャッターレス構造により取りこぼしのない測定が可能である。

3.3.2　熱画像広域監視ソフトウェア

小規模な発熱監視用途では，コントローラレス仕様でシンプルに完結できるが，ユーザによっては監視対象領域が広域で設置台数が複数台にわたる場合や熱画像カメラと一緒に可視カメラを

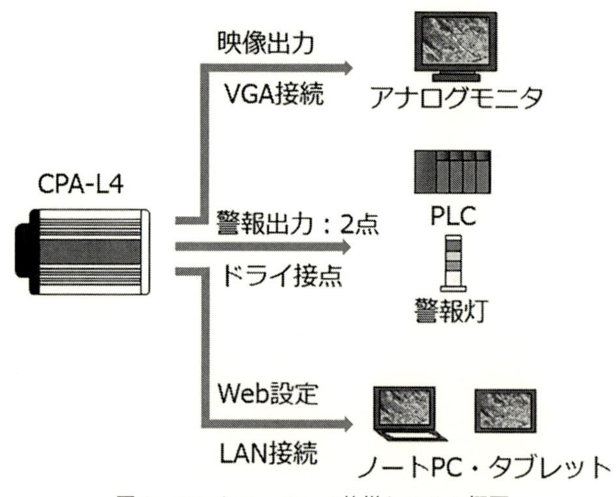

図2　コントローラレス仕様システム概要

設置したい場合があり，そのような要求によりソフトウェアのカスタム対応をした事例を紹介する。機器構成は図3に示す。

本ソフトウェアは，複数の熱画像カメラと可視カメラを接続して熱画像カメラ個別に警報判定条件を設定し，発熱検知を行い異常時に温度警報の出力を行う。また複数のモニタに対して指定したカメラの熱画像と可視画像を割付，分割表示や巡回表示するなど広域，多箇所の発熱監視向けの機能を有している。主な仕様を表2に示す。

本ソフトウェアは，カメラを最大36台接続が可能で，導入後はカメラを増設することで監視箇所を増やすことができる。

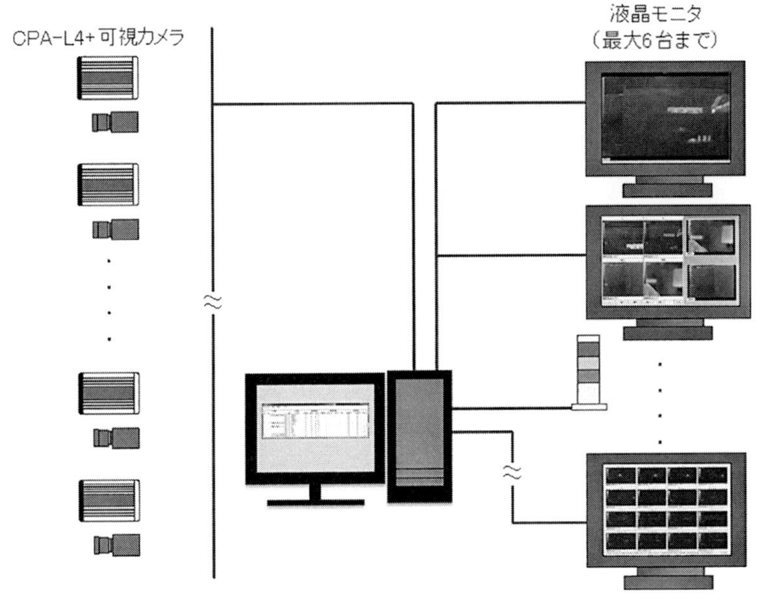

図3　広域監視ソフトウェア機器構成図

表2　広域監視ソフトウェア仕様

カメラ接続台数	最大36台
モニタ接続台数	最大6台
監視周期	1s～（カメラ台数による）
監視・処理機能	温度警報（上限・上上限） 警報解除（リセット） AO出力 画面マスク トレンドグラフ表示 警報画面保存・再生 警報ログ保存　等

3.4 走査放射温度計 IR-EA

IR-EA（写真2）は低温から高温までワイドレンジ測定，150 Hz の高速走査，IoT 対応が特長の走査放射温度計である。主な仕様を表3に示す。

IR-EA は従来のアナログ式からの脱却を目指し Ethernet を標準搭載しており PLC と直結して温度値データを直接 PLC 側で取得可能である。また，熱画像計測装置 CPA-L4 同様に本体内に Web サーバー機能を搭載し，ソフトレスでパソコンのブラウザ上から IP を指定するだけで警報設定や画像表示設定を行うことができる。

Web サーバー機能を利用した各設定値は全て本体内部に保存されるため，監視・管理用パソコンを取り外して温度計の単体運用が可能な点も同様である（図4）。

熱画像計測装置との使い分けについては，走査周期が 150 Hz と高速であり，搬送コンベアなど測定対象が移動する場合には取りこぼしの無い測定が可能である一方で，広範囲を極力小さいサイズで検知したい場合は検出素子と光学系の関係で熱画像計測装置には劣る。ただし，温度計本体レンズ径は走査放射温度計の方が小さいため，装置側の窓などの開口径は小さくすることが可能である。

写真2　IR-EA 外観写真

表3　IR-EA 主仕様

検出素子	（冷却形）InAsSb
走査方式	ミラー走査式
測定波長	4 μm
測定温度範囲	100～400℃/200～600℃/300～800℃/ 400～1000℃/500～1100℃/600～1200℃
精度定格	400℃未満：±4℃ 400℃以上：測定値の±1％
走査角度	50°，90°
測定距離	0.5～10 m
走査周期	20～150 Hz（可変）
電源	24 V DC
重量	約 6.0 kg

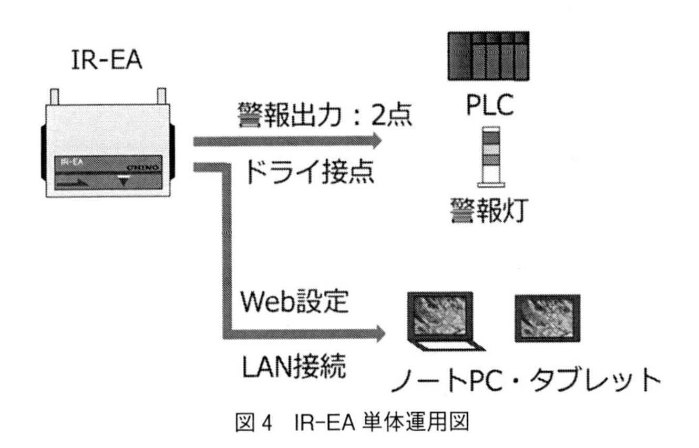

図4　IR-EA単体運用図

表4　熱画像計測装置と走査放射温度計

種類	走査温度計 IR-EA	熱画像計測装置 CPA-L4
移動体測定	得意	（比較的）不得意
広範囲測定	（比較的）不得意	得意
レンズ径	小さい	大きい
装置開口径	小さくできる	大きい
放射率変動	強い	弱い
コスト	高	中

また，熱放射の測定原理から測定波長は短い方が放射率変動の影響が少ないため，走査放射温度計の方がより安定した測定が可能である。

表4の関係性を参照し，設置を想定している用途により使い分けると良い。

3.5　計測における注意点

3.5.1　熱画像計測装置の場合

熱画像計測装置を使用して貯蔵ヤードの監視を行う際は，測定距離とレンズの画角により測定できる視野範囲と1画素で検出できる大きさが決まる。しかしこれは測定対象物がカメラに対して正対しているときの視野範囲（図5）であり実際の設置条件とは異なる。

実際の設置においては，対象物体に対してある程度の角度が付いて設置されている。設置されている高さ，設置角度で実際に計測できる範囲が変わる。この時に1画素の大きさに注意をして設置する必要がある。1画素の大きさとは，ある距離・画角・設置角度の時に監視できる幅であり，その視野幅以下の発熱源の時は温度値が平均化され，実際の温度より低く検出されるため発火の判断，判定が遅れるまたは未検知となる。

また，設置の角度が測定対象に対して浅くなっていく場合，1画素の大きさは垂直方向に大き

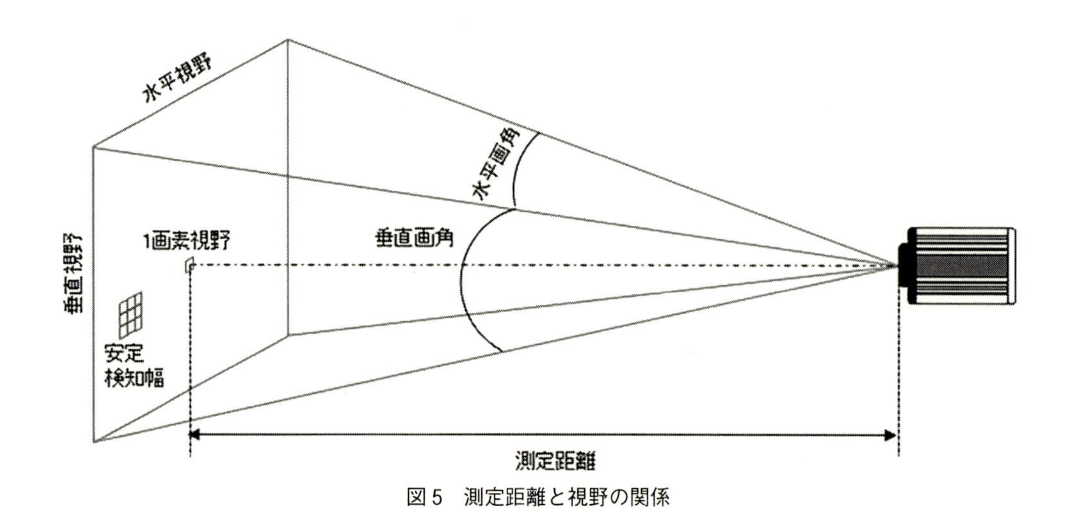

図5　測定距離と視野の関係

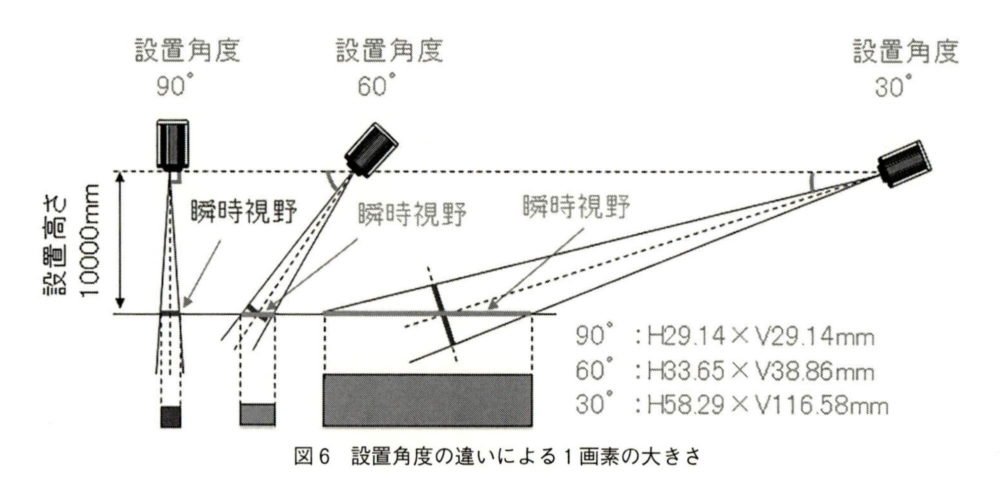

図6　設置角度の違いによる1画素の大きさ

くなってしまう（図6）。

これは測定距離10 m，水平画角50°のカメラを設置角度90°，60°，30°とした場合の中心1画素の大きさを記したものであるが，実際には面での計測のため視野範囲の手前側と奥側でも1画素の大きさが異なり，角度が浅い状態の設置では，奥側の1画素の視野範囲はさらに大きくなる。発熱体の大きさが1画素視野の約3倍の大きさ以上あれば，安定した発熱検知を行うことができる。レンズの画角も広角になるほど1画素の視野幅が大きくなるため，発熱源のサイズを基に検知漏れのない測定距離や角度を検討した後に，現場の設置条件に合わせた台数を決定する必要がある。

3.5.2　走査放射温度計の場合

走査放射温度計を使用してコンベア監視を行う際は，測定距離と走査角，距離係数により測定できる視野範囲と検出できる大きさが決まる。

IR-EA の場合，走査角は 50° 又は 90° から，距離係数は 50 又は 200 から選択する。

走査角は温度計が測定（走査）する範囲であり，コンベア等の横幅に合わせて選択すると良い。

距離係数は最小検知サイズを決める要素であり，測定距離を距離係数で割ると，その距離における検知サイズを求めることができる。例えば 200 を選択し測定距離 1 m の場合，φ5 mm ということになる。このφ5 mm の円が走査方向へ繰り返し走査し，その範囲を対象物体が縦断することで温度分布を測定している。

実際の設置においては，対象物体に対して角度がつくことがあるが，その際は熱画像計測装置の 1 画素の考え方と同様に，角度に応じて最小検知サイズは変わることに注意が必要である。イメージとしては懐中電灯の照射している範囲が，真下を照らすと真円で，斜め前方を照らすと楕円になる変化と近い。

3.5.3　保護装置

熱画像計測装置も走査放射温度計もどちらも放射温度計である以上，注意すべき点として測定光路上に塵やほこり，水蒸気などがないことが重要である。熱放射は上記に吸収，阻害されると減衰し，放射温度計の温度値に低めのズレとして現れるためである。対策としては放射温度計に別途用意された保護ケースのエアパージ機能を活用したり，設備側で阻害要因を排除することが重要であり，光路障害がないように注意したい。また，精密機器であるため機器本体の温度が仕様を超えてしまわないように，保護ケースの水冷機能の適切な利用や輻射防止板の設置なども設置環境に応じて検討する必要がある。

3.6　アプリケーション事例

以下にバイオマス発電火災における発熱監視の事例を紹介する。

3.6.1　破砕物搬送コンベア発熱監視

バイオマス発電に使用される木質チップやペレットは木の廃材を粉砕して製造されているが，その際に木材の他に金属の異物がある場合，破砕機内の摩擦で異物が高温になり搬送中に発火してしまう恐れがあるため，高速で移動する発熱体を取りこぼしなく検知するために高速で処理・判定する放射温度計が必要となる（図7）。

当社の走査放射温度計 IR-EA を使用することで，切れ目のない連続測定と 150 Hz の高速処理で検知漏れの防止が可能となる。

なお，発熱監視というテーマからは離れるが搬送コンベアの後工程である木質ペレットの製造工程では良質で効率よく製造するために原料の含水率を測定することが必要不可欠である。当社の赤外線水分計 IRMA（写真3）は，検出器本体のランプユニットから光を照射し表面で反射した光の強さを複数の波長帯で測定することで対象物体の水分量を検出する。主な仕様を表5に示す。24 時間 365 日使用を想定した可用性，自己診断機能を有した保守性を備えており，正確な含水率の測定が可能なため工程の省エネが可能である。

主な設置個所は下図の通り熱風乾燥前後とペレット成形時である（図8）。

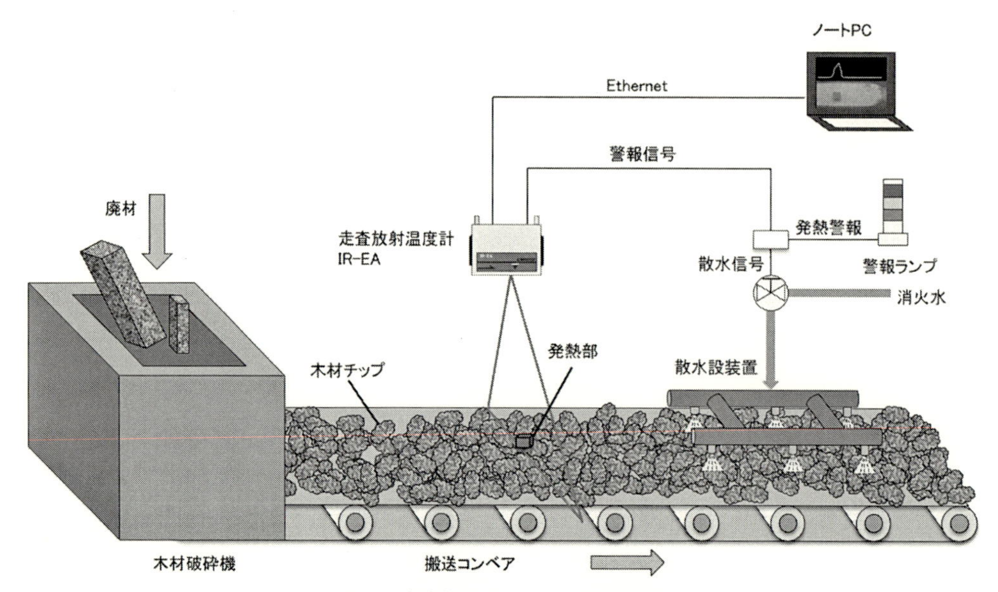

図 7　破砕物搬送コンベア発熱監視

写真 3　IRMA 外観写真

表5　IRMA 主仕様

出力信号	①アナログ出力 4～20 mA ②通信信号 RS-485
出力更新周期	最速 28 ms
スムージング	0～99.9 秒，任意設定可
検量線	最大 99 本登録 1～3 次式及び重回帰演算
自己診断機能	自己診断異常時，接点及び通信出力
使用温度範囲	0～50℃
電源	24 VDC
重量	約 4.3 kg

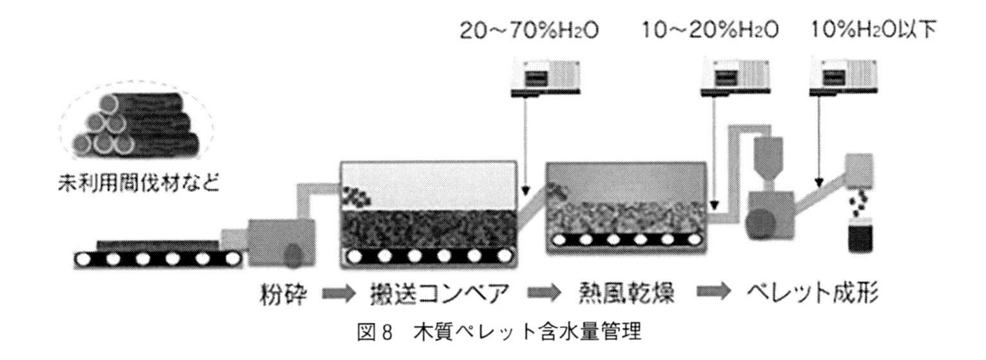

図8　木質ペレット含水量管理

3.6.2　屋外バイオマスヤード発熱監視

木質ペレットや木質チップを貯蔵するヤードでは，燃料が雨水に晒されることによってバイオマス燃料の含水率が上がり燃料が発熱しやすくなり，大量に積まれた燃料から自然発火する恐れがある。近年，バイオマス発電施設の増加により屋外の燃料置場での火災事故も発生しており，周辺地域への延焼被害や発煙による近隣住民への健康被害などが社会問題となっており，小形熱画像計測装置 CPA-L4 で原料表面の温度を監視することで，気候やその他の環境異変による自然発火の予兆を捉え，放水銃で散水することで火災を未然に防ぐことが可能となる（図9）。

また，検知速度は放射温度計に劣るもののシステムがより簡易的でコストをおさえた監視方法としては熱電対と監視機能付き無線ロガーを組合せ，発熱監視をするという方法もある（図10）。

当社の監視機能付き無線ロガー MD8000 シリーズは最大 60 台の送信機のデータを収集・監視することができ，多彩な警報判定と外部出力により充実した発報を行えるため，ヤード積載物の内部発熱の予兆を管理し表層部の発火を未然に防止が可能である。

安全最重視ということであれば，熱画像計測装置と熱電対・無線ロガーの両方を設置すれば表面と内部の両方を計測できるため，死角のない監視が可能である。

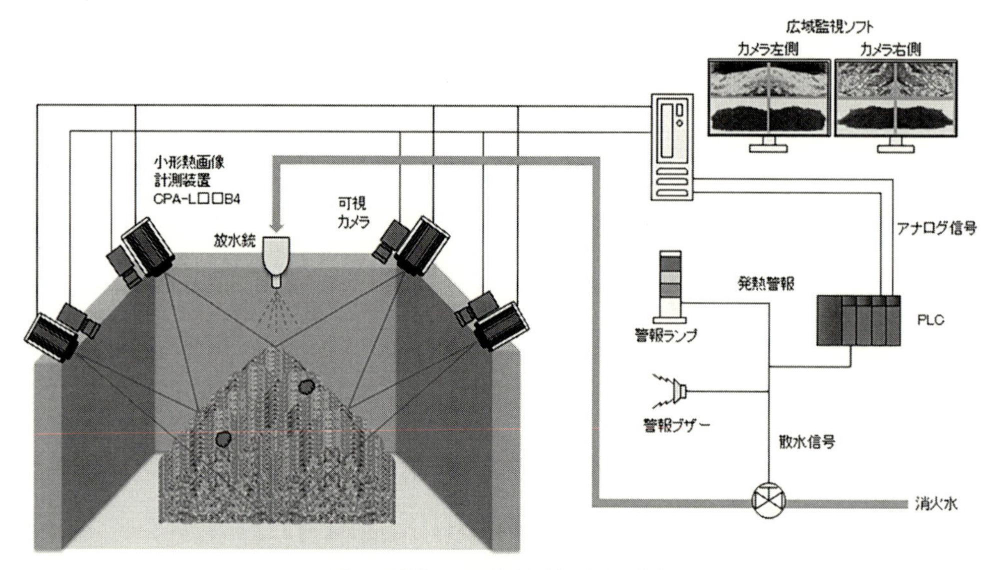

図９．屋外ヤード発熱監視（熱画像）

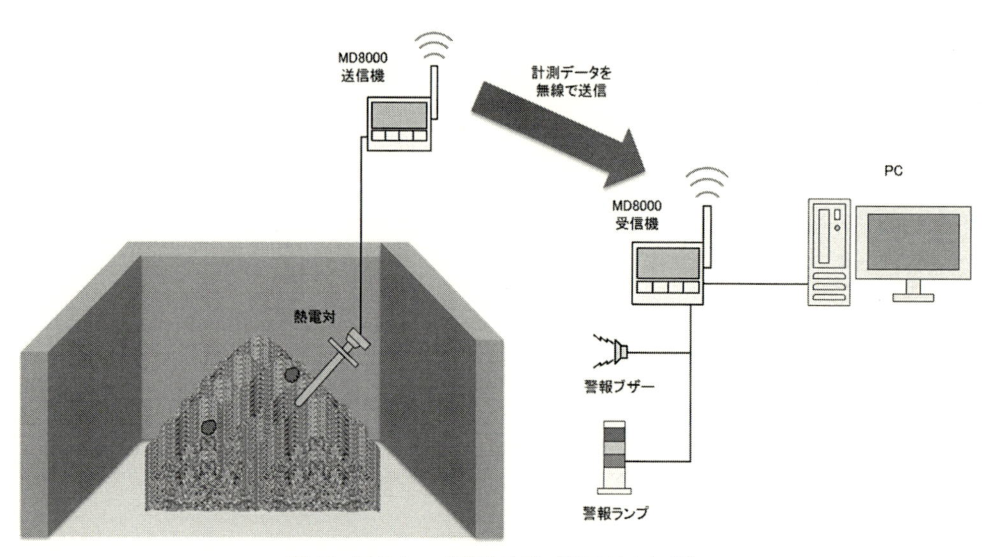

図 10　屋外ヤード発熱監視（熱電対＋無線）

3.6.3　燃料貯蔵ピット発熱監視

燃料を貯蔵するピットで燃料の中に混入した異物により火災が発生することがあり，ひとたび火災が発生すると周辺地域への発煙による環境問題や，燃料が搬入できない問題が発生する。このような燃料貯蔵ピット発熱監視のアプローチは基本的に屋外ヤード監視と同様である。小形熱画像計測装置 CPA-L4 を使用することで表面の異常発熱を監視するとともに接触式の測温ケーブルを使用するシステムとすると内部の異常発熱を検知し，表面と内部を同時に監視することで発火の予兆をとらえ放水銃で散水することで発火を未然に防ぐことが可能となる（図 11）。

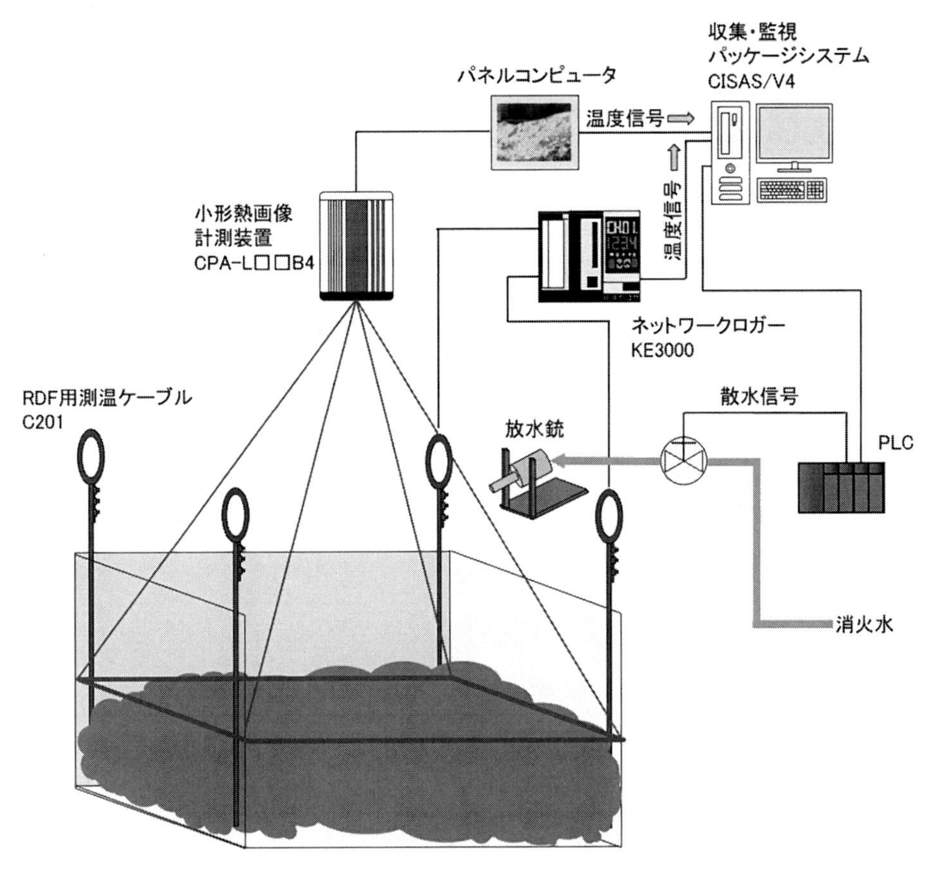

図11　燃料貯蔵ピット発熱監視

3.7　おわりに

本稿ではバイオマス発電火災における発熱監視について掲載した。本来，広域監視という用途からすると熱画像計測装置が主役であるが，近年当社が得意とする走査放射温度計でも条件により対応が可能となってきた。背景としては昨今のDXの動きの中で放射温度計の役割に変化が現れ，システムに組み込みやすいデジタル機器が求められるようになったことが挙げられる。当社としてもこの動きを受け，従来のアナログ方式から脱却した結果，高速走査と短波長という走査放射温度計の強みを生かして，本稿で紹介した搬送コンベア発熱監視の提案が可能となった経緯がある。

当社は温度計測のエキスパートとして接触式の温度センサ（熱電対・測温抵抗体）やその測定値を送信する無線ロガー，非接触式の放射温度計（走査放射温度計・熱画像計測装置），水分計など幅広い製品を取り扱っており，2026年で創立90周年を迎える長い歴史と知見から多種多様なシステム提案が可能である。

今後も世の中の流れに対応した新たな製品開発とともに総合的な温度計測ソリューションを提供し続ける。

バイオマスのガス化技術動向

2025年3月3日　第1刷発行

発行者　金森洋平　(T1282)
発行所　株式会社シーエムシー出版
東京都千代田区神田錦町 1-17-1
電話 03(3293)2065
大阪市中央区内平野町 1-3-12
電話 06(4794)8234
https://www.cmcbooks.co.jp/
編集担当　井口　誠／為田直子／門脇孝子

〔印刷　尼崎印刷株式会社〕

ISBN978-4-7813-1862-2 C3058 ¥55000E